核电厂蒸汽发生器完整性

周　红　陶书生　编著

中国原子能出版社

图书在版编目(CIP)数据

核电厂蒸汽发生器完整性 / 周红,陶书生编著. —北京:中国原子能出版社,2015.6
ISBN 978-7-5022-6634-9

Ⅰ.①核… Ⅱ.①周… ②陶… Ⅲ.①核电厂-蒸汽发生器-安全技术 Ⅳ.①TM623.4

中国版本图书馆 CIP 数据核字(2015)第 103481 号

内容简介

《核电厂蒸汽发生器完整性》的主要内容包括:核电厂蒸汽发生器的设计、蒸汽发生器的降质机理、传热管涡流检测技术、典型蒸汽发生器传热管破裂事件、蒸汽发生器传热管破裂(SGTR)的事故分析、SGTR事故的风险重要度分析以及蒸汽发生器传热管的监督要求和各国的在役检查准则。

本书可以为核能与核技术专业人员的学习和培训提供参考,可为核电厂运行、管理、技术支持、设计、监管部门和无损检验单位的工程技术人员提供有效指导,也可为蒸汽发生器的设计和研发人员提供参考与借鉴,亦可为蒸汽发生器的安全运行提供了重要的技术支持。

核电厂蒸汽发生器完整性

出版发行 中国原子能出版社(北京市海淀区阜成路 43 号 100048)
责任编辑 孙凤春
责任校对 冯莲凤
责任印刷 潘玉玲
印 刷 保定市中画美凯印刷有限公司
经 销 全国新华书店
开 本 787 mm×1092 mm 1/16
印 张 15 **字 数** 371 千字
版 次 2015 年 10 月第 1 版 2015 年 10 月第 1 次印刷
书 号 ISBN 978-7-5022-6634-9 **定 价** 98.00 元

网址:http://www.aep.com.cn **E-mail:atomep123@126.com**
发行电话:010-68452845

前　言

蒸汽发生器作为核电厂核心设备之一，其完整性对核电厂的安全可靠运行至关重要。从我国第一座核电厂 1991 年投运，截至 2014 年年底，已投运核电机组 23 台，在建机组 27 台，蒸汽发生器的完整性愈来愈受到关注。蒸汽发生器的设计改进是完善核电厂安全运行技术的重要一环。

以压水堆为例，蒸汽发生器传热管作为一、二回路介质的交界面，是一回路压力边界的重要组成部分，构成了超过 50%的一回路压力边界。典型蒸汽发生器是壳管式热交换器，有成千上万根传热管，每个蒸汽发生器的传热管表面积约为 2 500～12 000 m^2。蒸汽发生器传热管破损（SGTR）会造成放射性物质旁通安全壳，导致放射性物质泄漏。若发生 SGTR 事故，会导致操纵员不容易控制的复杂核电厂瞬态，对核电厂安全构成威胁。

为了实现有效的屏障，传热管必须预防裂缝、穿孔和一般的降级。然而，蒸汽发生器传热管的大面积降级已在一些核电厂发生。在给定年度内，世界上约有一半的压水堆核电厂将保养或维修蒸汽发生器传热管，堵管的比例占 0.3%～0.34%。美国早期单个核电厂审查项目共审查了 20 个压水堆，结果表明压水堆蒸汽发生器传热管破损的风险在 10%之上，其他堆型的传热管破损风险更高。压水堆核电厂设备故障概率统计也表明蒸汽发生器故障居于首位，故障部位主要涉及筒体、给水管嘴和传热管，其中传热管故障居首位。大量的运行实践表明，通过适当和及时的检查、堵管或在过量传热管破损后进行套管，蒸汽发生器传热管失效的频率和后果能大大地减少。

《核电厂蒸汽发生器完整性》全面介绍了几种典型的蒸汽发生器的设计，讨论了不同蒸汽发生器降级机理相关的压力源、易受损部位和失效模式以及各国的经验反馈，详细说明了蒸汽发生器传热管涡流检测技术，统计了目前所发生的各种传热管损坏事件，并给出了几种典型压水堆核电厂 SGTR 事故分析和风险评价，从破裂原因、核电厂瞬态、操纵员行动、环境影响和补救措施等方面对已发生的传热管破裂事件进行了总结，最后一章介绍了世界各国蒸汽发生器传热管的监督要求和在役检查准则。

全书共分八章。第一章由侯秦脉编写；第二章由杨海峰、吴彦农编写；第三章由张加军、吴彦农、常猛编写；第四章由李华升、胡江、马国强编写；第五章由杨未东、许友龙、刘时贤编写；第六章由褚倩倩、侯秦脉编写；第七章由张增庆、侯秦脉编写；第八章由张庆华、王娅琦、于开治编写。整书由周红、陶书生、俞尔俊进行了统稿，由郑丽馨、焦峰、马国强、廉旭姣进行了校核。

《核电厂蒸汽发生器完整性》在编写过程中得到了国家核安全局、环境保护部核与辐射安全中心、中核武汉核动力运行研究所、江苏核电有限公司、中国核电工程有限公司、中核核电运行管理有限公司等相关单位的大力支持。此外柴国旱、杨堤、孙造占、周汇东、王伟、徐长江、但体纯、刘维平等各位专家为本书提供了非常好的建议，编者在此表示诚挚的谢意。

本书可为核能与核技术专业人员的学习和培训提供参考，可为核电厂运行、管理、技术支持、设计、监管部门和无损检验单位的工程技术人员提供有效指导，也可为蒸汽发生器的设计和研发人员提供参考与借鉴，还可为核电厂运行、维修和技术支持的专业人员提供培训教材，以及为高等院校相关专业师生提供参考。

由于编者水平有限，书中难免有不妥之处，敬请广大读者提出宝贵意见。

编著者

2014 年 11 月

目　　录

第一章 引 言

在压水堆 PWR 和 CANDU 堆上使用的蒸汽发生器是一个大的热交换器，用来导出一回路反应堆的热量，其二次侧产生的蒸汽用来驱动汽轮机。每个反应堆有 2～6 台蒸汽发生器，但某些机组则多达 12 台蒸汽发生器。

蒸汽发生器是壳管式热交换器，有成千上万根传热管。一回路冷却剂流过传热管，将管外的二次侧水加热至沸腾而产生蒸汽。在正常运行期间，蒸汽发生器可以包络从活化产物或裂变产物释放到一回路冷却剂的放射性。一般来说，一回路冷却剂的压力高于二回路的压力，因此传热管的任何泄漏都是从一次侧到二次侧，并且传热管的破损将导致放射性物质通过二回路系统的压力释放阀释放到环境中。

对于压水堆而言，蒸汽发生器的传热管是一回路压力边界的重要组成部分，构成超过 50%的一回路压力边界表面。为了实现有效的屏障，这些管道必须预防裂缝、穿孔和一般的降质。然而，在一些核电厂已发生过蒸汽发生器传热管的大面积降质。经研究，世界上约有一半的压水堆核电厂对蒸汽发生器传热管进行保养或维修。据不完全统计，美国早期核电厂约有 48 000 根蒸汽发生器传热管进行了衬管，每年传热管的堵管数量为 10 000～12 000 根。这意味着虽然大量的压水堆核电厂蒸汽发生器传热管带有缺陷或超过限值，但仍然维持运行。另外，一些新的蒸汽发生器传热管退化机理也已发现，其中有些并不容易探测到。

在美国核电厂运行早期，发生了 10 起自发的蒸发器传热管破裂事故(SGTR)。这些破损是由一系列的传热管退化机理引起的，包括传热管外表面应力腐蚀、高温疲劳、松动部件磨损、内表面的应力腐蚀以及耗蚀。10 起破损事故的泄漏率介于 425 L/min 和 2 900 L/min 之间，导致了操纵员不容易控制的复杂的核电厂瞬态。在部分案例中，核电厂操纵员花了很长的时间才意识到发生了 SGTR，因此在事件发生后很长时间才开始降功率和隔离缺陷的蒸汽发生器。在某些核电厂，相当长一段时间内，一回路冷却剂系统压力控制在缺陷蒸汽发生器二次侧压力之上，缺陷的蒸汽发生器发生满溢。某些核电厂的设计基准事故(如蒸汽管线的突然破裂)能导致二次侧快速卸压。当退化机理已严重损坏一定数量的传热管，这些事故期间产生的传热管内外压差可能同时导致一定量的传热管泄漏或破损。这些传热管的泄漏或破损导致一个比自发传热管破损瞬态更难控制的核电厂瞬态，释放到环境的放射性水平可能超过厂址限值。一些传热管的突然破损也导致了一回路冷却剂系统的快速卸压，这可能导致堆芯裸露，继而引起堆芯熔化。

通过适当地和及时地检查、堵管或在过量传热管破损后进行衬管，蒸汽发生器传热管失效的概率和后果能大大地减少。大部分蒸汽发生器在核电厂换料期间进行日常检查，这时使用非破坏性的检查手段检查其内部结构，对有缺陷的传热管进行修理或必要时进行堵管。

然而，蒸汽发生器传热管的检查要求和在役检查准则各国都不相同，这是因为：

(1) 不同蒸汽发生器的设计和材料、具体核电厂的厂址对不同类型的老化降质是有影响的。一些类型的降质易于探测或比其他类型的降质有更少的安全后果。

(2) 通过适当地检查和准则要求，蒸汽发生器和核电厂安全维持在适当水平。有些国家选择更保守的准则和较少的检查，另外一些国家选择较宽松的准则（节省维修费用）和更多的检查。

（3）随着问题的进展，检查的频次和内容也在增加。

不同国家使用的蒸汽发生器检测设备有很大不同。最广泛使用的检测技术涡流检测并不能探测所有尺寸的降质；另外，能探测某些特定降质的设备速度很慢，且价格昂贵。

蒸汽发生器的性能对核电厂的安全来讲非常重要。例如，美国不同核电厂的堆熔频率为 3×10^{-5}/（堆·年）～3×10^{-4}/（堆·年）。SGTR 事故对该值的贡献相对较小，但是由于放射性物质旁通安全壳，风险较大。审查美国 20 个压水堆的单个核电厂审查（IPE）项目也表明：压水堆中与 SGTR 相关的风险在 10%以上，某些核电厂则更高。这些数据基于自发传热管破损的历史数据，不考虑降质蒸汽发生器发生诱发传热管破裂的可能性和在其他瞬态和事故期间放射性核素旁通安全壳。

本书主要关注蒸汽发生器完整性评价，重点介绍以下几个方面：

（1）蒸汽发生器的设计和重要部件；

（2）蒸汽发生器的降质和传热管破损；

（3）蒸汽发生器传热管缺陷检测；

（4）典型蒸汽发生器传热管破裂事件；

（5）蒸汽发生器传热管破裂的事故分析；

（6）蒸汽发生器传热管破裂事故的风险重要度分析；

（7）蒸汽发生器传热管的监督要求和不同国家的在役检查准则。

第二章 蒸汽发生器介绍

2.1 蒸汽发生器的设计功能

蒸汽发生器是核电厂一、二回路的枢纽，主要用来将一回路冷却剂中的热量传递给二回路的给水，使之产生蒸汽，驱动汽轮发电机发电。蒸汽发生器的传热管及管板是一、二回路介质的交界面，交界面的破损会造成放射性物质泄漏，对核电厂安全构成威胁。

根据核安全法规《用于沸水堆、压水堆、压力管式反应堆的安全功能和部件分级的规定》(HAF0201)，蒸汽发生器的一次侧属于核安全一级，是反应堆冷却剂系统的重要部件，直接与核安全相关。根据压水堆核电厂的设备故障概率统计，蒸汽发生器故障居首位，因此蒸汽发生器的安全、可靠运行是核电厂安全性、经济性的保障，研究改善蒸汽发生器是完善核电厂安全运行技术的重要环节。

按照不同的划分方式，蒸汽发生器可分为不同的类型。按二回路介质在蒸汽发生器内的流动方式，分为自然循环、辅助循环和强迫循环蒸汽发生器；按传热管形状，分为U型管式、直管式、螺旋管式蒸汽发生器；按设备安装方式，分为立式和卧式蒸汽发生器；按结构特征，分为带预热器和不带预热器蒸汽发生器。

蒸汽发生器的设计满足如下功能：

(1) 以反应堆冷却剂为热源，产生湿度不大于规定要求的出口蒸汽。

(2) 蒸汽发生器二次侧的连续热排污能力。蒸汽发生器排污率可在规定时间(8 h)内使二次侧水质满足化学要求，并从冷备用状态转为热备用状态。

(3) 二次侧水位显示。在热备用到满负荷过程中对水位的自动控制。

(4) 在反应堆冷却剂与蒸汽发生器二次侧给水之间建立一个密封压力边界。

(5) 在停堆时，正常运行工况下首先用主给水和启动给水系统或事故工况下用应急给水系统带走来自反应堆冷却剂中的衰变热，使一次侧冷却剂温度降到余热排出系统动作压力对应的饱和温度以下。

(6) 在除氧和控制PH值条件下为蒸汽发生器提供满水湿保养。

2.2 蒸汽发生器设计所依据的规范和标准

目前美国的蒸汽发生器设计理念是根据美国机械工程师协会(ASME)等级1的设计要求来设计主回路侧的承压组件，而二次侧组件则需要满足ASME等级2的要求。然而，惯例是遵循ASME等级1的要求设计整个蒸汽发生器外壳。因此，ASME第Ⅲ卷中的NB-2300条款用于确保蒸汽发生器中的所有承压材料应有足够的断裂韧性。蒸汽发生器的传热管/管板复合体满足ASME第Ⅲ卷规定的应力限制和疲劳标准。

我国核电厂蒸汽发生器设计依据的规范与标准如下：

秦山核电厂蒸汽发生器所有承压边界材料的选择和制造均符合美国机械工程师协会

(ASME)规范第Ⅲ卷的要求,传热管/管板焊缝符合 ASME 规范第Ⅲ卷和Ⅺ卷的要求。反应堆冷却剂压力边界铁素体材料的断裂韧性均符合 10 CFR 50 附录 G 和 ASME 规范第Ⅲ卷 NB-2300 的要求。

大亚湾、岭澳以及秦山第二核电厂的蒸汽发生器的设计规范依据法国《压水堆核岛机械设备设计和建造规则》(RCC-M),蒸汽发生器压力边界材料的选择和制造均符合 RCC-M 第Ⅳ卷的要求。按照 RCC-M 第Ⅳ卷要求,传热管密封焊在管板堆焊层上。铁素体材料的断裂韧性符合 RCC-M 1 级部件材料的断裂韧性要求。

田湾核电厂在充分考虑了 PGV-1000 蒸汽发生器("187"系列)及其改进型 PGV-1000M 蒸汽发生器("320"系列)(使用在俄罗斯、乌克兰、保加利亚的核电厂中)的设计、运行和保证其使用寿命的经验后,在蒸汽发生器研发的基本原则中对技术、设计、工艺以及运行特性进行了改进。对于蒸汽发生器的材料,专门编制了"结构材料的技术规范",作为 PGV-1000M 蒸汽发生器设计的一部分。该文件对制造蒸汽发生器的所有母材与焊接材料进行了编号。对每一牌号的材料,规定了在物理冶金研究、选择及在试样进行试验期间的化学成分、机械性能、热处理以及各种检查的要求。

浙江三门和山东海阳核电厂 AP1000 机组中,蒸汽发生器构成部件按 AP1000 设备、抗震、ASME 锅炉和压力容器规范的分级。ASME 规范把二次侧分类为安全 2 级。蒸汽发生器的压力保持部分包括一次侧和二次侧压力边界,其设计满足 ASME 第Ⅲ卷安全 1 级的标准。压力边界材料的选择和构成符合 ASME 规范第Ⅱ、Ⅲ卷要求,材料的断裂韧性符合 10 CFR 50 附录 G、抗断裂韧性要求和 ASME 第Ⅲ卷 NB-2300 中规定的反应堆冷却剂压力边界上的铁素体材料的要求。传热管在管板堆焊层中的密封焊,符合 ASME 规范第Ⅲ、Ⅸ卷。

台山核电厂 EPR 机组的蒸汽发生器设计规范依据法国《压水堆核岛机械设备设计和建造规则》,蒸汽发生器一次侧和二次侧冷却剂压力边界的机械设计按 RCC-M 规范 1 级部件设计。根据 RCC-M 规范 B3000,按设计工况进行尺寸计算,以确定壳体、接管及传热管尺寸。所有压力边界材料的选择和制造应按 RCC-M 第Ⅱ卷要求,蒸汽发生器铁素体材料的韧性应满足 RCC-M 规范Ⅱ和 B2000 的要求。

2.3 典型核电厂蒸汽发生器的设计

2.3.1 美国压水堆自然循环蒸汽发生器

简化的压水堆自然循环蒸汽发生器截面图如图 2-1 所示。典型自然循环蒸汽发生器剖视图如图 2-2 所示。自然循环蒸汽发生器是一种直立、具有外壳、U 型传热管以及完整汽-水分离装置的设备。大型圆筒形容器包围住倒置的 U 型管束,管束由几千根单独的 U 型管组成,在自然循环蒸汽发生器容器底部附近,每根传热管末端与一个厚金属板(称为管板)焊接的部位有一个孔洞。蒸汽发生器冷却剂通过一个入口接管进入半球形底部,流过 U 型管并在下部空腔经出口接管流出。在管板下面的下部腔室中,一块金属板将进入和流出的主冷却剂分隔开,并引导冷却剂流经传热管。

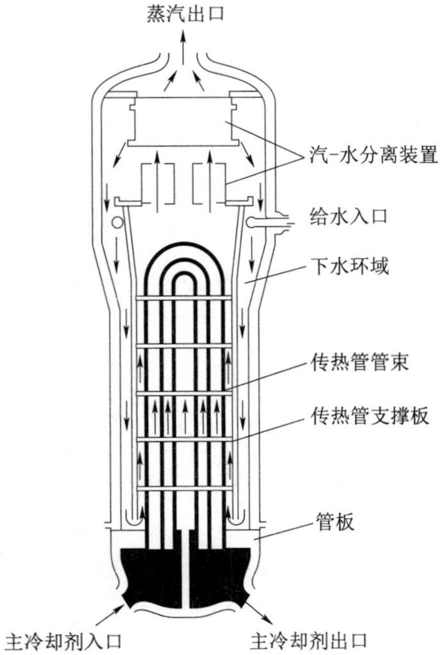

图 2-1　PWR 自然循环蒸汽发生器截面图

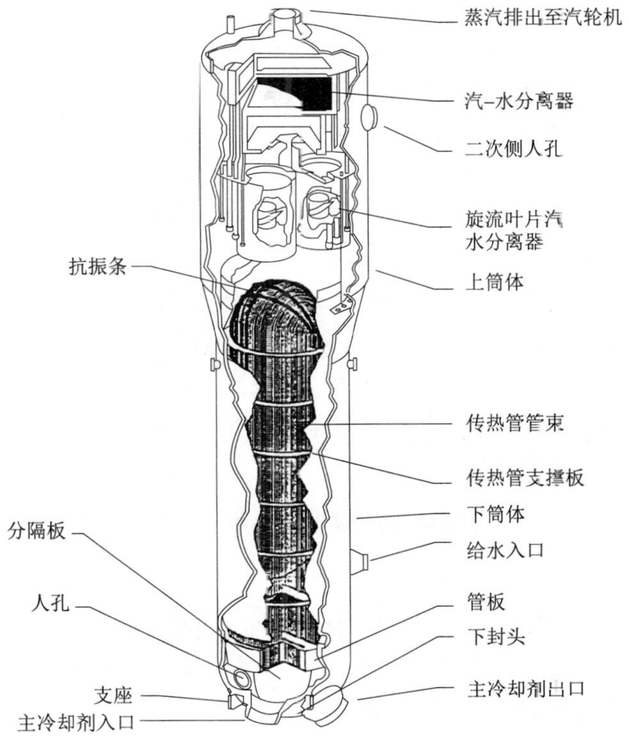

图 2-2　典型自然循环蒸汽发生器剖视图

传热管由若干金属隔板或方格形分压器支撑，这些金属板或分压器沿着传热管管束竖直分布，在多个位置固定，在管束 U 型弯曲区域有各种形状的条棒和小金属板。自然循环蒸汽发生器上部区域包括给水管道系统接管和不同的旋流型汽-水分离器以及蒸汽干燥器。制造材料主要是碳钢或低合金钢，与冷却剂接触的表面采取堆焊或覆盖耐腐蚀材料。

主冷却剂经热管段进入蒸汽发生器，温度为 315～330 ℃；经 U 型管后离开蒸汽发生器进入冷管段，温度约为 288 ℃。二回路系统水（给水）通过一个给水接管供给，至给水环，进入下水环，在下水环处，与汽-水分离器排出的自然循环水混合。下水环域中的水流至蒸汽发生器底部，在管板顶部穿过管束套筒，然后向上通过 U 型管管束，产生蒸汽。二回路给水每次通过蒸汽发生器时，大约有 25％会转变为蒸汽；其余部分进行自然循环。蒸汽发生器一般是为生产额定饱和蒸汽而设计的，饱和蒸汽含水量低于 0.25％质量分数。

有些自然循环蒸汽发生器包括回热环节（预热器），该装置属于一个独立隔段，位于蒸汽发生器冷管段出口附近，如图 2-3 所示。经过一个位于蒸汽发生器下部的接管，二回路给水流入预热器（这种蒸汽发生器没有给水环），辅助给水通过蒸汽发生器上部一个独立的接管注入。在二回路给水与二回路自然循环水混合前，蒸汽发生器中的主冷却剂热量预热给水至接近饱和温度。

表 2-1 列出了典型压水堆自然循环蒸汽发生器的设计特点，其中包括西屋 8 个型号、巴威 1 个型号和燃烧工程 2 个型号的产品。表 2-2 列出了三菱重工 7 个型号蒸汽发生器的设计特点。表 2-3 列出了西门子发电设备部（Siemens/KWU）蒸汽发生器的设计特点。西屋、法马通、三菱重工和西门子/KWU 设计的核电厂，根据其容量，每台机组拥有 2～4 个蒸汽

发生器(包括 2～4 个环路,每个环路有 1 个蒸汽发生器)。由于燃烧工程设计的核电厂机组只有 2 个蒸汽发生器,因此燃烧工程公司的自然循环蒸汽发生器较其他压水堆自然循环蒸汽发生器有更多数量的传热管。西屋、法马通和三菱重工的自然循环蒸汽发生器传热管以方形排列,而燃烧工程和西门子/KWU 的自然循环蒸汽发生器传热管以三角形排列。燃烧工程和西屋的蒸汽发生器传热管排列方式如图 2-4 所示。需注意的是,在最内部的 U 型管道之间,沿着蒸汽发生器中心下游有一个竖直开放的窄通道。

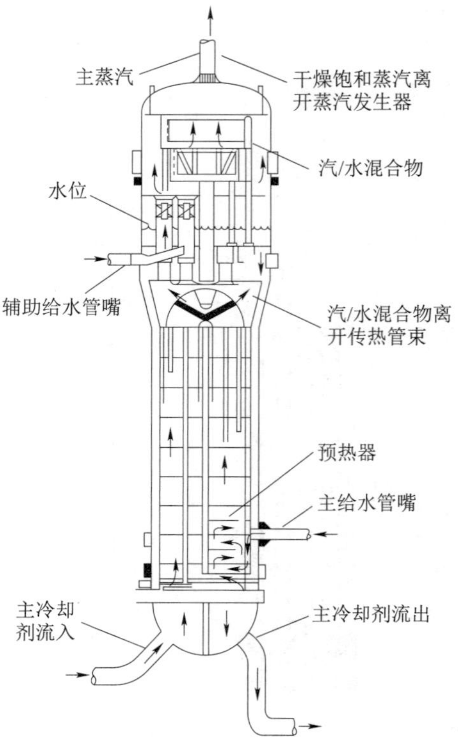

图 2-3　带预热器的蒸汽发生器典型设计

2.3.2　CPR1000 型压水堆的蒸汽发生器

CPR1000 型压水堆的蒸汽发生器为 55/19B 型具有内置汽-水分离装置的立式倒 U 型管蒸汽发生器,结构如图 2-5 所示。该蒸汽发生器具有以下设计特点:

(1) 在一次侧,半球形下封头由分隔板分隔成入口腔室和出口腔室,反应堆冷却剂通过位于蒸汽发生器半球形下封头上的进口接管进入腔室,流经倒 U 型传热管后,再经下封头上的出口接管流出。

(2) 在二次侧,给水经过给水接管进入蒸汽发生器。给水经过给水接管后进入给水环管,通过倒 J 型管喷出,然后流经管束套筒与壳体之间的环形通道。给水管组件的设计使在给水管中导致水锤发生的可能性降至最低。倒 J 型管焊接在给水环管上,大部分较冷的给水分配到传热管束的热侧,这样使传热管束两侧蒸发量大致相等,从而避免了两侧之间的热虹吸作用。

(3) 在管束套筒下部,二回路水通过流量分配挡板直接流向管束中心区。流量分配挡板的设置使二回路水以足够的流速有效冲刷管板表面,避免流体中腐蚀产物的沉积,从而减小管板表面以上管子腐蚀的危险。管廊阻挡块防止循环水流向旁路通道,给水进入管束,在这里被加热后蒸发形成饱和的汽水混合物。

(4) 汽水混合物从管束区上升到二次侧上部筒体内,进入汽-水分离段。在那里 16 个独立的旋叶式汽-水分离器对蒸发段产生的汽水混合物进行第一级汽-水分离。虽然旋叶式汽-水分离器可除去蒸汽中的大部分水,但是为满足设计要求,还需进行二级汽-水分离。二级汽-水分离器(干燥器)为六角形带钩波形板分离器,在六角形内部还有六块波纹形分离器。携带小水滴的蒸汽在干燥器中进一步除湿后,蒸汽品质提高到设计要求最小值 99.75%。汽-水分离器和干燥器分离出的水与进入蒸汽发生器的给水汇合,向下流入套筒与壳体之间的环形通道作再循环。

表 2-1 典型蒸汽发生器的型号及参数

制造商和型号	西屋								巴威	燃烧工程	
	27	44[1]	51,A-M[1]	D2/D3	D4	D5	E	F	177	67	80
SG 类型	自然循环式	自然循环式	自然循环式	自然循环式	自然循环式	自然循环式	自然循环式	自然循环式	一次通过式	自然循环式	自然循环式
传热面积/ft^2[2]	27 700	44 500	51 500	48 000	47 000	47 000	50 000	50 000	132 500	90 700	N/A
传热管数量	3 794	3 260	3 388	4 674	4 578	4 570	4 864	5 626	15 531	8 519	11 000
第一排传热管数量	100	92	94	114	114	114	120	122	—	167	N/A
传热管布置形式	方形	方形	方形	方形	方形	方形 w/T 槽	方形 w/T 槽	方形 w/T 槽	三角形	三角形	三角形
传热管间距/in[2]	1.026 或 1.031	1.200 或 1.234	1.281	1.063	1.063	1.063	1.080	0.980	0.875	0.974 或 1.00	1.000
传热管尺寸/in	0.750× 0.055	0.875× 0.050	0.875× 0.050	0.750× 0.043	0.750× 0.043	0.750× 0.043	0.750× 0.043	0.688× 0.040	0.625× 0.034	0.750× 0.048	0.750× 0.042
传热管材料	600 合金	600 合金	600 合金	600 合金	600 合金	600 合金	600 合金	600 合金	600 合金	600 合金	600 合金
传热管热处理工艺	工厂退火	工厂退火	工厂退火	工厂退火	工厂退火	热处理	工厂退火或热处理	热处理	工厂退火	工厂退火	工厂退火
管板胀管工艺	部分深度滚压	部分深度滚压	部分深度滚压[3]	全深度滚压	全深度滚压	液压	全深度滚压或液压	液压	部分深度滚压	爆炸	爆炸
管板间隙深度/in	18	18,19 或 20	18,18.75 或 19[4]	无	无	无	无	无	22	无	无
管板厚度/in	22.6	21.0 或 22.0	21.0	21.0	21.0	21.0	22.5	20.7	24.0	21.5	23.5
管板间隙径向尺寸/in	0.011 5[5]	0.006[6]	0.006 或 0.008[4]	—	—	—	—	—	0.005	—	—
传热管支撑类型	圆形钻孔	圆形钻孔	圆形钻孔	圆形钻孔	圆形钻孔	四叶型孔	圆形钻孔	四叶型孔	三叶型孔	栅格形/垂直	栅格形/垂直
传热管支撑材料	碳钢	碳钢	碳钢[7]	碳钢	碳钢	不锈钢	碳钢或不锈钢	405 不锈钢	碳钢或 MnMo 钢	碳钢	不锈钢
预热器类型	无	无	无	分流,给水流模式	逆流,给水流模式,扩大的预热器管	逆流,给水流模式,扩大的预热器管	逆流,扩大的预热管	无	无	无	轴向流
流量分配板	无	无	无[7]	D2 无,D3 有	有	有	有	有	无	无	有

1) 替代型号 44F 和 51F 使用液压胀管,传热管经热处理,管板采用 405 不锈钢;
2) 1 ft^2=0.093 m^2,1 in=25.4 mm;
3) 后期型号 51s 使用全深度滚压或爆炸胀管;
4) 仅对型号 51s 中使用部分深度滚压传热管的情况;
5) 有些蒸汽发生器的间隙可能为 0.006 或 0.011 in;
6) 有些蒸汽发生器的间隙可能为 0.007、0.008 或 0.011 in;
7) 一些后期型号 51s 装有低合金传热管支撑板以及流量分配板。

表 2-2 三菱重工蒸汽发生器型号及其参数

制造商和型号	MHI 44	MHI 46F	MHI 51,51A	MHI 51M	MHI 51F,51FA	MHI 52F,52FA	MHI 54F,54FA
蒸汽发生器类型	自然循环式	自然循环式	自然循环式	自然循环式	自然循环式	自然循环式	自然循环式
传热面积/m^2	4 130	4 300	4 785	4 780	4 780	4 870	5 055
传热管数量	3 260	3 382	3 388	3 382	3 382	3 382	3 382
第一排传热管数量	92	94	94	94	94	94	94
传热管分布格局	方形	方形	方形	方形	方形	方形	方形
传热管间距/mm	31.35	32.54	32.54	32.54	32.54	32.54	32.54
传热管尺寸/mm	22.23×1.27	22.23×1.27	22.23×1.27	22.23×1.27	22.23×1.27	22.23×1.27	22.23×1.27
传热管材料	Incoloy-600 合金	Incoloy-690 合金	Incoloy-600 合金	Incoloy-600 合金	Incoloy-600 合金	Incoloy-690 合金	Incoloy-690 合金
传热管热处理	工厂退火	热处理	工厂退火	工厂退火，热处理	热处理	热处理	热处理
管板胀管工艺	部分深度滚压	全深度液压和一步滚压	部分深度滚压，全深度滚压	全深度滚压，全深度液压和滚压	全深度液压和一步滚压	全深度液压和一步滚压	全深度液压和一步滚压
管板间隙深度/mm	497(原始设计)	无	488/无(原始设计)	无	无	无	无
管板厚度/mm	558.8	550	550	550	550	550	550
管板间隙径向尺寸/mm	0.185	—	—	—	—	—	—
管板支撑类型	圆形钻孔	栅格型	圆形钻孔	圆形钻孔，圆形钻孔并倒圆	栅格型	栅格型	栅格型
管板支撑材料	碳钢	405 不锈钢	碳钢	碳钢，405 不锈钢	405 不锈钢	405 不锈钢	405 不锈钢
预热器类型	无	无	无	无	无	无	无
流量分配板	无	有	无	有	有	有	有

表 2-3　西门子蒸汽发生器的设计特征

项　目	环路数	设计		传热管数量	主要规格			传热管尺寸/mm	传热管材料	运行时间
		初始压力/bar	传热面积/m^2		管板直径，圆顶直径/mm	长/mm	质量/t			
Obrigheim(前期)(KWO)	2	54	2 750	2 605	2 740/3 600	15 700	168	22×1.2	Incoloy-600 合金	1969 年
Stad(KKS)	4	51	2 930	2 993	2 900/3 500	15 600	160	22×1.2	Incoloy-800M	1972 年
Borssele(KCB)	2	59	3 600	4 234	3 470/4 200	16 380	245	22×1.2	Incoloy-800M	1973 年
Atucha 1(CAN 1)	2	43	3 454	3 945	2 680/3 600	15 400	154	22×1.2	Incoloy-800M	1974 年
Biblis A(KWB A)	4	51	4 510	4 060	3 461/4 750	18 740	298	18×1.0	Incoloy-800M	1975 年
Biblis B(KWB B)	4	54	4 335	4 021	3 461/4 750	19 890	215	22×1.2	Incoloy-800M	1977 年
Neckarwestheim 1(GKN 1)	3	54	4 005	4 021	3 461/4 750	19 890	213	22×1.2	Incoloy-800M	1976 年
Unterweser(KKU)	4	54	4 335	4 021	3 461/4 750	19 890	215	22×1.2	Incoloy-800M	1979 年
Obrigheim(后期)(KWO)	2	54	3 070	3 010	2 890/3 690	16 400	160	22×1.2	Incoloy-800M	1983 年
Gosgen(KKG)	3	69	5 400	4 106	3 615/4 750	20 760	380	22×1.2	Incoloy-800M	1979 年
Grafenrheinfeld(KKG/BAG)	4	69	5 386	4 086	3 615/4 750	20 840	365	22×1.2	Incoloy-800M	1982 年
Grohnde(KWG)[1)]	4	69	5 386	4 086	3 615/4 750	20 840	365	22×1.2	Incoloy-800M	1985 年
Iran 1[1)]	4	69	5 386	4 086	3 639/4 812	20 840	420	22×1.2	Incoloy-800M	—
Brokdorf(KBR)[1)]	4	69	5 386	4 086	3 639/4 812	20 840	420	22×1.2	Incoloy-800M	1986 年
Biblis C(KWG)[1)]	4	65	5 400	4 106	3 639/4 812	20 840	420	22×1.2	Incoloy-800M	—
Philippsburg 2(KKP 2)	4	65	5 400	4 106	3 639/4 812	20 840	420	22×1.2	Incoloy-800M	1985 年
Angra 2	4	65	5 400	4 106	3 639/4 812	20 840	420	22×1.2	Incoloy-800M	—

续表

项　　目	环路数	设计		传热管数量	主要规格			传热管尺寸/mm	传热管材料	运行时间
		初始压力/bar	传热面积/m²		管板直径，圆顶直径/mm	长/mm	质量/t			
Angra 3	4	65	5 400	4 106	3 639/4 812	20 840	420	22×1.2	Incoloy-800M	—
Trillo 1(CNT 1)[1]	3	69	5 386	4 086	3 639/4 812	20 840	420	22×1.2	Incoloy-800M	1988 年
Isar 2(KKI 2)	4	65	5 427	4 118	3 639/4 812	20 860	420	22×1.2	Incoloy-600 合金	1988 年
Neckarwestheim(GKN 2)	4	65	5 427	4 118	3 667/4 812	20 860	420	22×1.2	Incoloy-800M	1989 年
Emsland(KKE)	4	65	5 427	4 118	3 639/4 812	20 860	420	22×1.2	Incoloy-800M	1988 年
Atucha 2(CAN2)	2	55.9	7 013	6 524	3 637/4 770	20 512	400	18×1.0	Incoloy-800M	—
Ringhals 2	3	60.5	5 105	5 130	3 441/4 464	18 985	293	19.05×1.09	Incoloy-690 合金 TT	1989 年
Doel 3	3	57.2	6 103	5 130	3 430/4 464	20 638	313	19.05×1.09	Incoloy-800M	1993 年
Asco 1	3	68.3	6 103	5 130	3 286/4 270	20 804	332	19.05×1.09	Incoloy-800M	1995 年
Asco 2	3	68.3	6 103	5 130	3 286/4 270	20 804	332	19.05×1.09	Incoloy-800M	1996 年
Almaraz 1	3	68.3	6 103	5 130	3 286/4 270	20 804	332	19.05×1.09	Incoloy-800M	1996 年
Almaraz 2	3	68.3	6 103	5 130	3 286/4 270	20 804	332	19.05×1.09	Incoloy-800M	1997 年
Ringhals 3	3	61.2	6 103	5 428	3 470/4 474	20 699	351	19.05×1.09	Incoloy-600 合金 TT	1995 年

1）带有预热装置。

2）1 bar=100 kPa。

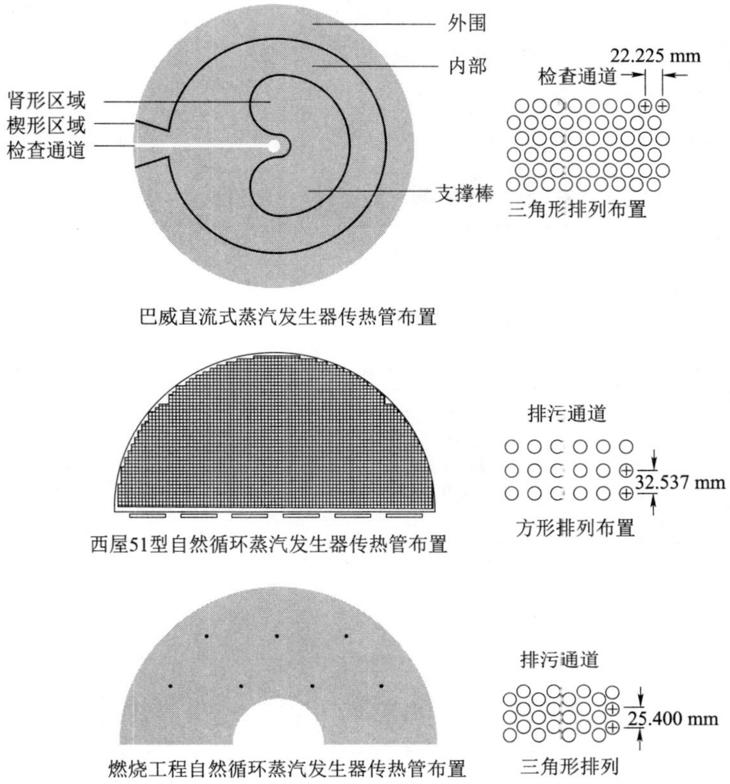

图 2-4　传热管典型布置形式

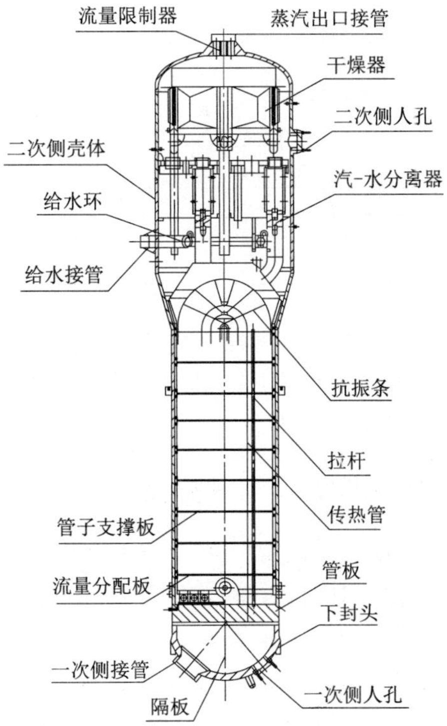

图 2-5　CPR1000 蒸汽发生器结构

(5) 干燥后的蒸汽通过设有蒸汽流量限制器的出口接管流出蒸汽发生器，进入主蒸汽管道。其作用是当蒸汽管道破裂时限制蒸汽流量，以防止一回路过冷造成反应堆重新临界及减轻对安全壳产生的压力。

蒸汽发生器的设计参数参见表 2-4。

表 2-4 CPR1000 蒸汽发生器的设计参数

蒸汽发生器型号	55-19B
设计压力(一次侧)/MPa	17.13
设计压力(二次侧)/MPa	8.5
设计压差(一次侧到二次侧)/MPa	11.5
设计压差(二次侧到一次侧)/MPa	4.6
设计温度(一次侧)/℃	343
设计温度(二次侧)/℃	316
总传热面积/m^2	5 429
出口蒸汽最大湿度(质量分数)/%	0.25
总高度/m	20.975
U 型管数目	4 474
U 型管名义直径/mm	19.05
U 型管壁名义壁厚/mm	1.09
人孔数量	4
人孔内径/mm	ϕ406.4
手孔数量	2
检查孔数量	6
蒸汽出口流量(热工设计流量，零排污)/(t/h)	1 936
汽-水分离器数目	16

需要说明的是，虽然蒸汽发生器二次侧为安全 2 级，质量等级 1 级，其相应的设计规范(RCC-M)等级为 2 级，但设计中仍将作为压力边界的蒸汽发生器，二次侧的所有承压部件按 RCC-M 规范 1 级部件的要求进行设计。

2.3.3 俄罗斯 VVER 型压水堆的蒸汽发生器

俄罗斯设计的 VVER-440 型和 VVER1000 型核电厂使用水平放置的管壳式蒸汽发生器，制造工厂为 ZiO(波多利斯克、莫斯科等地区)和 Atommash(伏尔加顿斯克、伏尔加格勒地区)。蒸汽发生器的组成部件包括一个压力容器、一个水平放置的传热管管束、两个直立的冷却剂集流管、一个给水管道系统、汽-水分离装置和蒸汽收集管。图 2-6 为 VVER-440 的蒸汽发生器结构简图，图 2-7 为 VVER-1000 的蒸汽发生器结构简图，图 2-8 为 VVER-440 和 VVER-1000 的蒸汽发生器传热管管束分布图。

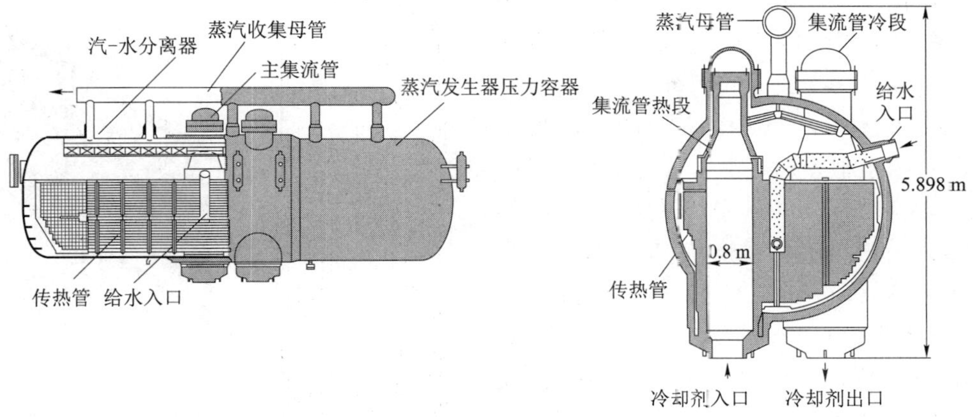

（a）侧视图　　（b）后视图

图 2-6　VVER-440 蒸汽发生器

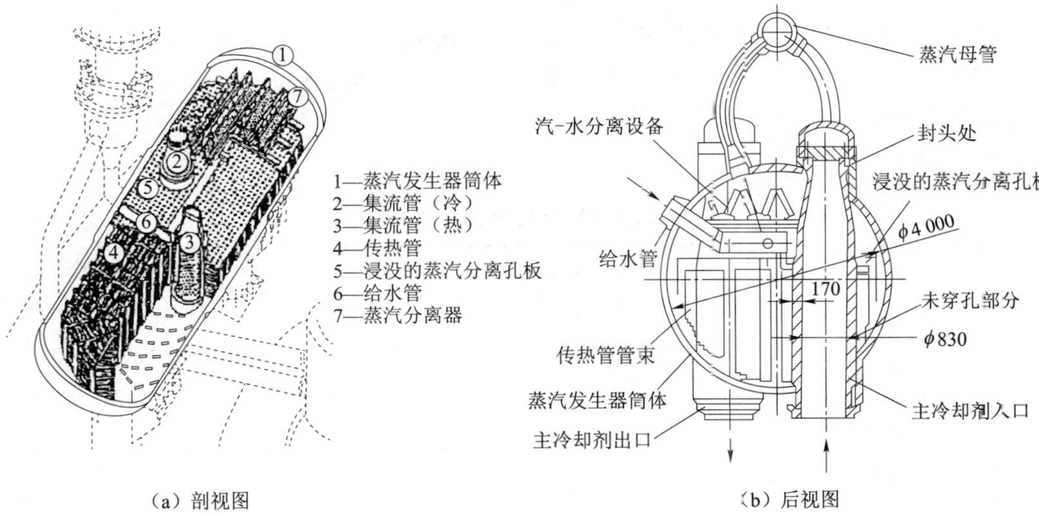

（a）剖视图　　（b）后视图

图 2-7　VVER-1000 蒸汽发生器

主冷却剂通过竖直的冷却剂集流管热段进入蒸汽发生器，流过水平放置的侵入水中的不锈钢传热管，然后经竖直的集流管冷段流出。传热管末端穿入集流管管壁（其作用与压水堆蒸汽发生器管板功能相似），并焊接在集流管内壁表面。VVER-440 蒸汽发生器的集流管采用钛稳定奥氏体不锈钢材料制造；VVER-1000 蒸汽发生器的集流管采用具有高拉伸性能的低合金钢制造，表面覆盖一层不锈钢。VVER-440 蒸汽发生器传热管按直线排列，横截面是方形布置；VVER-1000 蒸汽发生器传热管则是交错布置三角形布置。栅格由不锈钢棒和冲压波纹板组成，用于保持传热管整齐排列和稳定。传热管支撑的距离是 700～750 mm。

蒸汽发生器压力容器是水平圆柱形筒体，使用碳素钢（VVER-440）或者低合金珠光体钢（VVER-1000）材料，由锻造外壳、冲压椭圆形封头和冲压支管及人孔一起焊接而成。冷、热冷却剂集流管垂直贯穿圆柱形筒体中部。在 VVER-400 蒸汽发生器中，给水通过开有多孔的分配管供给至蒸汽发生器传热管管束中部。在 VVER-1000 蒸汽发生器中，给水通过供给至水中的一个多孔板之下的管束热端顶部。两种设计中，传热管管束均完全浸入水中。

VVER-440 与 VVER-1000 的蒸汽发生器设计虽然相似，但在如下方面存在不同：① 尺寸（VVER-1000 的蒸汽发生器直径约为 4 m）；② 传热管排布形状（VVER-440 为方形，VVER-1000 为三角形）；③ 集流管材料；④ 给水供给位置；⑤ 水下均气板；⑥ 蒸汽干燥器布置；⑦ 应急给水分配系统（仅 VVER-1000 有）；⑧ 蒸汽收集母管布置；⑨ 压力容器材料。根据需要，VVER-1000 的蒸汽发生器又做了设计变更，形成 VVER-1000U 的蒸汽发生器，VVER-1000U 的蒸汽发生器集流管采用奥氏体不锈钢制造而成。表 2-5 列出了 VVER-440、VVER-1000 和 VVER-1000U 的设计参数，其中 VVER-1000 应用于田湾核电厂。

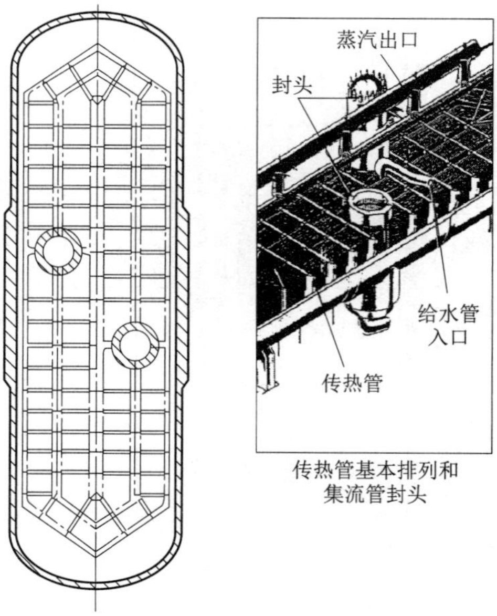

图 2-8　VVER-440 和 VVER-1000 蒸汽发生器传热管分布图

表 2-5　VVER 蒸汽发生器参数

参　　数	VVER-440	VVER-1000	VVER-1000U
热功率/MW	229.2	750	750
蒸汽装量/(kg/s)	125	408.33	408.33
蒸汽压力/MPa	4.61	6.27	6.27
蒸汽温度/℃	258.9	278.5	278.5
给水温度/℃	—	—	—
入口处	295	320	320
出口处	267	290	292
冷却剂流量/(m^3/h)	7 100	21 200	21 200
冷却剂压力/MPa	12.26	15.7	15.7
冷却剂在传热管中流速/(m/s)	2.71	4.21	4.91
平均传热因子/[kW/(m^2·K)]	4.7	5.4	6.1
对数平均温差/℃	18.7	22.9	24
比热通量(平均)/(kW/m^2)	89.23	123	141
总传热面积/m^2	2 576.6	6 115	5 126.6
传热管数量	5 536	11 000	9 157

续表

参　数	VVER-440	VVER-1000	VVER-1000U
传热管直径/壁厚/mm	16×1.4	16×1.5	16×1.5
传热管名义长度/m	9.26	11.10	11.14
冷却剂压力损失/MPa	0.075	0.126	0.169
出口蒸汽损失/(m/s)	0.240	0.382	0.382
出口处蒸汽湿度/%	0.25	0.2	0.2
压力容器壳体材料	22K	10GN2MFA	10GN2MFA
集流管材料	08X18N10T1)	10GN2MFA	08X18N10T
传热管材料	08X18N10T	08X18N10T	08X18N10T
传热管穿孔区集流管直径			
内径/mm	800	834	780
壁厚/mm	136	171 包括堆焊层	198
封头穿孔区域孔分布			
最小孔带直径/mm	11.34	6.93	9.75
沿高度方向水平管排数	77	110	94
单一水平排管数	89	120	112
管束中传热管排列方式	方形	交错	交错
沿垂直方向排列间距/mm	24	19	22.1
沿水平方向排列间距/mm	29.5	23	25,232)
水中穿孔管板	无	有	有
蒸汽发生器循环因子(最小)	4～6	1.5	1.9
空隙组分/%	0.32	0.493	0.485

1) 该材料牌号也为08Cr18Ni10Ti,属于钛稳定奥氏体合金,包含0.08%C、18%Cr、10%Ni和小于1%的Ti。
2) 其中25 mm为中央区域,23 mm为旁侧区域。

2.3.4 AP1000型压水堆的蒸汽发生器

AP1000型压水堆的蒸汽发生器是直立式的带有一体化汽-水分离器的U型管自然循环的Delta-125型蒸汽发生器。该蒸汽发生器结构和一些设计特征如图2-9所示。

在一次侧,反应堆冷却剂通过热段接管流入一次侧腔室。一次侧腔室的下面是椭圆形过渡到圆柱形部分,并与管板配对。外围的管束布置令机器人设备能够接近所有传热管。与先前的一次侧球形腔室设计相比,这些特征加强了检查、更换和维修的能力。通过一个从封头底部到管板的垂直隔板,封头被分为进和出两个腔室。

反应堆冷却剂流入倒U型管,在流动过程中把热量传递给二次侧,然后回到与冷段接

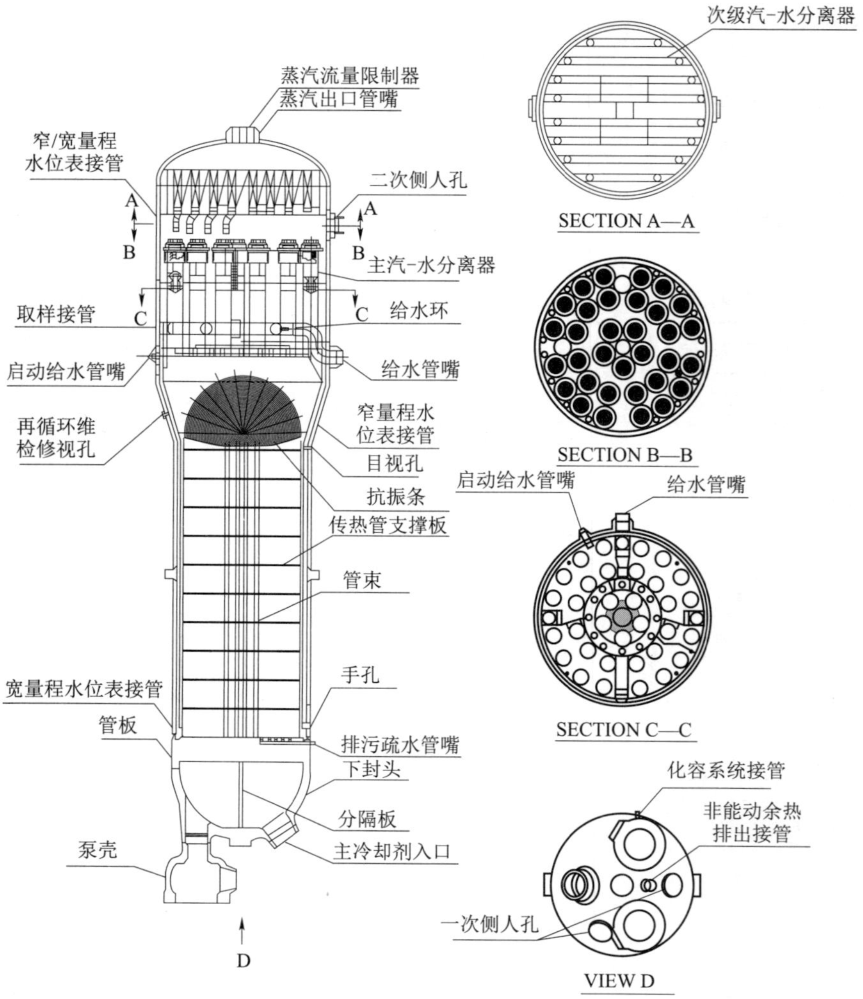

图 2-9　AP1000 蒸汽发生器的结构

管连接的一次侧腔室。流体通过两个与反应堆冷却剂泵直接连接的冷段接管流出蒸汽发生器。冷段接管末端由 Inconel-690 合金堆焊。

在蒸汽发生器下封头底部冷段隔室部分连接一个非能动余热排出接管。在紧急情况下,这个接管提供自然循环流体通过非能动余热交换器来冷却一次侧。蒸汽发生器下封头的一个独立的接管连接到化学和容积控制系统,该系统通过此接管向一回路提供净化的冷却剂和补充冷却剂。AP1000 蒸汽发生器下封头结构方便了蒸汽发生器的替换,下封头有足够的长度来保证焊后热处理并减小对管板的影响。

蒸汽发生器的传热管由 Inconel-690 合金制造,传热管弯管后要进行热处理。管子与管板的连接要完成定位胀、密封焊接以及在管板全部长度上的液压胀接三道工序。选用全深度液压胀工艺是因为它能减少二次侧水进入传热管/管板之间的缝隙。通过严格控制胀管前传热管与管孔的间隙来限制残余应力。传热管支撑为铁素体不锈钢支撑板,支撑板板孔为三叶型。抗振条安装在管束的 U 型弯头部分用来减少过分振动的可能,支撑板和抗振条材料为 405 型不锈钢。

AP1000蒸汽发生器和给水系统合并的设计消除了蒸汽发生器中的水锤情况，该设计通过给水分配环从管束的上部和正常水位的下部引入给水，能够有效地阻止和减轻水锤对蒸汽发生器入口的冲击。

当水通过管束时，水转变成汽-水混合体。随后，这个汽-水混合体从管束上升进入上筒体部分，汽-水分离器去除蒸汽中的水分。这些蒸汽继续到达二级分离器或干燥器，蒸汽中的水被进一步地去除从而到达最小99.75%的设计要求。从汽-水混合体中分离的水与给水混合再流入蒸汽发生器。安装在内部的一级分离器上升段之间的泥渣收集器有利于减少和去除管板和支撑板上的泥渣。干饱和蒸汽从安装有蒸汽限流器的出口管嘴中流出蒸汽发生器。表2-6是AP1000型蒸汽发生器的设计参数。

表2-6　AP1000型压水堆蒸汽发生器的设计参数

参数名称	参数值
热功率/(MW/台)	1 707.5
传热面积/(m^2/台)	11 477.24
壳侧设计压力/MPa abs	1 200
零负荷温度/℃	291.67
给水温度/℃	226.67
输出蒸汽压力/MPa abs	5.764
蒸汽流量/(t/h)	3 397.407 t/h
蒸汽总流量/(t/h)	6 790.278 t/h
设计压力：一次侧/MPa abs 二次侧/MPa abs 一次侧到二次侧/MPa abs	17.237 8.274 11.376
设计温度：一次侧/℃ 二次侧/℃	343.3 315.6
最大湿度含量(质量分数)/%	0.25
传热管数量	10 025
传热管外径/mm	17.5
传热管壁厚/mm	1.0
传热管中心距/mm	24.9(三角形)
总长[1)]/m	22.46
上筒体内径/mm	5 334
下筒体内径/mm	4 191
管板厚度[2)]/mm	790.702
一次侧水容积/m^3 传热管容积/m^3 腔室容积/m^3	58.814 42.164 16.650

续表

参数名称	参数值
二次侧水容积/m^3	103.243
二次侧蒸汽容积/m^3	147.871
二次侧水重量/kg	79 722.49
设计污垢系数/(h·m^2·℃/W)	1.586×10^{-5}

1) 从蒸汽接管道下封头底板的平面；

2) 母材厚度。

AP1000 型蒸汽发生器在设计中进行了如下改进：

(1) 隔离层：在蒸汽发生器一次侧进出口接管设置了不锈钢安全端，采用镍基合金隔离层过渡，提高了异种金属焊接接头的耐疲劳性能，使在安装现场接管与主管道的焊接为同种金属焊接，提高了接管与主管道的焊接质量。

(2) 材料：在给水接管和蒸汽出口接管内表面高流速区堆焊镍基合金和高含铬合金焊接材料，提高给水接管和蒸汽出口接管内表面的耐流动加速腐蚀能力，提高了压力边界的完整性。

(3) 围堰板：在蒸汽发生器管束套筒顶部设置了围堰板，防止外来物直接通过下降通道进入管束，冲击传热管，避免外来物对传热管的磨损，提高了传热管的运行完整性。

(4) 泥渣收集：在蒸汽发生器管束套筒顶部设置了泥渣收集器，试验和运行经验证明，泥渣收集器可收集进入蒸汽发生器二次侧的 50%以上的泥渣量，大大减少了进入管束区的泥渣，改善了传热管的运行环境，提高了传热管的运行可靠性。

(5) 管束支承：改进了管束横向支承结构，使蒸汽发生器在经受横向冲击载荷时，在冲击方向的管束横向支承不承受载荷，而将冲击载荷分配给所有其他管束横向支承，并将径向载荷改变为切向载荷，大大减小了横向冲击载荷对管束的冲击，保证传热管及其支撑板的完整性。

2.3.5 EPR 型压水堆的蒸汽发生器

EPR 型压水堆的蒸汽发生器是基于 N4 蒸汽发生器设计的，是带有轴向节能器的 U 型管自然循环热交换器。与传统的沸腾管束蒸汽发生器的换热面相比，具有轴向节能器的蒸汽发生器换热面的热效率更高，饱和压力更大。

EPR 蒸汽发生器由两大部分组成：下筒体为蒸发段，保证给水的蒸发，上筒体为汽-水分离段，对汽-水混合物进行机械干燥。蒸汽发生器为立式布置，汽-水混合物通过自然循环向上流动。为减少热分层现象，给水由给水接管流进锥形筒体，进入蒸汽发生器。然后给水流入位于管束顶部的半给水环（位于冷侧），给水环上装有导流板，蒸汽发生器简图如图 2-10 所示。

在标准沸腾管束中，进入蒸汽发生器的给水与来自给水环上方的分离器和干燥器的自然循环水相混合，随后混合水流入压力边界和蒸汽发生器管束围板，直至管板位置。然后又进入处于 360°区域内的冷管段和热管段。具有轴向节能器的蒸汽发生器有不同的作用。

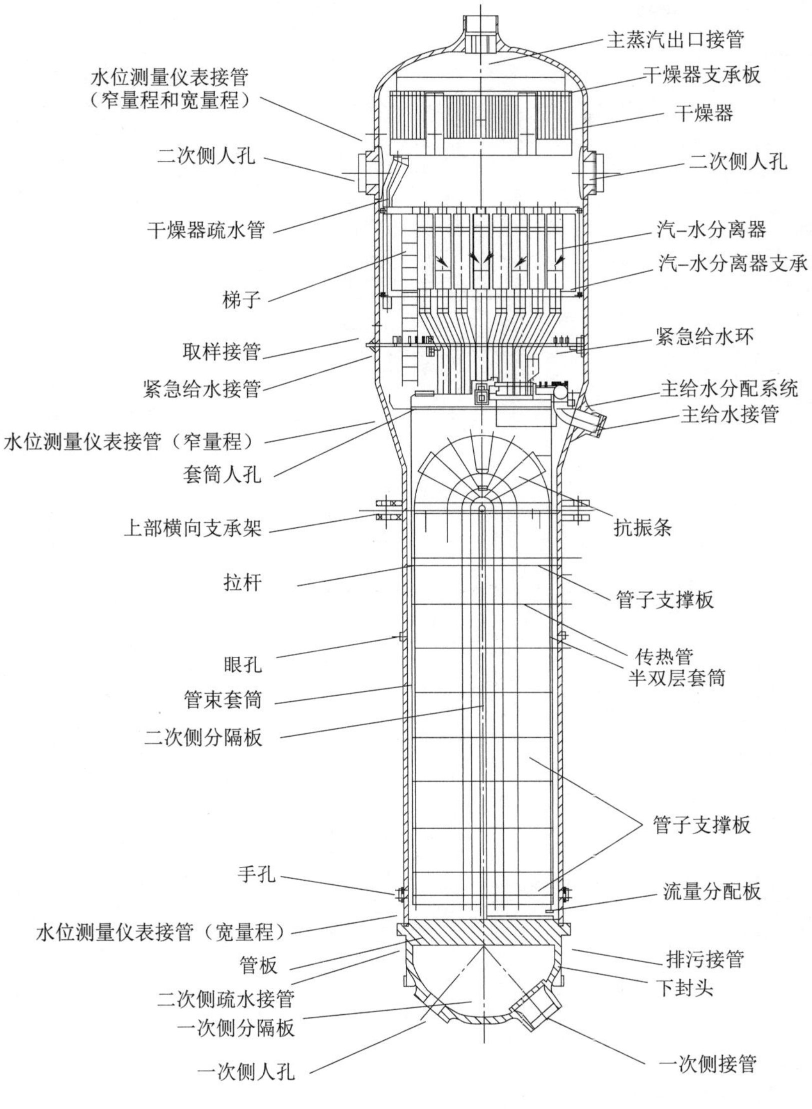

图 2-10　EPR 蒸汽发生器结构

假设给水全部进入管束中的冷段，以达到要求的预热效果。为达到这个目的，可以把回路水分为两部分——一部分为冷段，一部分为热段，而且直接把给水通过加长的丁型管（倒置丁型管）注入冷段。为了达到最大节能效果。只分配少量的自然循环水与给水相混合（约 10%）；余下的自然循环水（约 90%）直接进入热水回流管，如图 2-11 所示。

通过标准自然循环式 U 型管蒸汽发生器实现以下特性：

(1) 一个位于冷侧下降通道中的双层套筒引导全部给水进入管束冷侧。

(2) 二次侧分隔板（从管板上表面到第六块管子支撑板）把管束冷侧和热侧分开。此外，蒸汽发生器给水分配系统（设有长方形孔和导流板的给水环）在冷侧呈 180°布置。

与有相同换热面积的标准蒸汽发生器相比，此设计增大了一、二次侧的换热效率，同时使产生的蒸汽压力增大了 3 bar。

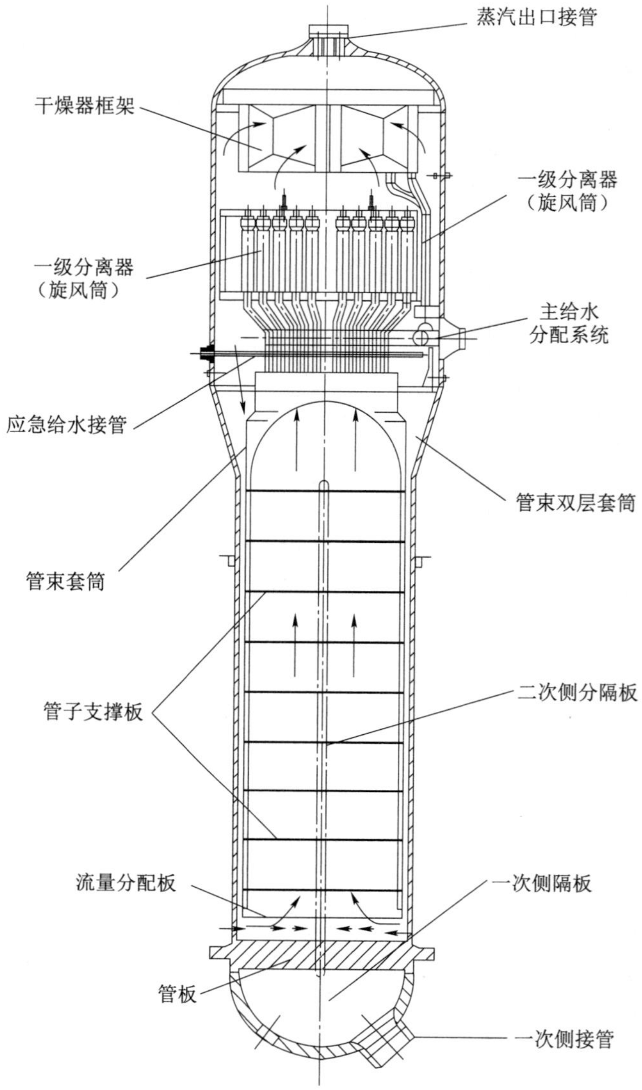

图 2-11　EPR 蒸汽发生器循环原理

蒸汽发生器传热管使用 Inconel-690 合金。蒸汽发生器壳体材料使用的是低合金铁素体钢，一回路冷却剂接触的材料表面堆焊奥氏体不锈钢（下封头）或钴含量小于 0.06% 的 Inconel-690 合金（管板）。下封头分隔板材料为 Inconel-690。管板材料为低合金铁素体钢。传热管支撑板选用含 13%Cr 的耐腐蚀马氏体不锈钢，并选用三叶梅花孔结构。表 2-7 是 EPR 蒸汽发生器的设计参数。

表 2-7　EPR 型压水堆蒸汽发生器参数表

参数名称	参数值
100%额定功率下的运行参数(BOL)	
堆芯热功率/(MW)	4 590

续表

参数名称	参数值
一次侧运行参数	
质量流量	
热工水力工况(TH)/(kg/s)	5 566
最佳估计工况(BE)/(kg/s)	5 793
机械工况(ME)/(kg/s)	6 245
交换热量(TH,BE或ME流量)/(MW)	1 154
进口温度(无堵管或污垢)	
TH/℃	329.9
BE/℃	328.9
ME/℃	327.3
堵管和污垢相关的换热面积裕量	
总裕量/%	10
堵管裕量/%	5
污垢/%	5
二次侧运行参数(无堵管或污垢)	
饱和压力(TH,BE或ME流量)/MPa abs	7.72
限流器出口静蒸汽压力(TH,BE或ME流量)/MPa abs	7.62
出口蒸汽流量(排污流量1%;TH,BE或ME流量)/(kg/s)	650.4
SG干燥器出口蒸汽含湿度/%	≤0.1
给水温度/℃	230
参考工况	
一次侧	
设计压力/MPa abs	17.6
设计温度/℃	351
二次侧	
设计压力/MPa abs	10
设计温度/℃	311
尺寸和重量	
上筒体最大外径(不包括接管)/m	5.168
总高度/m	24.621
传热管外径/mm	19.05
传热管壁厚/mm	1.09
传热管数量	5 980
管板以上管束高度/m	11.720
管子支撑板厚度/mm	30
换热面积/m^2	7 960

续表

参数名称	参数值
最大干重(大约)/t	540
管板厚度(堆焊前)/mm	620
材　　料	
传热管	Inconel-690 合金
壳体	20MND5
堆焊层(下封头)	不锈钢
堆焊层(管板一次侧)	NiCrFe 合金钢
传热管支撑板	13%Cr 改进型不锈钢
水位高度/m	15.69
热侧循环倍率	2.32
冷侧循环倍率	1.15
总循环倍率	3.47
水的质量/t	77
蒸汽质量/t	5.4

2.3.6 加拿大重水反应堆自然循环蒸汽发生器

目前运行中的 CANDU 自然循环蒸汽发生器为竖直放置,大多由巴威加拿大公司制造。唯一例外的是韩国 Wolsung 1 号机组,该机组使用的是美国福斯特惠勒(Foster Wheeler)制造的类似的蒸汽发生器。CANDU 反应堆的自然循环蒸汽发生器与压水堆自然循环蒸汽发生器非常相似,二者在一些方面有细节上的差异,如尺寸、材料、运行温度和传热管支撑结构等。图 2-12 给出了用于 Darlington 核电厂的蒸汽发生器,它具备了目前 CANDU 堆自然循环蒸汽发生器的所有特点。

尽管 CANDU 堆的自然循环蒸汽发生器的尺寸已经随着反应堆设计的不断改进而进行了大规模的升级,但通常还是要小于压水堆的自然循环蒸汽发生器,并且运行在较低的温度(主冷却剂入口温度为 290～310 ℃)。较低的主冷却剂温度,通常延缓热量激活腐蚀过程的开始,例如一次侧应力腐蚀开裂(PWSCC)或者晶间应力腐蚀开裂(IGSCC)。由于 CANDU 堆采用重水(D_2O)作为主冷却剂,相对地已采用小尺寸传热管(外径 12.7 mm,最近的一些机组传热管外径为 15.9 mm)以使重水总量减至最少。使用较小尺寸的主(下)封头和传热管,增加了日常维护,例如传热管的检查、堵管、移除等活动的难度。根据不同类型合金材料,传热管管壁名义厚度有 1.13～1.2 mm,例如 Incoloy-800M 合金比 Inconel-600 合金导热性差,需要较小的管壁厚度。CANDU 堆蒸汽发生器最重要的设计差异在于传热管材料的选择,目前 CANDU 堆蒸汽发生器的传热管采用 Inconel-600 合金、蒙乃尔铜-镍 400 合金或 Incoloy-800 合金。不同的材料会影响到不同类型的降质情况。

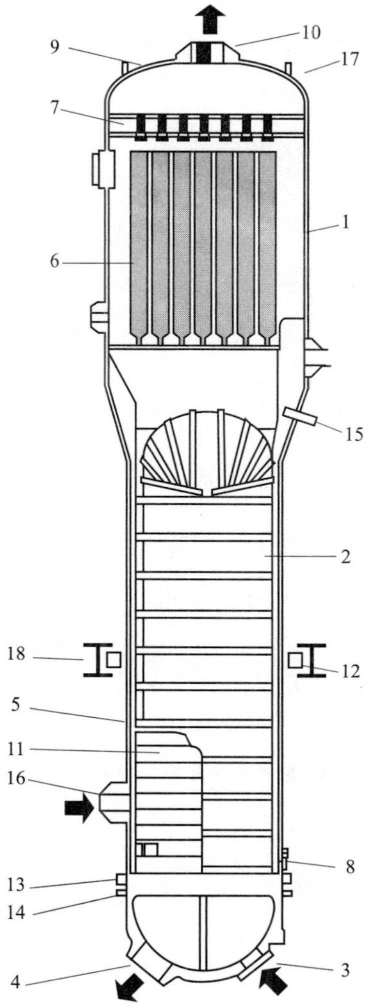

图 2-12 Darlington核电厂使用的CANDU堆自然循环蒸汽发生器

1—蒸汽筒;2—蒸汽发生器装置;3—重水入口;4—重水出口;5—下水通道;6—主旋流分离器;
7—二次旋流分离器;8—排污管嘴;9—人孔;10—主蒸汽出口管嘴;11—预热器;12—蒸汽发生器支撑;
13—污染物密封条;14—下部侧向支撑耳;15—再热冷凝水返回管嘴;
16—给水管嘴;17—上部侧向支撑耳;18—环梁

2.3.7 其他类型压水堆的直流式蒸汽发生器

巴威公司设计的直流式蒸汽发生器的传热管为直管,在蒸汽发生器顶部和底部均有一管板,如图2-13所示。主冷却剂被泵送自上而下经过传热管,同时二回路冷却剂以逆流自下而上在传热管外围流动。二回路水进入位于第九层传热管支撑板之上的给水环,并在此处与传热管管束区域抽出的蒸汽混合,被预热至饱和状态。饱和水通过给水环向下流动,穿过较低位置的管板,然后向上流动进入传热管管束区域,并在此转变为蒸汽。过热蒸汽放射状向外流出,然后向下流过环型区域至蒸汽出口接管。大部分二回路冷却剂在直流式蒸汽发生器时完全被蒸发为蒸汽。

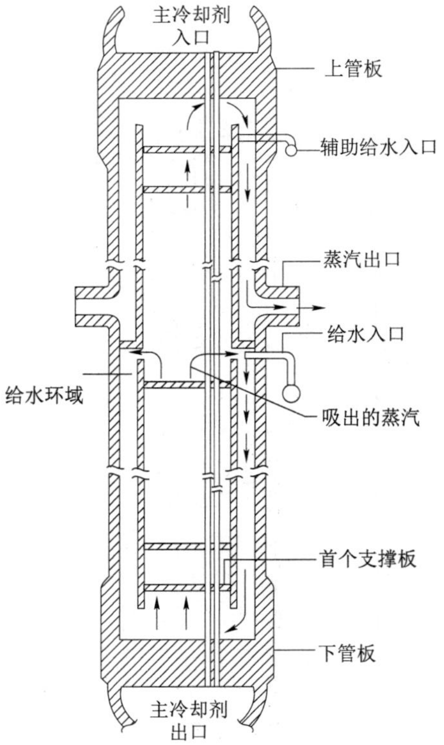

图 2-13　压水堆直流式蒸汽发生器截面图(EPRI 1985a)

2.4　蒸汽发生器重要部件

2.4.1　传热管

在西方国家(德国除外),最初大多数压水堆中使用的传热管采用镍基合金,Inconel-600(76%Ni,15.5%Cr,8%Fe,<0.1%C)。德国西门子公司设计的蒸汽发生器采用 Incoloy-800M 合金(33.5%Ni,21.5%Cr,44%Fe,<0.03%C,<0.6%Ti)制造传热管。西屋、法马通、西门子/法马通(Siemens/Framatome)、巴威以及三菱重工等公司,采用耐高温性能较好的 Inconel-690 合金制造可更换的蒸汽发生器传热管。西门子和巴威加拿大也提供 Incoloy-800M 合金制造的可更换蒸汽发生器传热管。这些合金的化学成分列于表 2-8 中。

表 2-8　典型传热管材料的化学组分

合金	Ni	Cr	Fe	C	Mn	Si	Cu	Al	Co	Ti	S
600[1)]	≥72	14～17	6～10	≤0.15	≤1.0	≤0.5	≤0.5	—	—	—	≤0.015
690[2)]	≥58	28～31	7～11	0.15～0.025	≤0.5	≤0.5	—	≤0.5	≤0.02	≤0.5	≤0.01
800M[3)]	32～35	20～23	≥39.5	≤0.03	0.4～1.0	0.3～0.7	≤0.75	0.15～0.45	≤0.1	≤0.6	—

续表

合金	Ni	Cr	Fe	C	Mn	Si	Cu	Al	Co	Ti	S
蒙乃尔 400[1]	≥63.0	—	≤2.5	≤0.3	≤2.0	≤0.5	28～34	—	—	—	≤0.024

1）美国 Inconel 合金国际公司生产手册；

2）美国电力研究院标准规范；

3）西门子设备发电部标准规范。

传热管的加工制造由铸锭挤压成型开始，然后采用拉伸或皮尔格式轧管等冷轧工艺。每一次冷轧后进行退火，通常是将传热管放置在传送带上通过熔炉，给予足够高的温度（约 980 ℃或以上），使材料再结晶并溶解足够的碳。

轧制-退火的温度和初始碳含量是控制镍基合金的机械性能和腐蚀性能的两个重要参数，如 Inconel-600 合金。轧制-退火工序，首先溶解所有的碳化物并获得相对较大的晶粒尺寸，然后用碳化物覆盖晶界，在空气中缓慢冷却。较高的碳含量需要较高的轧制-退火温度去溶解所有的碳化物。晶内未溶解的碳化物是有害的，因为这些碳化物为已经溶解的碳化物提供了成核位置，并阻碍晶界处碳化物的析出，从而阻碍晶界得到适当的碳化物覆盖。轧制-退火的温度也可以控制材料的屈服强度以及残余应力。较高的轧制-退火温度可以使材料获得较小的残余应力，在传热管中不会产生应力释放。20 世纪 70 年代后期开始，轧制-退火的 Inconel-600 合金（600 MA）传热管需要进行的最后一道热处理工艺，温度约 705 ℃，持续时间 15 h，目的是消除焊接加工过程中产生的应力以及进一步改善金相组织。热处理过程促进了碳化物在晶界位置的析出和铬弥散至晶界位置。因此，稍低的轧制-退火温度能够使碳化物覆盖于最终晶界位置，以及使形成碳化铬的铬元素在晶界处得到补充。Inconel-600 合金传热管的晶界贫铬会使材料对二次侧应力腐蚀开裂敏感；晶界碳化物不足会使材料对一次侧应力腐蚀开裂敏感。

最终轧制-退火之后，传热管经过辊式矫直机进行矫直。矫直过程对于传热管来说是塑性变形，会产生残余应力。矫直后，对传热管进行研磨抛光，如使用磨光砂带，去除表面约 0.025 4 mm 余量。该工序的目的在于消除表面缺陷，但也造成传热管表面产生很薄的冷加工层，以及材料表面由压应力到较高拉应力的残余应力分布。

对直管的最终制造步骤包括目视、超声波以及涡流检查和各种清洁操作，如内表面喷陶瓷丸。对于自然循环蒸汽发生器的制造，直管还要加工弯曲至预期的 U 型管。对于紧凑的弯曲半径，常常通过使用内部心轴使传热管弯曲部分的椭圆程度最小化。此外，一些没有经过热处理的蒸汽发生器，若传热管 U 型弯曲部位为小半径，要在 705 ℃至少持续 5 min 进行消除应力处理。

接下来讨论，不同生产厂商和不同型号的蒸汽发生器在制造过程中采用的退火、热处理温度以及传热管制造工艺的其他细节差异。

（1）巴威公司经验

巴威公司的轧制-退火温度通常相对较高，为 1 065～1 095 ℃。此外，在安装传热管后，对整个蒸汽发生器进行热处理，温度为 595 ℃，持续时间 15 h，这样可以减少传热管制造和安装过程中产生的残余应力，并通过增加晶界的碳化物含量来提高抵抗一次侧应力腐蚀开裂（PWSCC）的能力。然而，这也导致了材料的敏化（晶间贫铬），使得传热管对其他方式的腐蚀敏感性增加(酸性氧化条件下的应力腐蚀开裂)。

(2) 燃烧工程经验

燃烧工程公司的传热管退火温度相对较高,在 980～1 065 ℃。最后的轧制-退火会导致材料的最大屈服强度相对较低(低于 344.75 MP),以及晶粒尺寸变大,晶界碳化物量增加,这种情况与抵抗一次侧应力腐蚀有关。

(3) 西屋经验

直到 20 世纪 70 年代后期,西屋实践的经验包括使用相对较低的轧制-退火温度制造传热管,这些传热管没有经过热处理。这些早期的蒸汽发生器,生产于先进热处理工艺和其他制造工艺改进之前,传热管材料的残余应力和微观结构对传热管一次侧和二次侧应力腐蚀开裂产生重要影响。

自 20 世纪 70 年代后期开始,西屋公司使用大量工艺特性以降低传热管腐蚀的潜在可能。这些工艺特性包括:将传热管进行热处理,温度 705 ℃,持续时间 15 h,用于释放残余应力并改善微观结构,然后接着释放小半径 U 型部位的应力。微观结构的改善是由于经过了热处理,这与碳化铬在晶界处析出有关。另外,将传热管保持在析出温度范围内一段时间,使得铬能够由晶内弥散至晶界贫铬处,防止敏化作用。由于热处理相关工艺的改进,Inconel-600 合金传热管经过热处理后得到的经验表明,传热管仅在高应力区的小部分位置对一次侧应力腐蚀开裂敏感。

(4) 美国、法国和日本的通用经验

在美国、法国和日本,蒸汽发生器供应商的通用经验是使用经过热处理的 Inconel-690 合金。Inconel-690 合金与 Inconel-600 合金相似,铬含量是 Inconel-600 合金的两倍(Inconel-690 合金为 29.5%、600 合金为 15.5%),相对应的 Inconel-690 合金的镍含量减少。经过试验验证,Inconel-690 合金具有更好的抵抗一次侧应力腐蚀开裂的能力,且在预期的二次侧环境中也提高了抗腐蚀能力。大多数供应商通过热处理(温度 705 ℃,时间 15 h)来消除加工应力以及改善微观结构。一些供应商在对小半径 U 型管进行热处理过程时,会在不同的起点额外增加两个小时 700 ℃的处理,以消除弯管加工产生的残余应力;还会对传热管内表面进行喷丸加工,喷丸会使内表面产生厚度约几十微米的冷作硬化层。

(5) 西门子经验

西门子发电设备部生产的前两台蒸汽发生器采用 Inconel-600 合金轧制退火传热管,这两台设备于运行两年后开始发生泄漏。此后,西门子生产的所有蒸汽发生器均采用 Incoloy-800M 合金制造的传热管(镍含量为 Inconel-600 的一半)。相比于美国试验材料协会技术规范所要求的标准 Incoloy-800M 合金,西门子的 Incoloy-800M 合金减少了碳元素含量使其敏化程度最小,增加了稳定比例(Ti/C>12),以及微量增加了铬和镍含量以获得对点腐蚀和穿晶应力腐蚀开裂具有较高的抵抗能力。

(6) CANDU 经验

在一个小型示范堆中采用 Inconel-600 合金后,1960 年 CANDU 堆的蒸汽发生器传热管使用的材料是蒙乃尔铜镍合金 400(一种镍/铜比高的合金)。这种合金有较好的抗腐蚀性能,但对氧含量极度敏感。具有铁磁性的属性也增加了标准涡流检查的难度。

再晚些的机组也改为采用 Inconel-600 合金材料。巴威加拿大公司制造 Inconel-600 合金的传热管运行经验与其制造压水堆的母公司的运行经验非常相似。于是,这种传热管运行中，在机械性能降质方面，也与美国的巴威公司制造的一次通过式蒸汽发生器中使用的传热管趋于相似。

目前，对于 CANDU 堆自然循环蒸汽发生器的传热管材料通常使用钛稳定 Incoloy-800M 合金制造传热管，不进行应力消除工艺，加工的方法可以防止对传热管的任何随机加热。

(7) VVER 经验

VVER-440 和 VVER-1000 蒸汽发生器传热管采用一种钛稳定奥氏体不锈钢(08X18N10T)。传热管直径为 16 mm，壁厚为 1.4 mm(VVER-440)或者 1.5 mm(VVER-1000)，名义长度为 9.26 m(VVER-440)或者 11.1 m(VVER-1000)。

2.4.1.1　传热管在管板上的安装

压水堆和 CANDU 堆的蒸汽发生器传热管安装在一块厚的碳钢或低合金钢管板中，管板一次侧堆焊与传热管制造材料相同，传热管通过胀管(可能导致较高的残余应力)和密封焊连接至管板的堆焊层。VVER 的蒸汽发生器传热管以相似的方式安装于壁厚稍薄的集流管中。对于早期的压水堆核电厂，通过硬滚压工艺，传热管与管板连接约 60～100 mm 长度。这种方式留下大约 0.2 mm 宽的径向间隙，位置在沿着管板上部约 460 mm 处，在传热管和管板间，该间隙会导致化学杂质沉积于此。20 世纪 70 年代上半叶，西屋设计的蒸汽发生器中，对管板剩余长度与传热管的连接，采用车间内爆炸胀接(Wextex 膨胀)或是追加硬滚压的方法。在那些通过追加硬滚压完成膨胀的实例中，专业经验表明在异常滚压过程中会产生较高的残余应力，如在二次滚压区域或过渡区域滚压掠过处。对于西屋 20 世纪 70 年代后期制造的蒸汽发生器，采用了全深度胀管工艺，该工艺在车间内通过液压的方法完成。直到 20 世纪 80 年代后期，西门子制造的蒸汽发生器一直使用两步或三步机械硬滚压工艺。目前压水堆和 CANDU 堆制造商使用液压膨胀，膨胀长度近乎整个管板厚度(停止和开始两端均向内若干毫米)，接着进行一步(靠近顶部)或两步(靠近顶部和底部)机械硬滚压。由于液压膨胀而形成了过渡区域，液压胀管相比机械硬滚压胀管产生的残余应力显著降低。在靠近管板顶部或底部的机械硬滚压比液压膨胀产生更大的结合力。灵哈尔斯(Ringhals)核电厂中使用的是西门子制造的可更换蒸汽发生器，对其 2 号机组的蒸汽发生器典型传热管内径进行轮廓测量的结果如图 2-14 所示。与液压胀管和机械胀管有关的典型径向变形均得到显示，变形沿着传热管中的每个膨胀区域。

CANDU 堆蒸汽发生器一般不会存在管板间隙。早期的机组中，通过靠近管板顶部(二次侧)的二次滚压来消除管板间隙。目前典型 CANDU 堆采用液压方法来消除管板间隙。VVER 蒸汽发生器采用两个直立圆柱形集流器或集流管，每个集流管内径为 800 mm(VVER-440)或 834 mm(VVER-1000)，壁厚为 136 mm(VVER-440)或者 171 mm(VVER-1000)，并非厚壁管板。VVER-440 的集流管同传热管材料相同，均为钛稳定不锈钢。VVER-1000 的集流管则采用与容器外壳相同的材料，为低合金珠光体钢(10GN2MFA)，内表面堆焊不锈钢。传热管通过液压胀管或爆炸胀管嵌入集流管中，然后用氩弧焊焊接至集流器内表面。集流器与传热管之间一般不存在缝隙，然而已有报告表明传热管存在“滚压不足”，位置在进入集流管后，这造成了约 20 mm 深的缝隙。

2.4.1.2　传热管支撑

目前的压水堆蒸汽发生器已经采用了几种不同种类的传热管支撑系统，如图 2-15 和

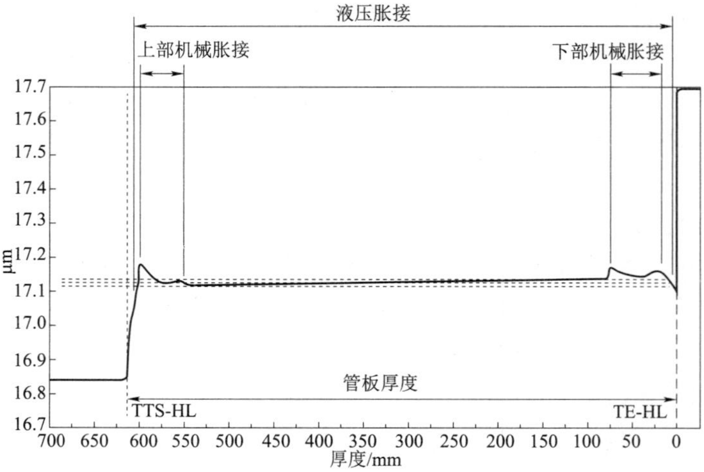

图 2-14　Ringhals 2 号机组中可更换蒸汽发生器传热管的轮廓示意图

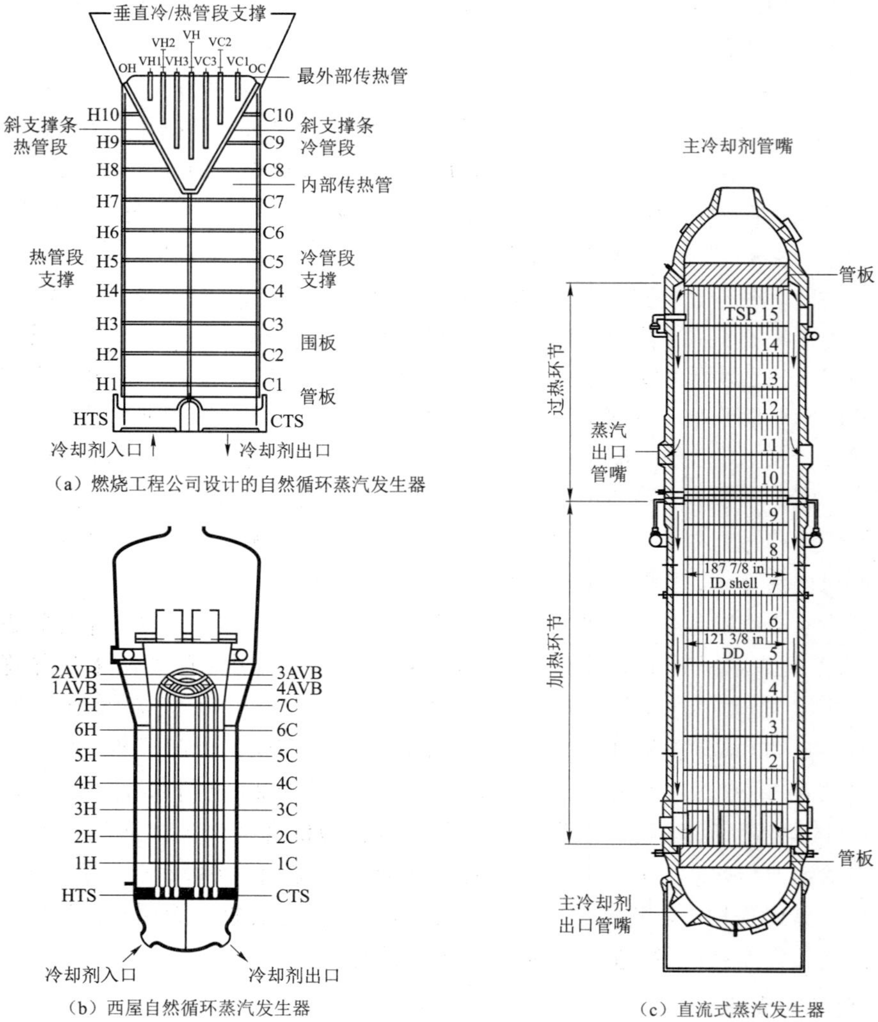

（a）燃烧工程公司设计的自然循环蒸汽发生器

（b）西屋自然循环蒸汽发生器

（c）直流式蒸汽发生器

图 2-15　美国蒸汽发生器传热管支撑板/管板编号和蒸汽发生器传热管支撑布局

图 2-16 所示。大多数西屋设计的蒸汽发生器原型设备采用板式传热管支撑，传热管穿过板上钻的孔。这种结构在传热管周围与支撑之间，存在可以使得二回路冷却剂流过的窄缝。板上单独的小孔也可以使二回路给水流过。燃烧工程公司的蒸汽发生器大多使用格架分布的栅格支撑（方格形传热管支撑），但在某些地方也使用开孔板。巴威的蒸汽发生器使用板式传热管支撑，传热管与支撑间的空隙较大（三叶型花孔）。西屋的后期设计也采用了梅花孔传热管支撑板（四叶型设计）。早期的典型设计采用碳钢作为传热管支撑的材料，后期的典型设计采用抗腐蚀性能较好的铁素体钢，如 405 型不锈钢。

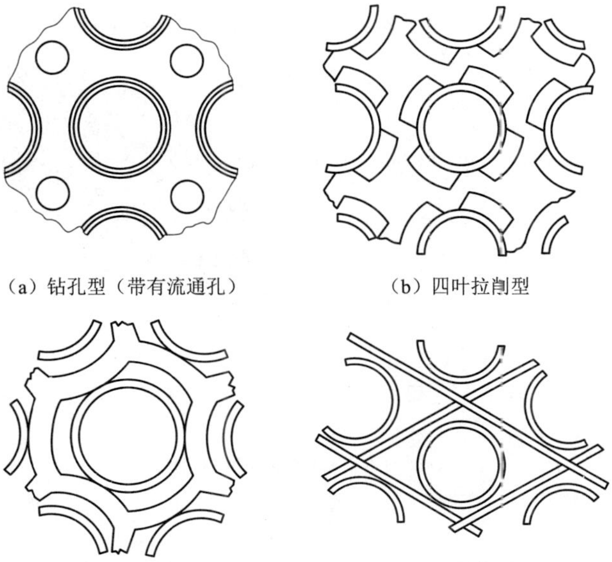

（a）钻孔型（带有流通孔）　（b）四叶拉削型

（c）三叶拉削型　（d）栅格型

图 2-16　典型传热管支撑结构(EPRI 1985a)

抗振条（AVBs）和支撑板安置在自然循环蒸汽发生器管束的 U 型弯曲区域，用于强固传热管以限制振动强度。西屋和燃烧工程的蒸汽发生器中 AVBs 典型的排列方式如图 2-17 所示。西屋的自然循环蒸汽发生器至少安装 11 排 AVBs 以为传热管提供支撑，尽管很多已安装在较深的位置，如第八排。在西屋后期的设计型号中，AVBs 为方截面，由 Incoloy-600 合金制造并镀铬。在燃烧工程的蒸汽发生器中，AVBs 的排列包括竖直、水平以及蝠翼状条带，如图 2-17(a)所示。

CANDU 堆的蒸汽发生器传热管支撑设计已经进行了诸多改进。较老的运行机组中使用碳钢栅格排列，或者是碳钢三叶型花孔（参见上文关于巴威设计的描述）。最近的型号使用最新改进的版本，不锈钢制造的栅格架（如图 2-18 所示）。U 型管弯曲段的抗振支撑也经历了一些改进，由碳钢制造、扇形拉条，到目前通用的不锈钢扁条。VVER-440 和 VVER-1000 的蒸汽发生器使用不锈钢拉条和冲压的波纹板将支撑和传热管分隔开。

2.4.2　蒸汽发生器外壳和给水管嘴

图 2-19 为自然循环蒸汽发生器简图，图中给出给水管嘴和环形焊缝的位置。图 2-20 所示为典型西屋蒸汽发生器给水管嘴和热管套。西屋的隔热管套焊接至给水环（图中未标

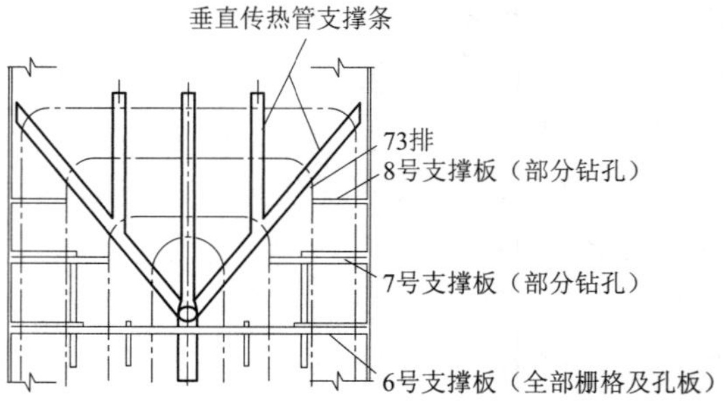

（a）美国燃烧工程公司设计的蒸汽发生器抗振条分布

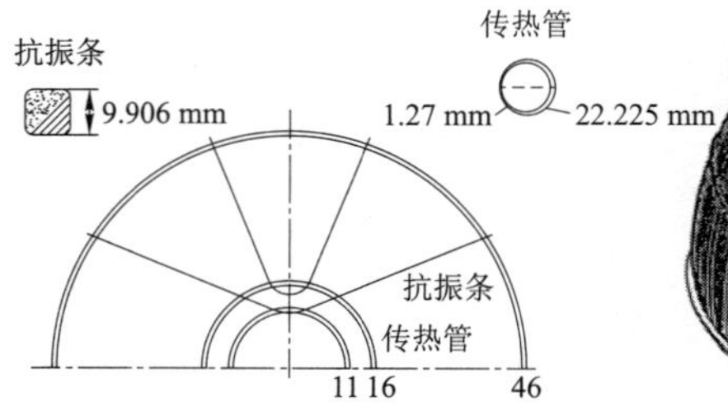

（b）51型号抗振条分布

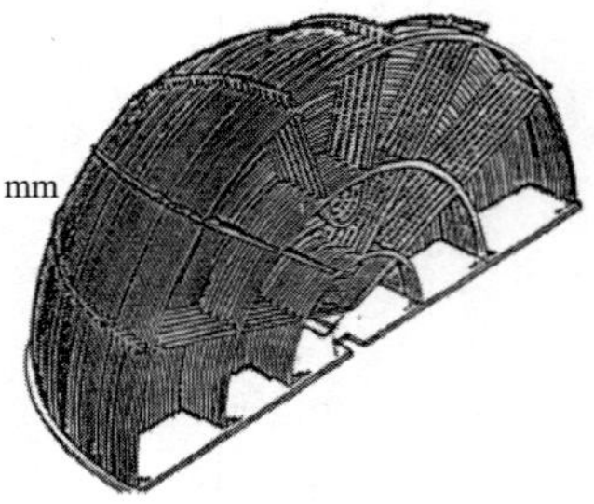

（c）F型号抗振条分布

图 2-17　自然循环蒸汽发生器抗振条分布

巴威公司设计的格架和孔板间的冷却剂流通空间

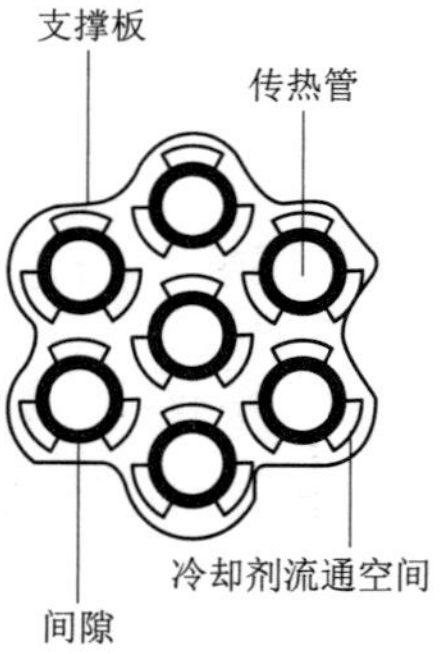

（a）

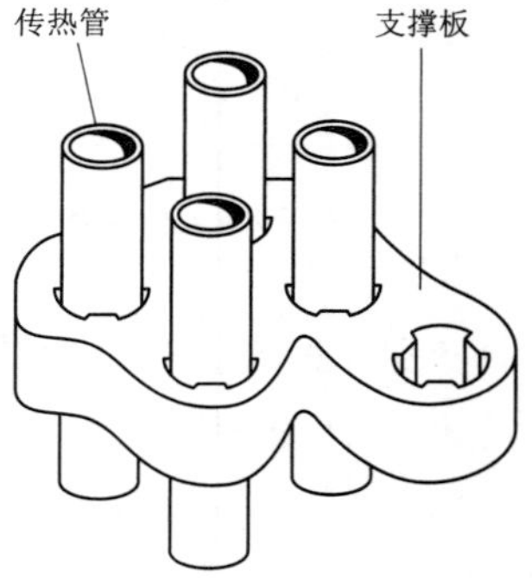

（b）

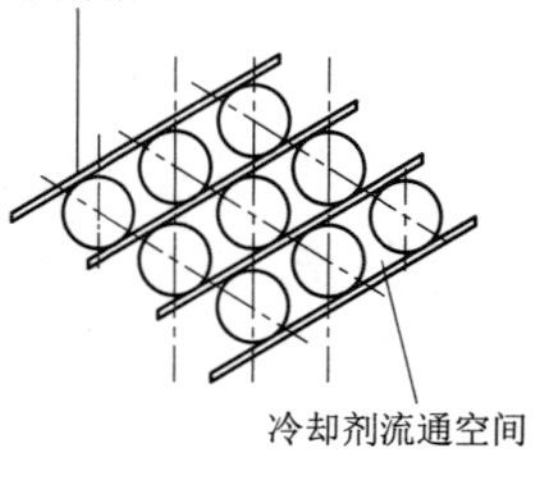

（c）

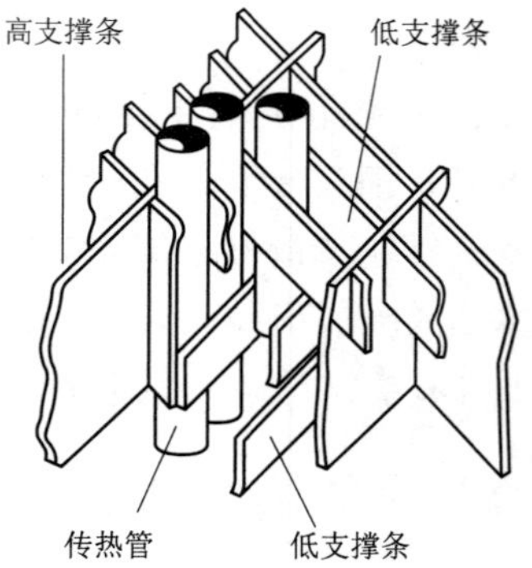

（d）

图 2-18　CANDU 堆蒸汽发生器支撑结构

出),管套恰好靠在管嘴,但并没有安装在管嘴上。图 2-21(a)所示为管道-管嘴焊接的原始结构。蒸汽发生器外壳(包括给水管嘴)均采用低合金铁素体钢,如典型的 SA-320 Grade B。给水管嘴里面的隔热管套采用 SA-106 Grad B 碳钢。巴威对蒸汽发生器进行整体热处理(595 ℃、时间 15 h),以此减小外壳、给水管嘴以及传热管中的残余应力。

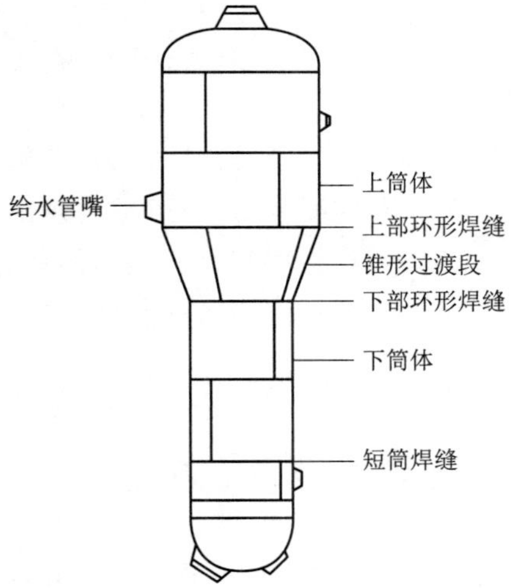

图 2-19 压水堆蒸汽发生器外壳焊缝(西屋 1990)

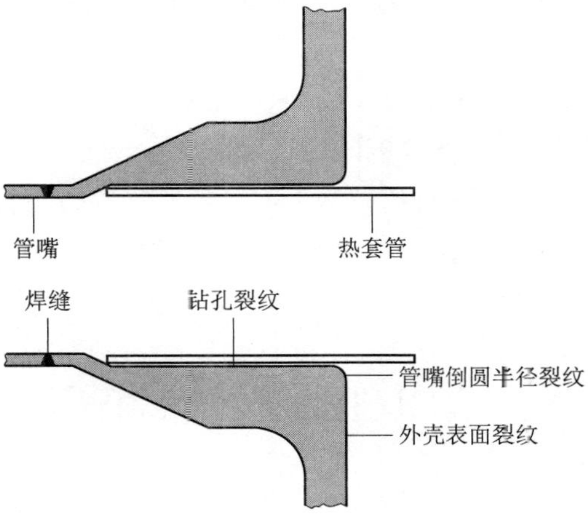

图 2-20 给水管嘴

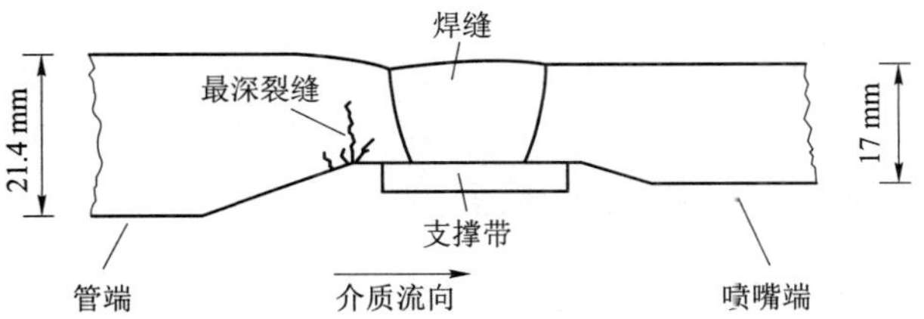

图 2-21 D. C. Cook 电厂给水管嘴结构中的裂纹位置

第三章 蒸汽发生器降质机理和失效模式

本章主要讨论不同种类蒸汽发生器降质机理相关的压力源、易受损部位和失效模式。首先针对压水堆和CANDU堆自然循环式蒸汽发生器的传热管降质进行讨论，包括：一回路应力腐蚀开裂（PWSCC）、二回路应力腐蚀开裂（ODSCC）、微振磨损、凹痕、高周疲劳和耗蚀。然后，讨论压水堆蒸汽发生器壳体、给水管嘴降质、VVER集流管腐蚀开裂和给水系统腐蚀，以及蒸汽发生器传热管剩余寿命的评估等内容。

3.1 压水堆和CANDU堆传热管降质概述

根据已有的信息表明，有近一半的压水堆蒸汽发生器传热管有过堵管和衬管处理，这就说明有一半的运行核电厂的蒸汽发生器传热管是存在瑕疵或在限值以上运行。图3-1给出了压水堆和CANDU堆蒸汽发生器每年的堵管比例。传热管堵管的比例为0.3%～0.34%（在1994年，蒸汽发生器传热管总数约为3 400 000根）。尽管每年堵管比例0.3%是可以接受的，但在蒸汽发生器40年的寿期内预计将有10%～12%的传热管会被堵管。另外，到1994年12月，已对超过48 000根蒸汽发生器传热管进行了衬管处理；在1995—1996年，美国有超过17 000根传热管已被进行衬管处理。

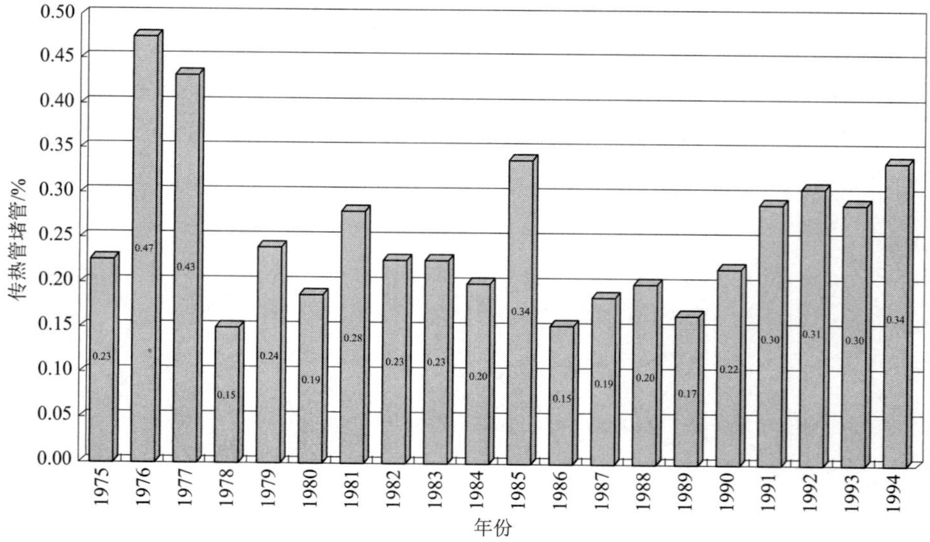

图3-1 压水堆和CANDU堆蒸汽发生器传热管堵管比例(EPRI 1995a)

不同时期的压水堆蒸汽发生器传热管降质机理的相关影响有明显的不同,图 3-2 显示了 1975—1994 年传热管因各种机理原因引起失效的百分比(EPRI 1995a),包括压水堆和 CANDU 堆自然循环式蒸汽发生器以及压水堆直流式蒸汽发生器传热管失效。1976 年之前,磷酸盐耗蚀是引起压水堆蒸汽发生器传热管失效的主要原因;1976—1979 年,传热管凹痕是引起传热管失效的主要原因;在 1979 年以后,多种腐蚀机理是引起传热管失效的主要原因,包括晶间应力腐蚀开裂、晶间腐蚀、传热管外表面凹痕和蒸汽发生器内表面一回路应力腐蚀开裂;1983 年以后,微振磨损破坏变得更加明显。

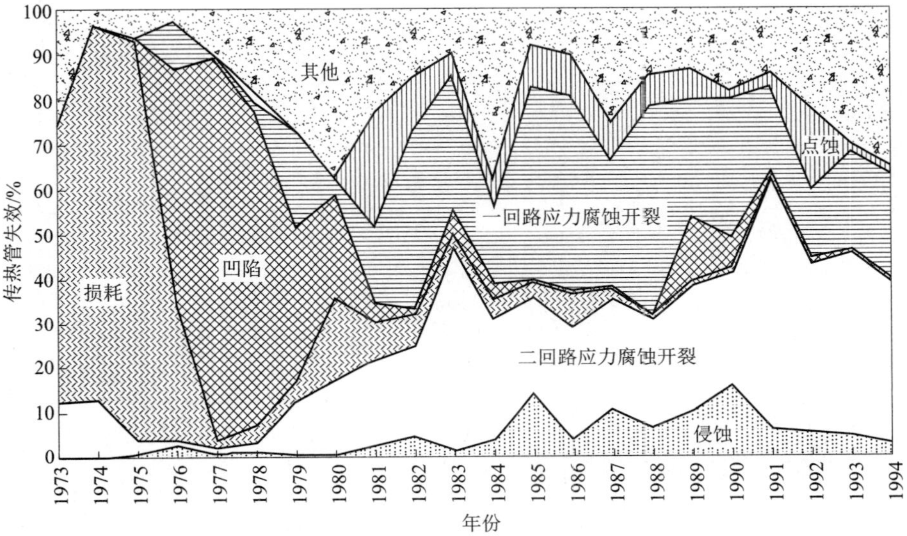

图 3-2 世界范围内引起的蒸汽发生器传热管堵管(EPRI 1995a)

在 1994 年,出现降质的原因有二回路应力腐蚀开裂(42%)、一回路应力腐蚀开裂(22%)和微振磨损(4%),这些降质引起的堵管占到堵管总数的 68%,约有 30%的有缺陷的传热管的降质机理仍然未知;目前,全球超过 50%的压水堆已报告蒸汽发生器的传热管有侵蚀和磨损发生。表 3-1 列举了部分有堵管和衬管数超过 2 000 根传热管的核电厂;然而,也有 7%~10%的核电厂报告,在运行 5 年后传热管没有任何问题;因此,有一种观点认为蒸汽发生器的传热管降质和堵管数量将在某个时候开始下降。因为随着技术水平的发展,蒸汽发生器传热管将会采用更耐腐蚀的材料,陆续有部分蒸汽发生器会进行更换,到 1994 年 12 月,比利时、法国、德国、日本、瑞典、瑞士和美国共有 22 座核电厂的 61 个蒸汽发生器进行了更换。

表 3-1 压水堆核电厂有超过 2 000 根传热管进行了堵管或衬管处理(EPRI 1995a)

核电厂	传热管进行堵管处理的数量/根	传热管进行衬管处理的数量/根
ASCO-1	1 866	249
Cook-1	1 468	1 840

续表

核电厂	传热管进行堵管处理的数量/根	传热管进行衬管处理的数量/根
Doel-4	2 290	12 970
Ginna	648	2 198
Kewaunee	1 017	4 202
Kori-1	1 531	1 544
Maine Yankee	573	16 536
McGuire-1	2 960	—
McGuire-2	2 189	—
Ohi-1	2 647	5 511
Point Beach-2	945	3 674
San Onofre-1	1 456	6 929
Three Mile Island	1 641	502
Trojan	2 444	1 115

在大部分的压水堆和CANDU堆蒸汽发生器中，失效的传热管材质均是经过退火的合金600，然而也有对合金600进行热处理后发生失效的情况，主要是因为侵蚀和凹痕（降质机理是由于支撑板和AVB的设计，以及可拆部件的存在，而不是因为传热管的材质），还有少数经过热处理的合金600传热管的失效是由于一回路应力腐蚀开裂和二回路应力腐蚀开裂。合金800传热管在西门子设计的蒸汽发生器中有很好的运行业绩，但在20世纪70年代西门子设计的合金800传热管也有失效的案例，主要是因为水中含有磷酸盐，导致传热管有耗蚀。而80年代后开始运行的采用全挥发水化学处理的蒸汽发生器就没有发生传热管的耗蚀。

3.2 压水堆和CANDU堆蒸汽发生器传热管降质机理和失效模式

图3-3和图3-4分别指出了压水堆和CANDU堆的蒸汽发生器传热管失效位置。表3-2列举了压水堆蒸汽发生器降质机理、位置、应力源、失效模式和对传热管以及管板的检查方法。表3-3列举了在CANDU堆蒸汽发生器发生降质的机理和位置。

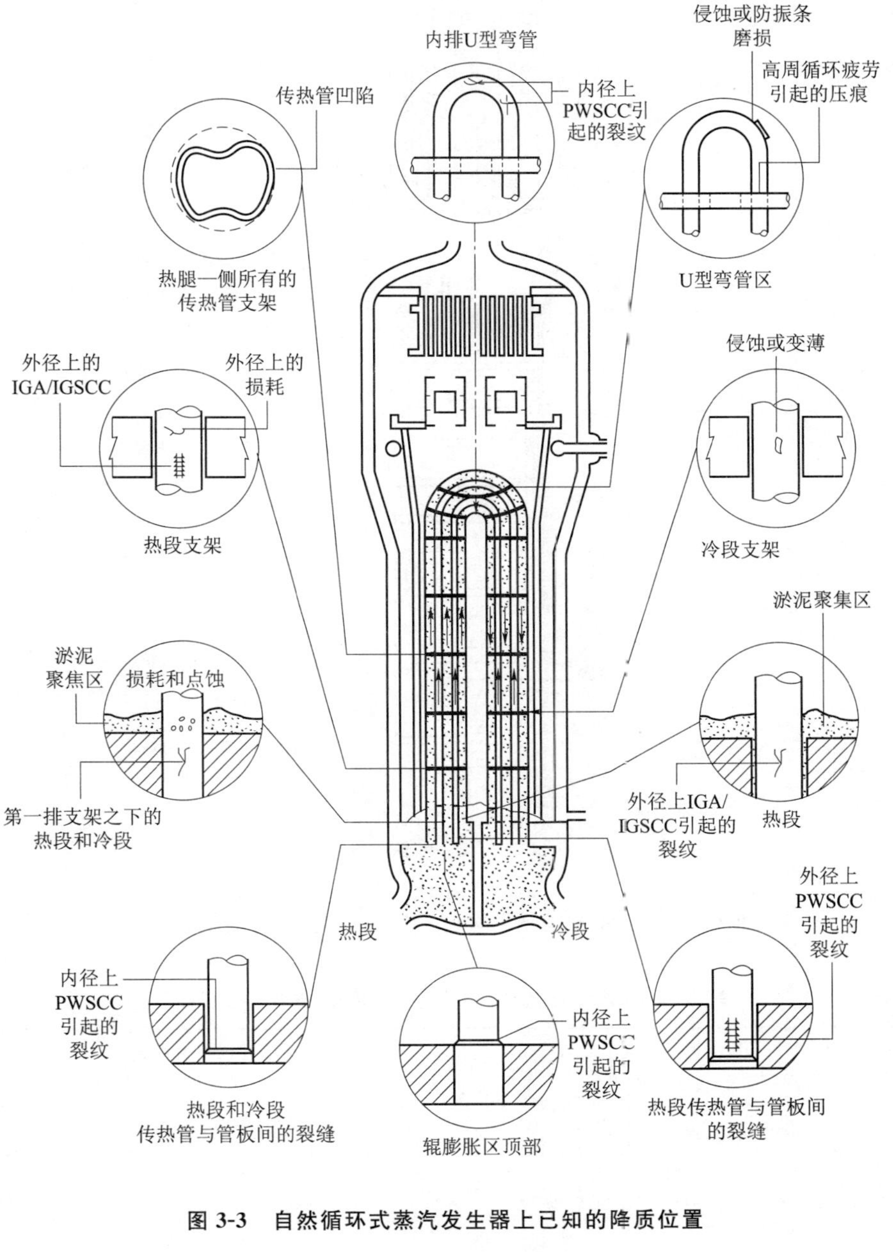

图 3-3　自然循环式蒸汽发生器上已知的降质位置

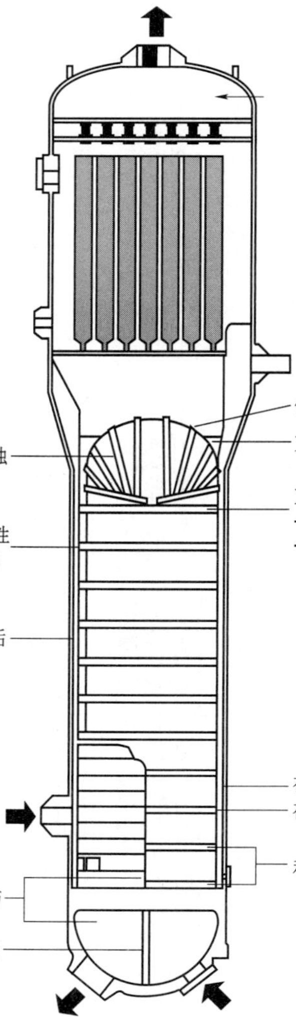

图 3-4　CANDU 堆自然循环式蒸汽发生器的降质机理和位置

表 3-2　压水堆自然循环式蒸汽发生器传热管降质过程

序号	降质机理	应力源	降质位置	潜在的失效模式	在役检查方法
1	一回路应力腐蚀开裂	温度，残余应力，敏感材料（低轧机退火温度）	U 型弯曲段的内壁	混合裂纹	RPC
			卷制过渡区	混合裂纹	RPC
			Kiss rolling 卷制过渡区	轴向裂纹	RPC
			传热管压凹区域	环向裂纹	Bobbin coil 或 RPC
2	二回路应力腐蚀开裂	张应力，杂质聚集，敏感材料	传热管与管板间的裂缝	轴向或环向裂纹	RPC
			泥渣堆积区	环向裂纹	RPC/Cecco5
			传热管支撑板	轴向裂纹	Bobbin coil/Cecco5
			自由延伸段	轴向裂纹	Bobbin coil

续表

序号	降质机理	应力源	降质位置	潜在的失效模式	在役检查方法
3	侵蚀，磨损	流致振动，化学品的腐蚀	传热管和防振动条的连接处，传热管和预热挡板处	局部磨损	Bobbin coil
			传热管与松散的部件	基于松散部件的几何形状	Bobbin coil
			传热管与传热管间的接触处	轴向磨损	Bobbin coil
4	高周疲劳	高平均应力和流动所致的振动引起的开裂（裂缝、压凹和凹痕等）	假如传热管被夹紧，在支撑板的顶部	环形穿晶开裂	泄漏探测
5	凹痕	氧气，氧化铜，氯化物，温度，pH，裂纹情况，沉淀物	在传热管支撑板处	传热管内的流动阻塞	Bobbin coil
			泥渣堆积区	可能导致的环向开裂	
			管板缝隙处	减少的抗疲劳强度	
6	点蚀	微咸水，氯化物，氧气，氧化铜	蒸汽发生器冷管段的泥渣堆积区，热管段腐蚀处的聚集物	局部腐蚀和传热管减薄，可能形成孔	Bobbin coil 或超声波
7	耗蚀	磷酸盐化学物，氯化物聚集，树脂泄漏	管板裂纹，泥渣堆积区，传热管支撑板，抗振条	普通的减薄	Bobbin coil

表 3-3　CANDU 堆蒸汽发生器降质

序号	降质机理	应力源	降质位置	潜在的失效模式	在役检查方法
1	二回路应力腐蚀开裂	高应力，沉积物累积形成的腐蚀环境	U 型弯管与支架交汇处	环向裂纹	Cecco 3
			第 7 根支撑板	主要是环向裂纹，也有部分轴向裂纹	Cecco 3
2	传热管外表面上的点蚀	可能形成腐蚀环境的沉淀物	沉淀物堆积区下面的管板，下部传热管支撑和传热管自由延伸段	局部传热管减薄导致的泄漏孔	超声波
3	微振磨损	流致振动，松动的支架	U 型管与支架交汇处	金属耗蚀导致形成较大的孔	Bobbin Coil
4	碳钢支撑架的腐蚀	腐蚀环境，应力	U 型弯管支撑架	支撑架变形和金属耗蚀/可能导致因为流致振动引起传热管降质	目视（二次侧人孔）
5	磨损腐蚀，高周或低周疲劳	螺栓失效	下腔室	螺栓板脱落可能导致 PHT 入口堵塞	目视和螺栓的金相学

3.2.1 一回路应力腐蚀开裂

奥氏体合金的腐蚀行为主要取决于镍和铬的成分。从图 3-5 可以看出，合金 600 易受一回路应力腐蚀开裂(PWSCC)的影响，而合金 690 和合金 800 则不易受一回路应力腐蚀开裂的影响。当奥氏体不锈钢含有 15%以下的镍，在与氯浓度为 1 g/L 的水接触时，就容易受到穿晶应力腐蚀开裂的影响。在高温、低氧、含硼水流量为 5.5 m/s 条件下，铬含量对奥氏体材料由于腐蚀而产生的释放量的影响如图 3-6 所示。由图可知，高铬合金(合金 690 和 800)的腐蚀量较低，这可能是由于铬氧化物在低氧的冷却剂中有较低的溶解度。

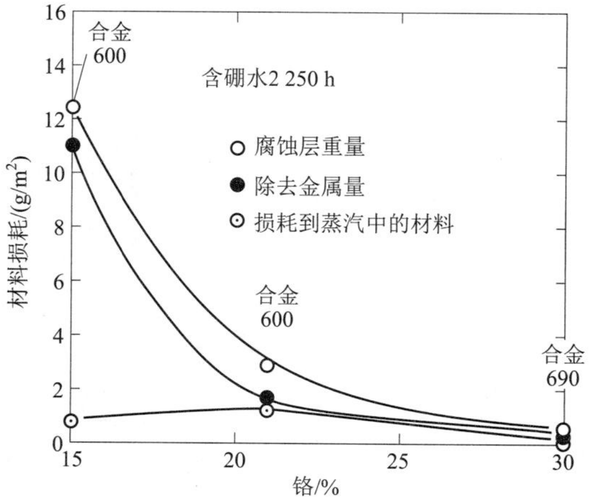

图 3-5 铬含量不同的奥氏体钢应力腐蚀灵敏度图解(Cr=17%)

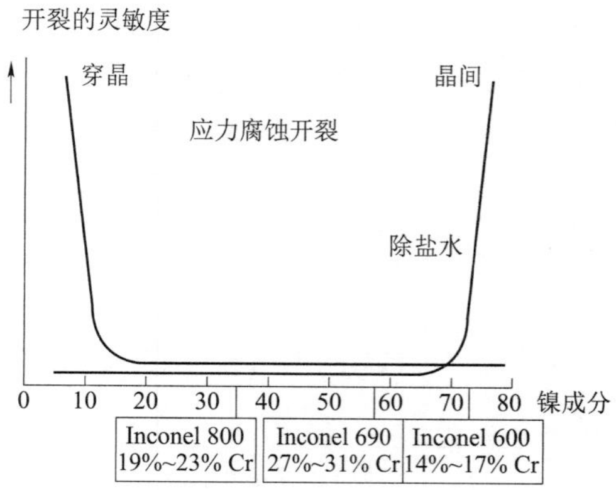

图 3-6 铬含量不同对奥氏体材料由于腐蚀而产生的释放量的影响

ppm$=10^{-6}$。

1971 年，在德国奥珀利海姆(Obrigheim)核电厂传热管热段的过渡段，第一次发现了合金 600 蒸汽发生器传热管的一回路应力腐蚀开裂现象。后续研究发现，该腐蚀开裂属于晶间破裂腐蚀，至少由以下原因造成：

(1) 高载荷、高残余拉应力，或两者皆存在(接近屈服强度)；

(2) 腐蚀环境(高温水)；

(3) 易受腐蚀的微观结构(合金含量和少量的晶间碳化物)。

一回路应力腐蚀开裂(PWSCC)发生在自然循环式蒸汽发生器传热管内壁有较大残余应力处。这些位置主要在管束的胀接过渡段、内排的 U 型区，以及传热管支撑板、管板和杂质堆积处的凹痕处。就轴向裂纹而言，在达到临界裂纹尺寸前就会发生泄漏。另一方面，鉴于环形裂纹的演变尚不明确，因而为避免可能的管道破裂，通常对发现有环形裂纹的管道立即进行堵管或衬管。

截至 1993 年 12 月，全世界至少有 94 座压水堆核电厂(36 座在美国)的自然循环式蒸汽发生器在传热管板胀接过渡段、凹痕处和 U 型弯管处有明显的一回路应力压力腐蚀开裂(EPRI 1994)。85 座核电厂在自然循环式蒸汽发生器传热管的胀接过渡段或附近发现有一回路应力腐蚀开裂现象，有将近 14 180 根自然循环式传热管在膨胀过渡段有一回路应力腐蚀开裂现象，在 85 座核电厂进行了堵管。17 座核电厂对有一回路应力腐蚀开裂现象的传热管进行了衬管。63座核电厂在U型弯管处发现有一回路应力腐蚀开裂现象，近约8 430根自然循环式传热管在U型弯管处有一回路应力腐蚀开裂现象，有63座核电厂进行了堵管。53座压水堆核电厂在膨胀过渡段、U型弯管处和凹痕处均发现有一回路应力腐蚀开裂现象。这一类降质起初主要出现在比利时、法国、日本、韩国、西班牙、瑞士、瑞典和美国的西屋类型核电厂。

美国燃烧工程公司设计的经过高温退火的传热管很少有一回路应力腐蚀开裂发生的报告，美国缅因州核电厂在运行16年后，传热管（蒸汽发生器型号为CE-67）在膨胀过渡段和U型弯管处有一回路应力腐蚀开裂发生；美国帕洛弗迪核电厂1号和3号蒸汽发生器（型号为CE-80）在运行5～7年时在传热管膨胀过渡段有裂纹产生；有报告显示，美国缅因州核电厂在运行22年后60%的传热管在膨胀过渡段有环形裂纹出现，最终3个蒸汽发生器有17 000根传热管进行了衬管处理（USNRC 1995a）。

在法国有9座核电厂的合金600传热管因为在膨胀过渡段有一回路应力腐蚀开裂发生而进行了传热管堵管处理，但涉及的传热管数量比较少（共82根）。

加拿大CANDU核电机组所用的传热管合金600是经过轧制退火处理的，运行温度也较低，截至1994年还没有一回路应力腐蚀开裂的情况。合金600传热管已经满功率运行超过了11年或者接近18年，仍然没有证据显示传热管有降质的迹象，一般认为主要是加拿大的核电厂一回路系统运行温度较低和使用了耐磨的材料，因而不易发生传热管降质。加拿大其他核电厂传热管材料为蒙乃尔铜-镍合金400和合金800，它们对一回路应力腐蚀开裂不敏感，因而也未发现有一回路应力腐蚀开裂现象发生。

受一回路应力腐蚀开裂影响的传热管从蒸汽发生器中移除后，核电现场进行了盘线圈涡流检测，检测结果显示一回路应力腐蚀开裂裂纹有以下典型特征：

（1）发生在U型弯管处的主要是轴向裂纹，偶尔也能发现部分非轴向裂纹；

（2）发生在辗制过渡区的大多是轴向裂纹，轴向裂纹间偶尔也有环形裂纹，但极少有单独的环形裂纹；

（3）一些较大的环形裂纹主要发生在杂质堆积处；

（4）发生在爆炸膨胀过渡段的大多是环形裂纹，通过盘线圈涡流检测偶尔能发现轴向一回路应力腐蚀开裂；

（5）发生在有凹痕的传热管支撑板接触处的一次侧裂纹主要是轴向裂纹，偶尔有环形裂纹；

（6）管板上部由杂质堆积产生的凹痕处的裂纹主要是环形裂纹。

一回路应力腐蚀开裂致使合金600传热管的损坏率呈指数上升；相关联的数据是通过拉伸试片获得的，该方法被广泛应用。目前核电厂现场报告的所有一回路应力腐蚀开裂失效报告均是因高残余应力所致，实际运行加载的应力一般都较低。传热管的这种高残余应力主要是在预制和安装过程中由弯曲和膨胀产生，以及运行过程中支撑板处的凹痕产生。在受影响位置的残余应力大小相当于屈服强度水平，在冷加工蒸发器传热管中，残余应力可高达690 MPa。

3.2.1.1　温度影响

合金600的一回路应力腐蚀开裂过程主要是热活化过程，该过程可以用阿列纽斯方程来表示：

$$损坏率 \propto \sigma^n e^{Q/RT}$$

式中，G 表示频率因子，Q 表示活化能量，R 表示通用气体常数，T 表示温度，n 是 4～7 之间的一个常数。

从实验研究和现场经验获得激化能量的最佳估值约为 210 kJ/mol，估计值在 160～270 kJ/mol 之间变化。由此可知，稍微降低蒸汽发生器的运行温度将显著地减缓一回路应力腐蚀开裂的发生或发展增长。

3.2.1.2 微观结构影响

现场经验和研究结果表明，当合金 600(的晶界)连续或半连续地覆盖碳化物时，其耐一回路应力腐蚀开裂的能力会有较大的增强；当合金 600 的晶界覆盖较分散的碳化物时，此时耐一回路应力腐蚀开裂的能力较弱。根据 Bruemmer，Charlot 和 Henager 的解释，晶间碳化物的错位会导致裂纹尖端变钝从而减小了产生一回路应力腐蚀开裂的可能性；另外一种根据俄亥俄州立大学的 Smialowska 的解释认为，合金 600 材料在晶间有碳化物的条件下更容易钝化。

晶间覆盖的碳化物的比例取决于热处理温度和时间、碳含量和晶粒径的大小。在热处理过程中，当温度足够高时，合金 600 材料会再次进行结晶，形成新的晶粒边界；如果在热处理过程中所有的碳化物都熔化了，碳将进行溶解，当合金 600 随着温度下降时，碳化物将沉淀到新的晶粒边界析出中，最终边界晶界上可能被覆盖满了碳化物，使合金 600 能够耐一回路应力腐蚀开裂的能力增强。

一般情况下，碳在合金 600 中的溶解度是比较低的，主要取决于碳所占的重量百分比和温度，如在温度 980 ℃时能溶解含 0.03%(质量分数)的碳，而在温度 1 204 ℃时则需要溶解含 0.15%(质量分数)的碳。假如热处理的温度不够高或者碳含量过高，会导致不能将所有的碳化物进行溶解，将使微观结构不可耐一回路应力腐蚀而致开裂。

3.2.1.3 冷却剂化学影响

在高温情况下，pH 值为 6.9～7.4 之间进行测试的结果显示，一回路冷却剂的化学成分会对材料合金 600 的一回路应力腐蚀开裂产生次生效应，二次效应可能引起一回路应力腐蚀开裂的发生。一些初步结果显示，当冷却剂中含有锂含量成分较高时，一回路应力腐蚀开裂有被加速的迹象。一项日本的研究发现，在锂含量分别为 1 ppm、2 ppm 和 3 ppm 时，含量为 2 ppm 时的一回路应力腐蚀开裂的损坏是最小的。EPRI 的研究显示，增加一回路冷却剂的氢含量浓度，也会加快一回路应力腐蚀开裂的速度，最终 EPRI 发布了一回路水化学成分的指南，推荐将一回路的氢含量浓度维持在 25～35 cm^3/kg，该值处于当前常用的范围25～50 cm^3/kg 中的较低水平。

3.2.2 二回路应力腐蚀开裂

二回路应力腐蚀开裂(ODSCC)常发生在二回路传热管外表面，包括：晶间应力腐蚀开裂(IGSCC)和晶间腐蚀(IGA)。最早发现合金 600 传热管二回路应力腐蚀开裂是在 20 世纪 70 年代早期，后来二回路应力腐蚀开裂就成为蒸发器传热管二次侧比较普遍的腐蚀问题。大多数这类降质主要发生在传热管与管板之间以及传热管与支撑板之间，当然也有在杂质堆积区和自由跨度段发生二回路应力腐蚀开裂的案例。

二回路应力腐蚀开裂主要取决于蒸汽发生器内杂质腐蚀物的浓度。这些低浓度杂质可能来源于冷凝器泄漏、补水系统杂质、管道和热交换器腐蚀以及除盐装置泄漏，它们导致低浓度杂质随着给水系统进入蒸汽发生器。在某些情况下，水中会含有磷酸盐，会使传热管有发生腐蚀的风险。通过分析预测判定，晶间腐蚀在二回路碱性环境更易发生，并且注意到晶间腐蚀和晶间应力腐蚀开裂经常同时出现在传热管的相邻位置，但晶间腐蚀分布比晶间应力腐蚀开裂更加广泛。一般而言，根据核电厂的经验显示，经过 2～10 个有效满功率年的运行，在蒸汽发生器的高温或者高腐蚀剂的地方可能会存在晶间腐蚀/晶间应力腐蚀开裂。

各种阴离子的存在将加强二回路应力腐蚀行为的影响。碳酸盐，硫酸盐和部分次磷酸盐都是十分有害的，电化学电势值将会产生深度的晶间腐蚀和晶间应力腐蚀开裂；合金 600 传热管的电化学电势值取决于在运行时二回路的成分。当使用全挥发处理（VAT）控制时会出现还原环境，IGA 会优先在裂纹区出现；另一方面，当氧（氧气或金属氧化物）进入蒸汽发生器后，发生晶间应力腐蚀开裂的风险将加大；由于这个原因，杂质的成分，尤其是氧化物氧化电势将是决定有晶间腐蚀或者晶间应力腐蚀开裂发生或者两者都发生的可能性的决定因素。对运行核电厂中移除的传热管进行检测和分析显示，其内外表面和粒间断口面除了均有镍、铬和铁三种主要的成分外，还有部分钠、钾、钙、磷、硫、铝和氯化物。实验室测试显示，合金 600 传热管在含铅的高温（324 ℃）水环境中超过 4 000 h，将很容易被应力腐蚀导致开裂；在对从蒸汽发生器中移出的传热管管壁和开裂处进行检测时，还发现了铅的存在。

截至 1993 年 12 月，至少有 89 座压水堆核电厂（其中有 44 座为美国核电厂）的自然循环式蒸汽发生器（RSG）和部分 CANDU 堆的蒸汽发生器在传热管与管板之间的裂缝、杂质堆积处、传热管与支承板接触处以及自由跨度段处出现了不同程度的二回路应力腐蚀开裂（EPRI 1994）。在 63 座压水堆核电厂中有 14 140 根自然循环式蒸汽发生器 RSG 传热管在与支承板接触处有二回路应力腐蚀开裂发生，这些传热管最后进行了堵管处理；在 75 座压水堆核电厂（49 座压水堆核电厂有支撑板和管板的二回路应力腐蚀开裂维修情况）的 13 860 根自然循环式蒸汽发生器 RSG 传热管在管板裂缝和杂质堆积处有二回路应力腐蚀开裂发生，对此也进行了堵管处理；有 25 座核电厂的传热管发生了 ODSCC 的传热管二回路应力腐蚀开裂，进行了衬管处理。二回路应力腐蚀开裂降质最初主要发生在燃烧工程公司设计的 8 座核电厂轧制退火处理过的合金 600 传热管蒸汽发生器和西屋设计的 79 座核电厂轧制退火处理过的合金 600 传热管蒸汽发生器。在西门子设计的 KWU 蒸汽发生器上，只有一根合金 800 传热管发生过有二回路应力腐蚀开裂降质事件；只有一座核电厂的经过热处理的合金 600 传热管发生过二回路应力腐蚀开裂降质事件（Kori 2 号机组在管板区有二回路应力腐蚀开裂发生，对 125 根传热管进行了堵管处理）。大规模发生 ODSCC 的 CANDU 堆只有 Bruce A2 核电厂的大量传热管有二回路应力腐蚀开裂情况发生，其中有 1 399 根传热管因诱发应力腐蚀裂纹而进行了堵管处理。

在压水堆中，二回路应力腐蚀开裂一般发生在压水堆轧制退火的蒸汽发生器传热管上，不常发生在经过了热处理的传热管上，这是因为经过热处理的传热管在晶界上没有贫铬耗蚀，所以不易发生二回路应力腐蚀开裂。利用高温的电化学测量来确认能导致晶间腐蚀的条件，试验结果显示，在温度 320 ℃，浓度 10％的腐蚀媒介剂条件下，轧制退火的合金 600 传热管普遍存在大面积的晶间腐蚀，但是在 700 ℃下对轧制退火的传热管再进行热处理后，将提高传热管抗晶间腐蚀和抗晶间应力腐蚀开裂的性能；Berge 和 Donati（1981）等人也获得类似的结果，如图 3-7 所示。

早期 CANDU 堆的传热管用的是合金 600，目前这种材料已经比较广泛，但在传热管 U 型弯曲处的支架较浅（5%～10%的壁厚）处，二回路应力腐蚀开裂仍有发生。这类降质在核电厂 BruceA2 发展得比较迅速，由于在检修时一个铅块被遗忘在蒸汽发生器里面，铅经蒸汽鼓转移到了另一个蒸汽发生器；因铅污染了蒸汽发生器，发生的裂纹是典型的铅辅助裂纹。比利时 Doel 核电厂 4 号机组的蒸汽发生器 B 上，也是因为铅防护不够而导致了严重的二回路应力腐蚀开裂。

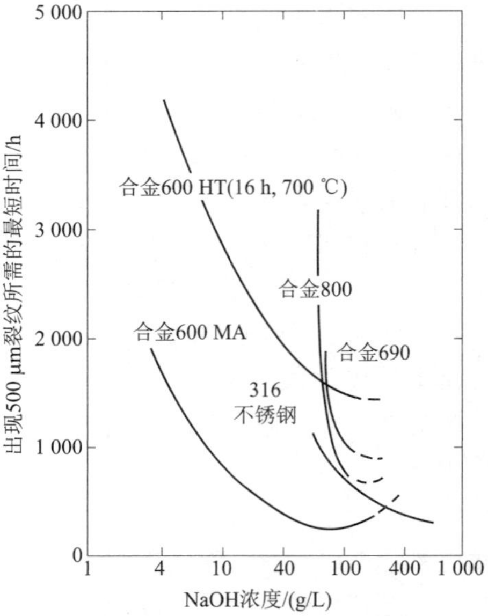

图 3-7 经轧制退火或过热处理的合金 600、合金 690、合金 800 和典型 316 不锈钢的抗耐应力腐蚀能力

因为二回路应力腐蚀开裂可能有多种存在形式（短轴向裂纹、长轴向裂纹、环形裂纹、点晶胞腐蚀等），需要合理考虑对这些二回路应力腐蚀开裂降质的检测，不同的核电厂二回路应力腐蚀开裂的潜在后果可能有所不同。在管板上的二回路应力腐蚀开裂用标准涡流筒管线圈探头难以发现，而在管板或轴向的传热管支撑板上的一回路应力腐蚀开裂涡流筒管探针更易发现些；但是在管板上的二回路应力腐蚀开裂在达到关键大小之前是可能被探测到的，从而在传热管破裂之前需采取一些修补措施。在轴向支撑板上的二回路应力腐蚀开裂，用筒管线圈探头容易发现，探测传热管支撑板上的环形二回路应力腐蚀开裂则需要特殊的探头。

3.2.3 微振磨蚀、磨损和减薄

这类蒸汽发生器降质主要是由于机械降级原因直接产生或者间接产生导致的。不断摩擦的表面间不断的由于小振幅的振动所导致的降质，一般称为微振磨蚀；传热管大幅振动，造成传热管和支撑板间的间隙接触磨损，一般称为磨损；减薄则主要是由振动和腐蚀共同产生的。然而，由于有时发生的有些位置的减薄是由非预期之外的流致振动所引起的，所以不确定此机理是否需要传热管的移动，在某些情况下变薄可能仅仅是由于耗蚀导致的结果。

流致振动是产生微振磨蚀和磨损的主要原因，是流致振动应力。传热管的振动可能是由于流体的横向或者平向流动引起的。这些机理导致的破损产生和生长特性可能涉及大量的不确定因素，包括支撑位置、支撑板的刚性、传热管和支撑板之间的间隙、二回路流速和流向以及氧化层特性。EPRI 已经开发了一种机械论计算机模型，用于预测 RSG 因流致振动引起的微振磨蚀和磨损，该模型能通过计算局部湍流，从而确定抗振条附近和传热管束外围的非稳态流，以提供产生冲击载荷的时间。当传热管发生轻微的磨损时，传热管的疲劳强度就会减弱。在大多数情况下，疲劳强度的减弱可能会对促进晶核形成的磨损过程或早期疲劳裂纹的形成有促进作用。

1973 年，首次将微振磨蚀、磨损和减薄降质被认为是降级模式，并对大多数压水堆蒸汽发生器在设计中存在的这类降质问题予以关注，包括：西屋设计的自然循环式蒸汽发生器

RSG传热管的预热器和抗振条上的微振磨蚀和磨损，西屋设计的自然循环式蒸汽发生器RSG冷管段发生的变薄；燃烧工程公司设计的自然循环式蒸汽发生器RSG抗振条发生的微振磨蚀和磨损；西门子公司设计的自然循环式蒸汽发生器RSG抗振条发生的微振磨蚀和磨损。

截至1993年12月，有116座核电厂的自然循环式蒸汽发生器RSG发生了由抗振条磨损或微振磨蚀导致的传热管失效，78座核电厂报告了因松动部件损坏导致的抗振条磨损或微振磨蚀是由于部件损坏造成的，12座核电厂报告了涉及蒸汽发生器预热器的这些微振磨蚀和磨损是因蒸汽发生器预加热器造成的。4 633根传热管由于抗振条磨损和微振磨蚀而进行了堵管处理，绝大多数是西屋设计的蒸汽发生器；另外；还至少有7座采用燃烧工程公司设计的核电厂的蒸汽发生器也由于传热管的抗振条磨损和微振磨蚀进行了堵管处理，3座采用西门子公司设计的核电厂的蒸汽发生器，以及1个CANDU堆核电厂的蒸汽发生器传热管也因抗振条磨损和微振磨蚀进行了相类似的堵管处理。

3.2.3.1　抗振条微振磨蚀

抗振条用于RSG管束的U型区，用以加固传热管并限制传热管的振动幅度。西屋设计的蒸汽发生器RSG的抗振条磨损和微振磨蚀主要是由于传热管限位不足。绝大多数核电厂在6～10个有效满功率循环后都有某种程度的抗振条磨损情况发生，部分核电厂也因为经历抗振条磨损和微振磨蚀，而对抗振条进行了更换，因此必须考虑改进抗振条的设计或论证现有布置下传热管与抗振条间的过量间隙距离。部分核电厂已经积累了在抗振条更换后的重要运行经验，并进行了连续监测，结果显示，这些修改已经很好地将抗振条的磨损和微振磨蚀降低到较低水平。另外，部分核电厂还没有确定引起抗振条磨损和微振磨蚀的主要原因，因而应更加关注其经历的降质过程。

燃烧工程公司设计的自然循环式蒸汽发生器RSG传热管抗振条磨损，主要是由于二回路流体致使的斜支撑移动所致。CANDU堆蒸汽发生器的U型支撑处也有磨损发生，U型支撑是由交错的条状支撑组成，如图3-8所示，该处也有微振磨蚀发生，而这类降质也是由于流体流动使传热管的流致振动所致。尽管CANDU堆蒸汽发生器传热管的微振磨蚀磨损严重，但到目前为止，CANDU堆还未发生导致传热管失效的案例。没有证据显示这类蒸汽发生器抗振条的微振磨蚀磨损速率随时间是下降的，因而猜测这类机理是自我限制的。同时还发现了由于松动部件损坏而导致的传热管堵管，在大量压水堆蒸汽发生器的二回路侧都发现了由于松动部件或其他碎片损坏而导致传热管堵管。这些松动部件包括：工器具、阀门部件、泵部件、用于预防性检查的设备、损坏的蒸汽发生器、损坏的材料、改造或维修留下的碎片，以及其他东西。在美国至少已发生了两起传热管破裂事件是由松动的部件引起的。

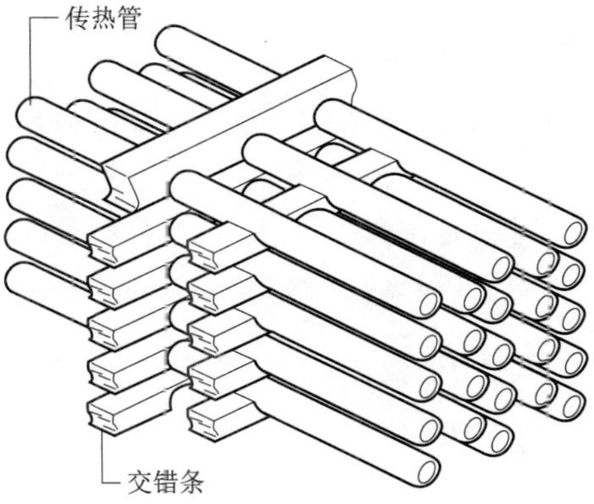

图3-8　CANDU自然循环式蒸汽发生器交错条布置

3.2.3.2　松动部件损坏

最为严重的由松动部件导致的事件是1975—1982年间发生在Ginna核电厂的一起

事件。在1975年后开展的蒸汽发生器改造中，有长度最大为150 mm的一些碳钢板掉到传热管束外围的管板上，这些碎片在随后的运行中影响到了外围传热管的外部并引起了缺陷。传热管在经涡流探伤发现有缺陷和泄漏后，对这些传热管进行了堵管处理，然而碎片继续损伤这些经过堵管的传热管，最终导致传热管破裂，有些甚至是全部破裂、塌陷。

美国NRC要求美国的压水堆业主对蒸汽发生器传热管管板和管束中间水道及管束外围传热管临近管板处进行目视检查，如发现有任何异物应及时清除(USNRC 1985)。这项检查是在对蒸汽发生器二次侧维修后必须做的目视检查，当然，所有检查时带入蒸汽发生器的设备、工器具和仪器都应该进行仔细检查，看是否全部带出来。

3.2.3.3 预热器侵蚀微振磨蚀

在西屋设计的不同压水堆中，预热器有不同的布置，如图3-9所示。在型号D2/D3分流预热器RSG和型号D4/D5/E逆流式预热器RSG中，已经在入口管嘴附近的传热管发生了侵蚀磨蚀和磨损，降质的原因被认为是高流速、湍流和传热管约束不足所导致。针对型号D2/D3的自然循环式蒸汽发生器RSG发现的磨蚀和磨损问题，通过调整主给水和辅助给水的入口流量，减少了流入预热器的流量，通过合并预热器集管减小横向流动振动，使湍流和流速峰值都减小；针对型号D4/D5/E的自然循环式蒸汽发生器RSG，在预热器的特殊位置将传热管进行了膨胀处理，一定程度上改变了传热管的固有频率，另外也进行了主给水和副给水入口流量的调节。

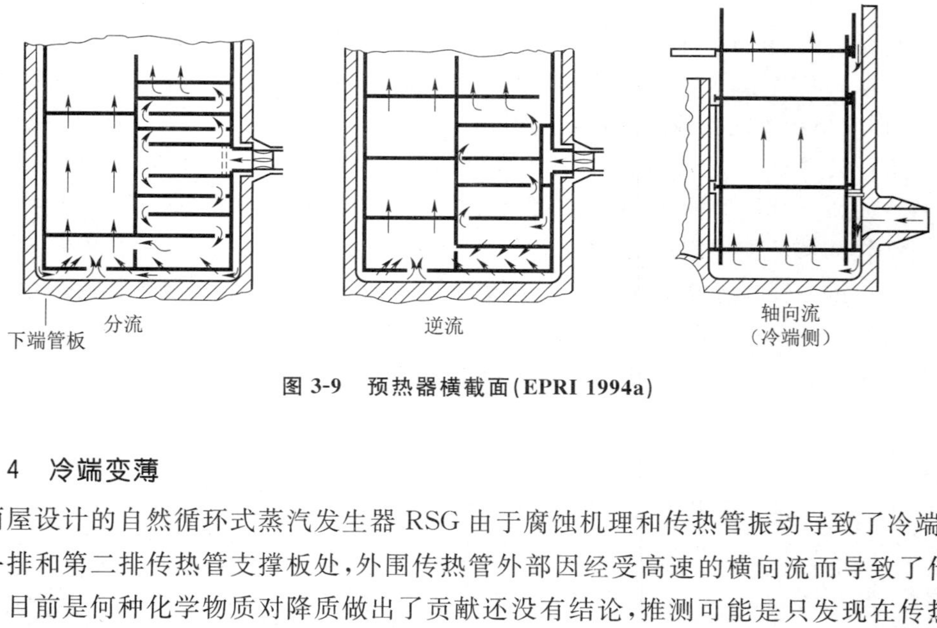

图3-9 预热器横截面(EPRI 1994a)

3.2.3.4 冷端变薄

西屋设计的自然循环式蒸汽发生器RSG由于腐蚀机理和传热管振动导致了冷端变薄。在第一排和第二排传热管支撑板处，外围传热管外部因经受高速的横向流而导致了传热管降质。目前是何种化学物质对降质做出了贡献还没有结论，推测可能是只发现在传热管表面的硫酸盐引起的。然而，针对传热管的检查结果显示，冷端变薄可能与抗振条的磨损有一定关系。

3.2.4 点蚀

点蚀是蒸汽发生器降质的一种类型，表现为传热管壁由于局部腐蚀电池效应而出现小直径的穿透，这种情况可能因促进了氯化物或硫酸盐的存在而加速的出现，使得传热管壁厚较薄的地方出现点蚀降质。冷凝器泄漏以及离子交换器的金属颗粒、树脂碎片或再生化学物质的泄漏，可以引入氯化物或硫酸盐等杂质，导致产生局部酸性环境，从而引发点蚀。在有氧情况下，氧化环境或者有铜的存在可能会起到加速形成点蚀的作用。点蚀腐蚀通常出现在钝化了的合金 600 表面最薄弱处，这些薄弱的地方可能是由金属的局部冷加工造成的，或有金属碳化物、硫化物及其他二次相颗粒存在的地方。

3.2.5　凹痕

凹痕主要描述的是传热管与碳钢支撑板接触处或传热管在管板内部接触处的收缩或机械变形，造成凹痕的原因是在传热管与支撑板或管板之间的环形区域内，沉积物的累积和腐蚀产物的增加，有些核电厂的杂质堆积区也发现了凹痕。凹痕不会单独导致传热管管壁穿透或降低传热管的完整性，但是在核电厂的凹痕较严重时，将可能对传热管支撑结构造成损坏。这些有凹痕的传热管在长期的运行中可能会遭受一回路应力腐蚀开裂或晶间应力腐蚀开裂的影响。RSG 在 U 型区第一层支撑板处，这种有凹痕的传热管在其支撑板的顶部 U 型区域更容易受到高周疲劳的影响。具有较小凹痕的传热管是可以正常运行的，除非发现已经有应力腐蚀开裂。

凹痕的机理得到了广泛的研究，它的成因相对比较确定。二次侧给水中来自于冷凝器泄漏或其他水化学变化的氯化物因局部沸腾而聚集，氯化物造成了酸性环境，当存在充足的氧时将导致碳钢支撑板的快速腐蚀，形成两倍于母材体积的漏磁腐蚀产物。腐蚀产物随时间线性增长，这种增加将约束传热管，并可导致支撑板变形。影响腐蚀速率的主要因素是缝隙的过热度和整体氯化物及氧浓度，铜的氧化物或离子也可能会向碳钢支撑板提供氧。尽管实验室测试数据库还不全面，但硫酸盐也被认为能够以与氯化物相同的方式导致凹痕。通过实验室检测与现场数据分析已发现碱性物导致凹痕的证据，但是这种机制并不被认为是现场凹痕降质的主要原因。

因为磷酸盐使缝隙保持较高的 pH 值，在大多数采用磷酸盐的水化学核电厂中，凹痕是比较少见的，这主要是因为磷酸盐使缝隙保持较高的 pH 值。采用 AVT 水化学时，没有缝隙缓冲环境存在，发生腐蚀的可能将增加。由于降质是缝隙过热时产生的强烈作用，因而凹痕的发展速度在传热管热管段通常要高得多。曾有当核电厂使用高浓度氯化物给水时，导致一个运行周期内普遍出现大面积深至 50 mm 凹痕的记录。较为更常见的是，最初的较低浓度的氯化物会引起较浅的凹痕，在凹痕降质发生前，可以改变水的化学性质。

3.2.5.1　传热管支撑板凹痕

与一回路应力腐蚀开裂或晶间应力腐蚀开裂机理相比，在每次检查时，凹痕并不是在一个运行循环时间内随着受影响传热管数量的增加而逐渐形成的。凹痕发生时，它通常会是几乎在同一时间内影响大量的传热管（在适当的化学条件下，产生凹痕所需的时间是很短的）。大多数出现过凹痕的核电厂，一旦发现凹痕，就会立即采取一种或多种补救措施。这些补救措施通常可以十分有效地阻止凹痕的产生和进一步扩展。

为了有效地预测凹痕产生，1988 年 Balkrishnan 与 Pathania 的研究中，通过对大量的氯化物类型和浓度以及管与管支撑板径向间隙的分析，粗略地估算出凹痕开始产生的时间。在海水或盐水污染（酸性氯化物污染）的核电厂，产生凹痕的时间相对而言较短。在大量冷却水中使用含有中性盐的冷却水的核电厂，产生凹痕的时间较长。例如，酸性氯化物浓度为

20 ppb(ppb＝10^{-9})和径向间隙为 0.305 mm 的核电厂，两年半后就可能出现凹痕。但是，而在中性氯化物浓度为 20 ppb 的中性氯化物和具有相同径向间隙的核电厂，50 年内都可能不会出现凹痕。对于使用氯化物浓度低于《EPRI 水化学性指南》(EPRI 1993c)中规定标准的核电厂，凹痕产生所需的时间会更长。

除了氯化物类型和浓度以及和管与管间支撑板径向间隙的影响因素外，还有一些其他能够影响腐蚀速率的因素，其中包括：一个极高或极低程度的缝隙过热、过多的缝隙污垢、裂缝的几何形状(例如，普通钻孔型、四叶瓣型)、溶解氧和铜的存在。

3.2.5.2 杂质堆积凹痕

法国电力公司的一些核电厂曾报道，在较新的蒸汽发生器的传热管支撑板已不出现凹痕(原子核物理周刊 1989)。紧挨着管板的传热管周围的污泥中含有氧化的金属粒(钢球)，它使得污泥明显膨胀，导致位于管束中间的热管收缩(凹痕)。在核电厂建造之初，钢球被用于清洗某些二回路二次侧部件的表面。凹痕上的裂纹的(可能由于一回路应力腐蚀)泄漏速度约为 3.1 L/h，这些裂纹可能是由一回路应力腐蚀开裂造成的。在 1993 年 12 月，由于管板区域产生凹痕，法国 31 个核电厂的蒸汽发生器传热管进行了传热管堵管(电力研究所 EPRI 1994)。大多数这种降质明显是由于污泥的堆积蔓延，但由于管板腐蚀导致出现凹痕的传热管也有可能堵管。法国电力公司已研发出了改进的清洗流程来缓解这个问题。

3.2.5.3 管板凹痕

几乎没有核电厂在重要时期运行在偏酸性的二回路水化学状态，因为这将导致低合金管板的腐蚀和传热管凹痕。这种机理导致的凹痕大多相对很小，但是也有一部分大的凹痕需要进行堵管。

3.2.6 高周疲劳

高振幅与低疲劳强度相结合，可能会导致灾难性的疲劳失效。抗振条支撑不当伴有高频率再循环流动(引起 U 型管区域的流致振动)会导致蒸汽发生器震动。较高的平均应力(如残余应力)或传热管缺陷(微振划痕标记或裂纹)，显著地降低了疲劳强度。因此，管凹痕、磨损痕迹，或在自然循环式蒸汽发生器 RSG 传热管 U 型区域的顶管支撑板处带有凹痕、磨损痕迹或裂缝的传热管，均易受高周疲劳失效的影响。

在北安娜 1 号机组的 U 型管区和美滨 2 号机组的蒸汽发生器 U 型管区，已发现了高周疲劳失效破管。尽管传热管震动引起的高周疲劳对于压水堆蒸汽发生器来说并非一个常见问题，但是北安娜及美滨 2 号机组的传热管破裂却引起了特别的关注，原因是它是发生在蒸汽发生器位置较高部位的 360°完全破裂，这使得一回路冷却剂的裂变产物与二回路水未进行隔离。例如，在美滨 2 号机组的蒸汽发生器 A 传热管产生故障以后，一回路系统泄漏迅速升高，从一个非常低的水平值迅速增长到超过上充泵正常容量的值。大约 55 000 kg 主冷却剂泄漏至二回路系统，大约 1 300 kg 的蒸汽、2.22×10^{10} Bq 的放射性惰性气体及 3.7×10^{8} Bq 的放射性碘通过损坏的蒸汽发生器释放阀泄漏到环境中。

由于高周疲劳，多数对于采用合金 600 管的 CANDU 堆蒸汽发生器出现早期故障(采用合金 600 的 CANDU 堆蒸汽发生器，其早期传热管失效大多是由于高周疲劳引起的）。此故障是由流致振动引起的，开始形成于上端三叶管支撑板板面的磨损痕迹，或是更多的形成于 U 型管和第七个支撑板区域外表面应力腐蚀开裂处。旧式 CANDU 堆蒸汽发生器也连续出现此故障，由此产生的疲劳裂纹呈圆周形，但并没有导致传热管破裂。

3.2.7　耗蚀

耗蚀描述了相对均匀腐蚀和蒸汽发生器传热管壁二次侧变薄过程。这种降质往往发生在采用二回路磷酸盐水的自然循环式蒸汽发生器 RSG 相对流动停滞区域，该区域磷酸盐溶液浓度较高。这些区域包括传热管与管板间的缝隙、传热管与管支撑板的环形通道以及管板的污泥聚集区。此外，在燃烧工程公司设计的少数几个自然循环式蒸汽发生器 RSG 的抗振条附近的短半径 U 型区域也发现大量耗蚀现象。100 mm 宽扁平碳钢抗振条和前 11 行传热管形成一个紧凑的结构，造成蒸汽聚集，耗蚀集中出现在此区域的边界处。

由于酸性硫酸盐的存在，导致在一些核电厂自然循环式蒸汽发生器 RSG 的冷管段支承板附近的外围管出现耗蚀。树脂从凝结水处理床泄漏可能导致酸性磷酸盐环境的产生。磷酸盐腐蚀或耗蚀是穿晶的，并可能使传热管壁变得很薄，最终导致局部韧性破裂与泄漏。在 1976 年以前，磷酸盐耗蚀是压水堆蒸汽发生器传热管故障的主要原因。后来它不再被大多数压水堆和 CANDU 核电厂所用，也就不再是常发生降质的主要机理了，即大多数核电厂已不再采用含有磷酸盐的水化学方法。

3.3　压水堆直流蒸汽发生器传热管失效模式

在美国，直流式蒸汽发生器采用与自然循环式蒸汽发生器相同的合金 600 传热管材料，但这些蒸汽发生器传热管的失效却大幅度减少。较低的故障率是由于蒸汽发生器的设计、制造工艺和运行的差异。与自然循环式蒸汽发生器相同，许多化学物质浓度的处理过程不在直流式蒸汽发生器里进行，这点与自然循环式蒸汽发生器相同。表 3-4 列出了直流式蒸汽发生器传热管的降质机理、位置、应力源、失效模式及检查方法。本节对最常见的传热管降质机理进行了简要讨论。压水堆直流式蒸汽发生器的降质位置如图 3-10 所示。

表 3-4　直流式蒸汽发生器传热管降质过程

序号	降质位置	应力源	降质机理	潜在失效模式	在役检查方法
1	传热管管束靠近第 14 个传热管支撑板附近的传热管外表面	速度，尺寸，形状，受影响角度和硬度	粒子冲击导致的侵蚀腐蚀	材料磨损	涡流检测
2	靠近上部管板的传热管外表面	腐蚀性化学成分，振动	高周疲劳外加环境原因	环向裂纹	涡流检测
3	靠近上部管板轧制过渡区和焊口（一次侧）的传热管内部	硫代硫酸钠，空气	低温条件下的一次侧应力腐蚀开裂	环向裂纹	涡流检测

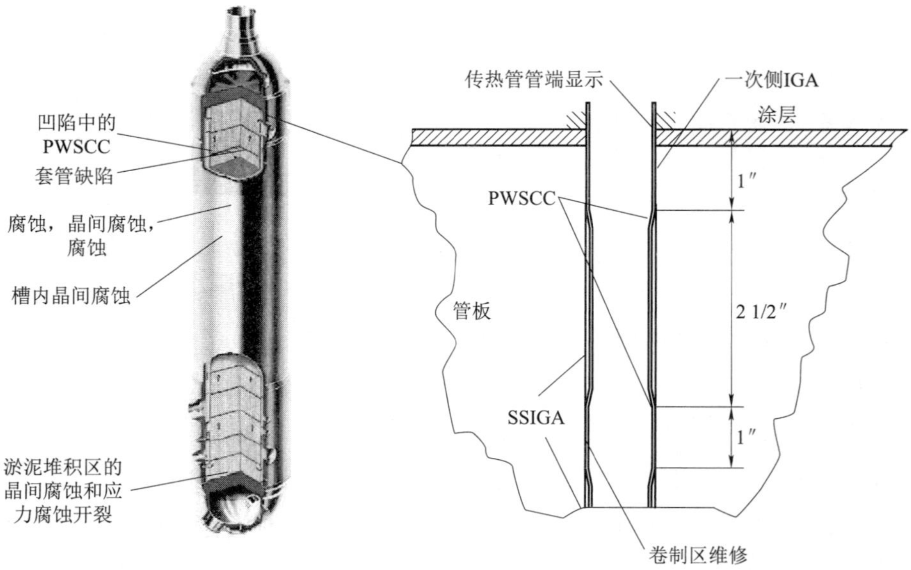

图 3-10　压水堆直流式蒸汽发生器的降质位置示意图

3.3.1　侵蚀腐蚀

夹带固体颗粒撞击金属表面将引起材料的磨损和机械损伤，尤其是在金属表面有保护膜时。这类情况发生在各种管道和传热管，由各种尺寸、形状、硬度、碰撞速度和角度的颗粒导致。当侵蚀因素遇着恰当的腐蚀环境时，将加速机械损伤。在无腐蚀环境中，冲刷侵蚀过程只是移除了传热管壁表面的金属；在腐蚀环境中，冲刷侵蚀过程首先是去掉了传热管表面的一层保护膜，从而使传热管更容易被腐蚀，继而形成更加严重的侵蚀。

对移出来的传热管进行检查发现，冲刷侵蚀-腐蚀主要发生在直流蒸汽发生器的第 14 个传热管支撑板的边缘，冲刷侵蚀-腐蚀导致了传热管外表面形成碟状的斑纹和金属损耗。

3.3.2　高周疲劳

贯穿壁圆周向裂纹发生在直流式蒸汽发生器位于顶部管支撑板（第 15 个传热管支撑板）附近和上管板底部检查通道区域附近的传热管上。检查通道区域包括位于检查通道任一侧上的约 3 行传热管，以及外围的少数传热管外。裂纹形成于传热管的外径上，并以穿晶模式向四周扩展。传热管样品显示，在上管板下表面正下方的顶部管支撑板附近区域发现弯曲状金属缺失（电力研究院 EPRI 1985a，Theus 和 Daniel）。有时，这些金属缺失部位存在微裂纹，这些细小的裂纹为疲劳裂纹的产生提供了条件。实验室检测显示，腐蚀性金属缺失（包括微裂纹）的形成可能是由于浓缩了的硫酸钠、硅酸盐和氯化物的浓缩物导致的混合物造成的。因此，这种失效机理被称为环境辅助高周疲劳。

高浓度杂质沉积及循环震动被认为是产生这种腐蚀疲劳裂纹的应力源。直流式蒸汽发生器低位处二次侧回路水的蒸发，将污染物或杂质聚集到剩余的水滴中，随后，蒸汽流将这些剩余的水滴带到上部开放的检查通道，一直到达上管板区，在这里液体水滴撞击检查通道周围的传热管，而变得干涸，并且导致杂质在此聚集，这个过程进一步在蒸汽发生器传热管的特定位置上聚集了化学物质。

3.3.3 低温一次侧应力腐蚀裂纹

直流式蒸汽发生器传热管一次侧应力腐蚀裂纹于1981年首次在TMI-1的蒸汽发生器传热管的内表面上发现，事实上所有的传热管都受到了影响，最终1 619根传热管进行了堵管和502根传热管进行了衬管处理。发生的原因主要是部分还原硫(例如硫代硫酸钠)随着安全壳喷淋系统进入了一回路，随着不断的蒸干和暴露于空气中，在失效区域形成了混合了具有侵蚀性的硫代硫酸钠浓缩物和氧化环境共同作用，在停堆期间，这些混合物逐渐被暴露到空气中，最终导致了裂纹的产生。绝大多数此类缺陷都是圆周向型的，并位于管板的顶部区域，紧挨着焊接热影响区或滚轧过渡区附近的上管板上部。为了避免那些在使用敏化的传热管(经热处理造成)的直流式蒸汽发生器中再次发生此类事件，采取的防护措施主要是：使用经过热处理的敏化了的传热管，需要通过严格的水化学控制和恰当的传热管布置，来避免酸性氧化条件的产生。

3.3.4 二次侧晶间应力腐蚀和晶间腐蚀

正如第3.2.2节介绍的，晶间应力腐蚀开裂(IGSCC)需要在张应力、敏感的材质和腐蚀环境共同的条件下才能发生；晶间腐蚀(IGA)的特点是局部的，沿晶界的材料腐蚀流失。这两类腐蚀机理都需要传热管外表面有腐蚀性杂质的聚集。

截至1993年，543根传热管(约占直流式蒸汽发生器传热管的0.25%)因为晶间应力腐蚀开裂/晶间腐蚀而被移除或被维修，损坏的传热管主要位于上管板的上部附近。

3.4 压水堆和CANDU堆蒸汽发生器筒体和给水管嘴降质

本节主要讨论蒸汽发生器筒体和给水管嘴的降质机理。腐蚀疲劳、高周频热疲劳和应力腐蚀裂纹是导致PWR蒸汽发生器筒体二次侧壳体开裂的原因。而PWR蒸汽发生器一次侧降质还未曾发现，PWR管板以及CANDU堆蒸汽发生器的筒体、管嘴或管板也没有降质的报告。热疲劳和侵蚀-冲刷腐蚀主要引起PWR给水管嘴以及管嘴和传热管道焊接处的老化降质，老化降质则可能引起泄漏但可能不会失效，不过可能会使系统功能削弱或减少安全裕量，从而导致其他事件，如压力脉冲或水锤引起破裂。在一些CANDU堆机组中，曾发生过一次侧分隔流板的损坏。

表3-5按重要程度，列举了PWR给水管嘴和蒸汽发生器筒体的降质机理、位置、应力源、失效模式和检查方法。针对PWR给水管嘴和蒸汽发生器壳体的检测尤为重要，主要是因为该处如破裂将导致蒸汽发生器筒体裂缝的大量泄漏，从而使蒸汽发生器不能被隔离，这将加快蒸汽发生器的下泻，这类泄漏将破坏降质严重的传热管的完整性。

表 3-5 PWR 给水管嘴和蒸汽发生器筒体降质过程概要

序号	降质位置	压力源	降质机理	潜在失效模式	在役检查方法
1	给水管嘴和管嘴与管道间的焊缝	给水流速,氧气含量,pH 值水平,杂质,水锤,核电厂瞬态	高和低循环疲劳,冲刷腐蚀	壁厚减薄导致破裂,疲劳开裂导致泄漏,水锤导致破裂	超声波检测 射线检测
2	蒸汽发生器壳体上的环焊缝	核电厂瞬态,冷却剂中氧的含量,氧化铜,残余应力	疲劳腐蚀,应力腐蚀开裂	疲劳或压力腐蚀开裂所致的泄漏	超声波检测 射线检测
3	给水管管嘴孔,弯曲半径,管嘴下方壳体内表面	通过管嘴所致给水泄漏,冷给水和热一次侧冷却剂的紊流	高周热疲劳	疲劳开裂所致的泄漏	超声波检测 射线检测
4	J 型传热管和环冒口	给水流速,氧气含量,pH 值水平,杂质	冲刷腐蚀	部件松动或壳体热疲劳所致的损伤	不需要 在役检查

3.4.1 蒸汽发生器筒体降质

腐蚀-疲劳:高振幅、低频循环应力结合冷却剂含氧与铜氧化物,导致环焊缝上部的腐蚀疲劳损伤。即,美国大约有 7 个自然循环式蒸汽发生器壳体的上壳体与过渡锥体间的焊缝(注意:铜氧化物的浓度高低与装料池的铜合金密切相关)。因氧与铜氧化物的存在导致外壳表面凹坑,这些凹坑也承受应力,因此,就出现了蒸汽发生器外壳的疲劳裂痕。几个瞬态事件期间,蒸汽发生器中的水位下降到环焊缝以下,同时给水不断冲击环焊缝产生了相当高的应力。另外,蒸汽发生器水位的波动也会导致外壳上产生热疲劳。

给水管嘴下面的环焊缝可见浅环向裂纹,大多位于受热区域,并且伴有基体金属的轻微穿透现象。这表明受热区域的断面韧性基本上低于母材基体金属,并且该应力大到足以使受热区域产生裂纹,但基体金属不受影响。

穿晶应力腐蚀断裂:蒸汽发生器外壳壳体材料受强拉伸应力和含氧与铜氧化物的二次冷却剂影响,易出现穿晶应力腐蚀断裂。强拉伸应力包括焊接残余应力和运行应力。穿晶应力腐蚀断裂与腐蚀疲劳的区别在于它们的负荷过程不同。前者的产生是当承受了恒定的或者极小波动应力之后。即最小到最大的应力强度因子的比率接近 1,后者的产生则是当其承受的应力是循环的,并且应力强度因子的比率小于 0.95。

美国的 18 个蒸汽发生器环焊缝内表面已检测到环向裂纹和线性裂纹,他们都是西屋公司生产的 44 和 51 型,这两款均采用给水环管设计(USNRC 1990a)。这种裂纹于 1982 年首次发现,当时美国一个核电厂的蒸汽发生器环焊缝发生泄漏(USNRC 1982)。在美国以外的其他核电厂也检测到线性裂纹,在大多数情况下,环焊缝主要是静载荷影响,并且裂纹的产生是由于穿晶应力腐蚀断裂。

断裂前泄漏分析显示应力腐蚀裂纹沿着壳壁蔓延,并在造成主要缺陷尺寸和传热管破裂前出现可检测泄漏。目前的现场经验支持这种分析。蒸汽发生器检测口的孔内表面也出现裂纹,极有可能由于应力腐蚀裂纹。磨削检测口的孔有可能导致残余应力,而残余应力则会引起应力腐蚀裂纹。

高周疲劳：热循环引起的降质分层和湍流的泄漏可能存在于热蒸汽发生器冷却剂混合物处，这类分层会导致高周疲劳。给水热管嘴套管接头处的泄漏会导致热分层，湍流混合物和热气会冲击给水管嘴。这些热应力加快管嘴孔、管嘴混合半径及外壳内表面的疲劳损伤。在美国一个压水堆核电厂，给水管嘴区、弯曲半径区、位于管嘴下面的壳内表面，以及给水环管支撑架焊缝都出现过裂纹，很可能是由于热循环和应力腐蚀。

3.4.2　给水管嘴降质

在给水管嘴附近已检测到腐蚀疲劳裂纹，这些裂纹的产生是由于冷却剂热分层和应力集中在一个管道扩孔处（给水管嘴和几何状不连续的传热管的连接点），如图 3-8 所示。在给水流量低的情况下，通常是在辅助给水系统给水有热残余时，相对冷给水往往沿着给水管嘴旁边的传热管水平方向的底部流动，而顶部则有热水。这种热分层可能会导致两种不同的压力造成疲劳损伤：循环处分层和“热流的分层”。由于辅助给水流量小幅波动和随后的冷热层面接口的高低变化，循环处分层应力就产生了，而它可在传热管横截面产生显著的应力变化。热分层的产生是由于湍流混合物存在于冷热层面的分界面，这种热分层可能导致高周疲劳裂纹的萌生，一般为表面作用。热分层不会使裂缝蔓延，但热循环分层会使得由热分层导致的浅裂纹蔓延。应力集中在小厚度管嘴与大厚度给水传热管（位于管嘴/传热管焊缝附近）的急剧过渡区，从而加深本区域裂纹。

1979 年 6 月 25 日，USNRC 发布公告 79-13，要求检查美国核电厂的给水管嘴和与之相邻的传热管，以此来强调由疲劳裂纹引起的安全问题（USNRC 1979）。随后的检测显示，在受检测的 54 个设备中，18 个给水管嘴附近的传热管出现裂纹。除一个核电厂的裂纹属于应力腐蚀裂纹外，其余所有的都是由于循环热分层引起的腐蚀疲劳裂纹。随后，美国几个核电厂又检测到给水管道出现疲劳裂纹，包括一个核电机组有贯穿的裂纹，此裂纹似乎是由于扩孔处的高应力和辅助给水流量波动引起的，水中的化学成分也可能是导致裂纹的一个次要因素。

如果碳钢传热管材料和碳钢或低合金蒸汽发生器壳体材料包含硫的夹杂物，如锰硫化物，那么这些材料易产生腐蚀疲劳。硫化物的形态和分布可以导致裂纹在低合金压力容器钢上扩展，这取决于裂纹平面上的方向。高氧水中含有中等及高浓度硫[>0.015%（质量分数）]的钢，受环境影响是最大的，但是脱氧水中的含有低浓度硫的钢，受环境的影响则可以忽略不计。

3.4.3　热套管，J 型管，给水环管和分隔板的冲刷腐蚀降质

冲刷腐蚀是一种流体辅助腐蚀，它影响呈单相的碳钢传热管、过冷给水和携带湿蒸汽的蒸汽传热管。冲刷腐蚀的危害大于冲刷或腐蚀单独作用导致的危害。碳素钢给水传热管腐蚀存在于正常运行中，内表面会形成一层薄薄的铁氧化物，主要是磁铁矿（Fe_3O_4）。此层保护底层传热管材料免于处于腐蚀环境，在没有冲刷的情况下，限制了腐蚀速率。但是，如果一旦应力引起冲刷现象，铁氧化物层将溶解，同时未腐蚀金属表面将再次被暴露在腐蚀环境中，传热管腐蚀将继续。因此，当传热管受到压力脉冲的幅度很大时，连续氧化物生成与溶解导致管壁变薄，最终发生灾难性故障。

影响冲刷腐蚀速度的因素有以下几点：

(1) 管路配置；

(2) 给水温度；

(3) 大容量流速；

(4) 紊流；

(5) pH 值；

(6) 氧含量；

(7) 杂质；

(8) 传热管材料。

铬质量分数小于 1%的碳钢构件很容易受到冲刷腐蚀损坏。虽然 PWR 给水传热管的冲刷腐蚀更受关注，蒸汽发生器组件也同样会被冲刷腐蚀。魔鬼谷核电厂 1 号机组的热套管被报道发现冲刷腐蚀现象(USNRC 1993)。自然循环式蒸汽发生器的 J 型管和给水环管也发生严重的侵蚀，并引起管壁变薄。受影响的 J 型管已被修理或更换为合金 600J 型管。

有报道称，冲刷腐蚀破坏了 CANDU 蒸汽发生器内一些碳钢一次侧隔板，以及疲劳破坏了隔板螺栓(碳钢)。一次侧隔板位于自然循环式蒸汽发生器空腔下端管板的下面。板的冲刷腐蚀和螺栓的疲劳增加导致分隔板的泄漏和旁路流量过多，从而使蒸汽发生器的性能下降。螺栓疲劳也导致零件松动损坏管板。

3.5 VVER-1000 蒸汽发生器降质

下面对 VVER 传热管降质、VVER-1000 冷集流管发生应力腐蚀裂纹和 VVER 给水分配系统发生冲刷腐蚀现象，分别进行讨论。

3.5.1 传热管降质

在 VVER-440 和 VVER-1000 中的水平和 U 型传热管没有发现问题，VVER 传热管主要是含钛的奥氏体不锈钢，有约 0.08%的碳，18%的铬，10%的镍，小于 1%的钛。截至 1989 年，VVER-440 有 2 815 根传热管和 VVER-1000 有 665 根传热管进行了堵管，总共运行的传热管为 1 774 480 根，堵管比例仅为 0.2%。

传热管外表面的压力腐蚀开裂主要是由于二回路的水质、氯根离子、氧离子、pH 值和有机混合物造成的，二回路氯根离子的浓度达到了几千 ppb 以上。在有些 VVER 核电厂，二回路在 20%的运行时间里 pH 值在 7.8 以下(给水的 pH 原始下限被更改为 8.8，排污水 pH 值为 8.0)，在 2%的运行时间里 pH 值在 5～6。也有部分集流管的焊接缺陷导致了传热管堵管，根据 VVER 的维修准则，蒸汽发生器传热管泄漏就需要进行堵管处理，其他缺陷(部分贯穿缺陷)可以忽略。

3.5.2 集流管的应力腐蚀开裂

VVER 蒸汽发生器与西方垂直管束和横平管板正好相反，它的传热管管束是水平的，并且被连接到立式圆筒形集流管的管壁上。反应堆核心区域的大部分冷却剂流进(热)集流管，穿过U型传热管从冷集流管出口流出。VVER-1000集流管由珠光体钢制造，内表面材料为奥氏体不锈钢。冷、热集流管正常运行温度分别为320～290 ℃。VVER-1000集流管的内部直径为834 mm，壁厚为171 mm。

1986年年底，南乌克兰1号机组二次系统的放射性水平高出正常水平。可以确定4个蒸汽发生器中有一个冷集流管里的3个相邻韧带出现贯穿裂纹，导致传热管至集流管内表面包层焊缝出现失效，而这个蒸汽发生器运行不到一年时间。截至1993年7月，8个VVER-1000核电厂共33台蒸汽发生器由于集流管存在故障或潜在故障已被更换。这些集流管被更换时只运行了3%～25%的设计寿命(24万小时)。这些集流管的裂纹及潜在破裂问题引起人们的关注主要出于两方面考虑：一是维修与更换蒸汽发生器产生的经济损失；二是公共安全隐患。如果主蒸汽排放阀一直开启，一回路冷却剂的放射性物质会通过它泄漏到大气中。对可能的最恶劣情况下的计算表明，约200 t的冷却水可能会被释放。此外，如果由于无隔离阀，大气排放阀未正常关闭，长期冷却可能失效。

失效集流管材料的金相检验显示，裂纹是由于腐蚀引起的、机械性的，由二回路侧开始蔓延，先通过一个沿晶腐蚀，然后是一个晶间腐蚀。二回路侧最长的裂纹(为受影响的韧带长度的总和)为1 000 mm。一次侧的最大壁面裂纹长度约为10～15 mm。到目前为止，只有冷集流管发现裂纹。但是，据报道热集流管也有出现裂纹的迹象。已发现有三种类型的裂纹：星型裂纹，其宽度为0.1 mm，长度可达1 mm；相邻两孔间行星式裂纹，其宽度达0.5 mm，长度横跨支撑，深度达30 mm；多个孔(最多30个)间的动脉裂纹，其长度可达1 000 mm，宽度超过0.5 mm，深度穿过外壁(171 mm)。

同时，金相检测表明：裂缝通常是从集流管孔和未穿孔区(V字形)附近的非扩展传热管开始的。裂纹从凹坑开始，先从韧带开始扩展至内壁。当几个韧带出现裂纹后，内壁被穿透。裂缝穿透集流管壁后，韧性包层发生失效。

设计、制造、运行负荷及水化学条件的调查与分析结果如下：

(1) 集流管产生裂纹，并扩展至集流管内部。这个过程导致集流管变形，挤压集流管上部的蒸汽发生器容器法兰，并在集流管韧带部位产生残余应力。

(2) 集流管钻孔技术与爆裂的轧管导致脆化层的形成，集流管孔的内表面产生高度冷加工材料，而这种材料是极易开裂的。

(3) 膨胀不足的传热管导致裂缝深度达20 mm。这些裂缝收集杂质，促进应力腐蚀裂纹。冷集流管缝里的沉积物往往是可渗透过去的，而热集流管缝里的沉积物一般足够密集，可以防止进水。

(4) VVER-1000集流管采用珠光体钢在约为290 ℃的温度下进行应变时效。当温度低于280 ℃时比在高温时更易产生应力腐蚀裂纹。

(5) 二次侧给水化学条件异常会加速开裂的过程，尤其是当pH值下降至酸性条件(如低至4.3)和氯离子不是小于指定的150 ppb，而是从几百到几千ppb差异比较显著的时期。辅助给水产生过多的氧和冷凝器管中的铜也是产生这个问题的原因之一。

(6) 钢铁制造过程中可能产生硫化锰夹杂物，这为裂纹的萌生提供了条件。

为了提高已运行的蒸汽发生器的性能，进行了以下更改：集流管穿孔区的低温热处理(450 ℃)和改善二次侧水质。这些变化有一定的帮助作用，但并非完全有效。

VVER-1000蒸汽发生器制造于捷克共和国的维特科维采，特梅林工厂在生产时采用了一些改进来解决这些问题。所有 lOGN2MFA 型低合金结构钢进行双真空处理，以尽量减少气体的浓度，并确保相同化学成分。磷和硫的含量降低。集流管是锻造的，抑制内表面的微观结构。通过液压扩张工艺，扩大管至集流管壁，尽量减少残余应力和裂缝。

3.5.3 给水分配系统的冲刷腐蚀

在前面第 3.4.3 节中提到，冲刷腐蚀是一个流体辅助腐蚀，它造成的损害高于冲刷或腐蚀单一作用引起的损害。影响冲刷腐蚀率的因素包括传热管的结构、给水温度、pH 值、大容量流速、湍流、氧含量、杂质和材料。

目前的问题涉及 VVER-1000 给水分配系统的冲刷腐蚀。VVER-440 给水分配系统如图 3-11 所示，由数个给水管组成，这些给水管进入位于蒸汽区的热集流管相反侧的，穿越一半的管束，然后延伸至管束的中心周围，在这里它通过一个三通与一个水平歧管连接。水平歧管配备若干管嘴，通过这些管嘴冷给水注入两边管束之间的通道，与饱和液体混合。该系统最初采用低碳钢制造。包括杜科瓦尼的波克什和罗夫诺在内的数座核电厂已发生管嘴的辅助流腐蚀。所造成的伤害范围从少许的壁厚损坏到整个管嘴破坏（离三通最近的管嘴往往会受到更严重的损坏）。已发现三通接头的冲刷腐蚀，这可能会导致冷给水喷到热集流管。

给水分配管嘴的损坏不是主要的安全问题，因为 OKB Gidropress 进行的实验显示，给水流量分布仍充足。然而，缺失的部分可能会导致蒸汽发生器传热管的腐蚀损坏或疏水阀的损坏（在波克什已发现 13 个蒸汽发生器中仅 2 个缺少给水分配管嘴）。此外，系统持续的冲刷腐蚀最终会破坏三通阀。针对这一问题，OKB Gidropress 设计了一种新的 VVER-440 给水系统，新系统具有相似的几何形状，但由钛稳定奥氏体不锈钢制成。这个新的系统已经安装在罗夫诺蒸汽发生器上，并且也将安装在波克什蒸汽发生器。

3.5.4 集流管盖板螺栓故障

VVER 蒸汽发生器集流管的顶部是用盖板（平板）密封的，盖板用螺栓固定在集流管顶部周围的薄法兰上。

在 1982 年 1 月 24 日，罗夫诺 1 号机组的 5 号蒸汽发生器，在反应堆功率从 75%增加至 82%时，20 个固定热集流管盖板的螺栓全被破坏。盖板被冲开（提升），在集流管附近形成一个等效直径约 120 m 的裂缝。主冷却系统压力急剧下降，并且反应堆在 12 s 后自动急停。不久，三列应急堆芯冷却系统启动。此后的第 13 分钟，操作员关闭反应堆冷却剂泵回路 5，并试图关闭隔离阀，但隔离阀并没有完全关闭（一回路冷却剂的压力约为 4 MPa）。

在 30～39 min 之间，操作员提高回路 5 隔离阀的密封性，发现回路 3 也正在发生泄漏。随后发现 3 号蒸汽发生器热集流管盖板上的 20 个螺栓中，有 11 个损坏。操作员关闭回路 3 反应堆冷却剂泵，并试图闭合回路隔离阀。这些操作的后果（回路 5 完全隔离，回路 3 部分隔离，所有应急堆芯冷却系统启动）导致主系统压力在第 39 分钟时增至 105 大气压（1 标准大气压＝101.325 kPa），然后 1 号蒸汽发生器热集流管盖板上的 20 个螺栓全部损坏。（此外，4 号蒸汽发生器热集流管盖板上的 20 个螺栓中，有 4 个有一定程度的损坏）。主冷却剂系统压力随后在大约 1 min 内回落至约 40 大气压。在第 65 分钟，有迹象表明，一些蒸汽发生器装得过满，蒸汽管线上有水出现。最后，4 个有缺陷的蒸汽发生器全部进行隔离，并且使用回路2和6将核电厂冷却。总的，约有1 100 t主冷却剂和应急堆芯冷却水泄漏至二回路，约20 t被释放至大气中，含约17 Ci(1 Ci=3.7×10^10 Bq)的放射性物质。

事故发生后对螺栓进行检测显示，失效是由于腐蚀疲劳损坏引起的。螺栓材料的化学及机械特性也在检测之列，有一些屈服强度(56～67 kg/m^2)和硬度(19～27洛氏)的不均匀。40%的断裂表面有一个清楚可见的纹状结构的疲劳性损坏。断裂表面脆的特点伴随数个晶间和穿晶微裂纹。断裂发生在从螺纹至无螺纹材料的过渡区域或最初的几个螺纹区。有些微裂纹已出现了相当一段时间。由于顶端盖板密封件的磨损，从1、3、4和5号蒸汽发生器的热集流管盖板上，已经出现从一次侧至二次侧冷却系统的泄漏，并且由于产生的强拉伸应力，螺栓已拧紧。其他导致螺栓裂纹的原因包括：水位振荡并飞溅在二次侧上，造成热循环和疲劳破坏，并引起螺栓部位的杂质堆积；选择螺栓润滑剂不当，二次侧的高氯化物含量偏高等，都可能导致螺栓裂纹。

罗夫诺的纠正措施包括：使用拧紧螺栓新程序；螺栓润滑剂由硫化钼改为铜-石墨；二次侧的酰氯限值从500 ppm降至50 ppm；更好地控制二次侧的水位。此外，更换所有罗夫诺蒸汽发生器蓄水箱上的螺栓和盖板。其他一些VVER-440核电厂发现事故后，在主蒸汽管路也实施氮-16监测，避免事故再次发生。

3.6　蒸汽发生器在役传热管寿命评估

寿命评估是老化管理的一个方面，本节将介绍台湾对在役传热管寿命预测方面研究的相关信息，台湾核能研究所针对核三厂蒸汽发生器的堵管进行了统计分析。若不计商运前的堵管，大部分的堵管位于30～59之间，而抗振条磨耗导致堵管约占各台蒸汽发生器堵管总量的70%以上。这些特性符合西屋于1991年发表的Model F的运转经验及1997年7月西屋于核三厂举办的研讨会资料，即Model FU型管的抗振条磨耗为主要堵管原因。

这些表象看似相同的U型管，它们降质(磨耗)而堵管的时间因U型管及运转环境的差异而有变异，这种变异并无一定的规则性。例如，U型管于弯管区椭圆化程度与安装差异，影响它与抗振条(Ant vibration Bar，AVB)的适配性(间隙)；壳侧流场或其他操作条件影响U型管的受力状况；壳侧环境对U型管材质降质的影响等。这些因素是非常不易掌握的，因此若试图以确定性方法(Deterministic Method)来分析评估个别U型管降质所需时间是极端困难而不切实际的。但是从营运观点，至少应具备堵管率的预测技术能力，以提供未来采取对应措施的依据。虽然营运单位对影响降质的众多因素的掌握有实质性的困难，但他们所表现的历年累计堵管记录很可能符合某种统计分布，所以U型管的堵管统计分析模型可用适当的概率密度函数(Probability Density Function)来表述，而这些统计分布的相关参数可根据堵管数据决定。

堵管统计预测的精准性显然与所选的统计分析模型有关，因此该研究的起始阶段，在搜集与整理工程技术常用的寿命(Lifetime)、存活时间(Survival Time)或破坏时间(Failure Time)等数据的统计分析模型，评估与筛选适用于核三厂蒸汽发生器U型管堵管的统计特性的方法，以利于堵管统计分析模型的建立，进而达成预测堵管趋势，提供未来采取措施依据的目标。

3.6.1 统计分析方法

寿命、存活时间或破坏时间等数据的统计分析是非常重要的课题，尤其是工程技术(Engineering)与生物医学科技(Biomedical Sciences)。寿命分布方法论(Lifetime Distribution Methodology)的应用范围涵盖了制造产品的耐久性(Endurance)、不同设计与制造方法的比较、破坏原因的鉴定、更新策略的评估及人类疾病等。1991年，EPRI开始应用统计分析方法于蒸汽发生器传热管的一次侧应力腐蚀开裂及壳侧晶间腐蚀/应力腐蚀开裂等的研究，预测传热管的降质趋势，提供未来蒸汽发生器传热管降质趋势对策的参考，而且EPRI更进一步于1994年发布了统计学方法评估一次侧应力腐蚀开裂的评估指引。由此可见统计分析方法在蒸汽发生器传热管降质评估与预测的重要性。这表示对影响降质的众多因素的掌握有实质的困难，无法以确定性方法来评估寿命，所以统计分析是预测寿命的可行方法，该研究构思也是以统计分析方法来预测堵管趋势的依据。

虽然统计分析方法是数据分析的传统方法，但是为了研究报告的易于了解及完整性，必须对统计分析的基本概念及数学模式做小篇幅的说明，其他更详细资料请参阅寿命统计分析相关著作。

3.6.1.1 U型管堵管统计分析

该研究是以累计历年U型管堵管数据为基础，进行统计分析。简言之，将累计历年堵管所占全部U型管的比率值，即堵管率绘于横坐标为有效全功率年(Effect Full Power Year，EFPY)，纵坐标为堵管率的概率圆上，并以适当的累计分布函数(Cumulative Distribution Function，c. d. f.)进行曲线嵌合后，即可预测未来的堵管率。该研究基于此概念，选择了工程界常用的威布尔分布(Weibull Distribution)、常态分布(Normal Distribution)、对数常态分布(Log-normal Distribution)、最小极值分布(Smallest Extreme Value Distribution)、及Logistic分布等方法，评估其特性，并筛选适用于核三厂蒸汽发生器堵管统计性质的方法。

3.6.1.2 统计定义

(1) 随机变量(Random Variable)

这些表面看似相同的U型管，它们降质(磨耗)而堵管的时间因U型管及运转环境的差异而不同，这种差异并无一定的规则性。例如，每燃料周期的有效全功率年的变化；U型管与弯管区椭圆化程度与安装差异，影响它与抗振条的适配性(间隙)；壳侧流场或其他操作条件影响U型管的受力状况；U型管与抗振条的接触碰撞形态；U型管由流体所吸收的能量，集中与某一个抗振条抑或分担于多个抗振条接触碰撞的磨耗吸收；壳侧环境对U型管材质降质的影响等。所以，理论上每一U型管降质至40%壁厚的时间均不相同，从而堵管的时间可以视为随机量，而当停堆检测发现降质大于或等于40%壁厚时堵管，因此该研究在实务上即取该次大修的有效全功率年为堵管的时间。

(2) 概率(Probability)

概率表示某特定事件发生的可能性，其值介于0与1之间。

(3) 频率(概率)密度函数[Frequency (Probability) Density Function]

频率密度函数表示某特定事件发生的次数，即表示在某特定燃料周期的堵管数。当此函数规范化(Normalized)后,该函数曲线下的面积为1时,称为概率密度函数[$f(t)$],简称p. d. f. 。

当$f(t)$已知,介于时间t_1与t_2间的堵管概率为

$$\Pr(t_1 \leqslant t \leqslant t_2) = \int_{t1}^{t2} f(t)\mathrm{d}t \tag{3-1}$$

(4) 累计分布函数(Cumulative Distribution Function)

历年累计堵管率与时间的关系函数称为累计分布函数[$F(t)$],简称c. d. f. ,它与概率密度函数的关系为:

$$F(t) = \Pr(t \leqslant x) = \int_{-\infty}^{t} f(x)\mathrm{d}x \tag{3-2}$$

式(3-2)中x为虚变数(Dummy Variable)。

(5) 危险函数/破坏率函数(Hazard Function/Failure Rate Function)

堵管率与时间关系的概率密度函数,累计堵管率时间关系的累计分布函数等两种概念合并为:

$$h(t) = \frac{f(t)}{1 - F(t)} \tag{3-3}$$

称为危险函数,它表示堵管的倾向(Instantaneous Proneness),在该研究中则定义为每EOC的堵管率。

(6) 均值与期望值(Mean and Expected Value)

堵管的平均时间或期望时间通常是以$E(t)$或μ表示的,它与概率密度函数之间的关系为:

$$\text{Mean} = E(t) = \mu = \int_{-\infty}^{+\infty} t f(t)\mathrm{d}t \tag{3-4}$$

(7) 中值(Median Value)

累计堵管率达50%的时间(t_m)定义为中值,即

$$F(t_m) = 0.5$$

(8) 最值(Mode)

概率密度函数最大值的时间(t_x)定义为最值。

(9) 标准差(Standard Deviation,sd)

乱数(堵管时间)的离散(Variance,σ^2)定义为

$$(\mathrm{sd})^2 = \sigma^2 = \int_{-\infty}^{+\infty} (t-\mu)^2 f(t)\mathrm{d}t \tag{3-5}$$

而标准差(σ)表示乱数的散布(Spread)。

(10) 变异常数(Coefficient of Variation)

变异常数定义为标准差与均值之比,即

$$\mathrm{CV} = \frac{\sigma}{\mu} \tag{3-6}$$

它表示乱数对其均值的离差(Dispersion)。

(11) 统计分布参数

一般而言统计分布的参数包括:尺度参数(Scale Parameter),它影响分布的主体(Bulk

of Distribution)位置；形状参数(Shape Parameter)，它影响分布的形状，反应于概率密度函数，破坏率函数等；位置参数(Position Parameter)，它表示时间偏移，也就是在时间小于此参数时是不可能发生破坏的。

3.6.1.3 统计分布方法

本节将依序介绍威布尔、常态、对数常态、最小极值及 Logistic 分布的数学模式，以及如何线性化的曲线嵌合。

(1) 威布尔分布

威布尔分布是最常用的寿命分布模型，它的概率密度函数[$f(t)$]为：

$$f(t)=\left[\frac{b}{\theta-t_0}\left(\frac{t-t_0}{\theta-t_0}\right)^{b-1}\right]\exp\left[-\left(\frac{t-t_0}{\theta-t_0}\right)^{b}\right] \tag{3-7}$$

式中：t——时间；

θ——特征时间或尺度参数(Characteristic Time or Scale Parameter)；

b——斜率或形状参数(Slope or Shape Parameter)；

t_0——时间延迟或初始时间参数(Time Delay or Initial Time Parameter)或位置参数。

根据方程式(3-2)，威布尔累计分布函数[$F(t)$]为：

$$F(t)=1-\exp\left[-\left(\frac{t-t_0}{\theta-t_0}\right)^{b}\right] \tag{3-8}$$

式中：θ——63.2%的母体(Population)或 U 型管已堵管($F=1-e^{-1}=0.632$)的时间；

b——在威布尔圆(Weibull plot)当 $t_0=0$ 时累积分布函数的斜率。

威布尔危险函数[$h(t)$]依方程式(3-3)可表示为：

$$h(t)=\frac{b}{\theta-t_0}\left(\frac{t-t_0}{\theta-t_0}\right)^{b-1} \tag{3-9}$$

威布尔均值(μ)依方程式(3-4)可表示为：

$$\mu=t_0+(\theta-t_0)\Gamma(1+1/b) \tag{3-10}$$

上式中 Γ 为伽玛函数(Gamma Function)，它是表列形式。

威布尔中值定义为 $F(t)=0.5$ 的时间(t_m)，即

$$t_m=t_0+(\theta-t_0)(\ln 2)^{1/b} \tag{3-11}$$

威布尔最大值定义为 max.[$f(t)$]的时间(t_x)，即

$$t_x\begin{cases}t_0+(\theta-t_0)(1-1/b)^{t/b} & \text{for } b\geqslant 1\\ t_0 & \text{for } b\geqslant 1\end{cases} \tag{3-12}$$

威布尔标准差(σ)依方程式(3-5)可表示为：

$$\sigma=(\theta-t_0)\sqrt{\Gamma(1+2/b)-[\Gamma(1-1/b)]^2} \tag{3-13}$$

由方程式(3-9)可知，当 $b=1$ 的危险函数为常数时，威布尔分布可简化为指数分布；当 $b=3.3$ 时，威布尔分布近似于常态分布。

堵管时间与累计堵管率数据组(t_i，F_i)的威布尔分布曲线嵌合，是将威布尔累计分布函数作坐标转换，使其成为线性方程式，再以最小平方(Least Square)方法决定参数 t_0、b、θ^3，即

$$\ln[-\ln(1-F)]=b\ln(t-t_0)-b\ln(\theta-t_0) \tag{3-14a}$$

或

$$\log[-\ln(1-F)]=b\log(t-t_0)-b\log(\theta-t_0) \tag{3-14b}$$

若定义

$$\begin{gathered} y=\ln[-\ln(1-F)]\text{或}\log[-\ln(1-F)] \\ x=\ln(t-t_0)\text{或}\log(t-t_0) \\ c=-b\ln(\theta-t_0)\text{或}-b\log(\theta-t_0) \end{gathered} \tag{3-15}$$

依据方程式(3-15)，方程式(3-14)可化简为

$$y=bx+c \tag{3-16}$$

初始时间 t_0 介于$(0,t^*)$之间，t^* 为第一个数据点的时间(商运后的第一次堵管)，最适合的 t_0 由试误法及曲线拟合的最小误差决定。

(2) 常态分布

常态分布常用于尺寸及寿命数据分析，它的概率密度函数为

$$f(t)=\frac{1}{\sigma\sqrt{2}}\exp\left[-\frac{1}{2}\left(\frac{t-\mu}{\sigma}\right)^2\right] \tag{3-17}$$

式中：t——时间；

μ——均值＝位置参数；

σ——标准差＝尺度参数。

由于常态累计分布函数无法以函数形态表示，因此一般均采用数值表列示的均值 $\mu=1$ 的标准常态分布。

设乱数 z 的标准常态累计函数为 $\phi(z)$，而具有常态分布，其均值为 μ，标准差为 σ 的乱数 t 与 z 的关系为

$$t=\frac{t-\mu}{\sigma} \tag{3-18}$$

而乱数 t 的累计分布函数 $F(t)$与乱数 z 的标准累计分布函数 $\phi(z)$之间的关系为

$$F(t)=\phi(z)=\phi\left(\frac{t-\mu}{\sigma}\right) \tag{3-19}$$

由式(3-19)可得

$$F(t)=\phi^{-1}(F)=\text{NORMSINV}(F) \tag{3-20}$$

若定义

$$\begin{gathered} x=t \\ y=z=\phi^{-1}(F) \end{gathered} \tag{3-21}$$

由方程式(3-19)可得

$$y=\frac{1}{\sigma}x-\frac{\mu}{\sigma} \tag{3-22}$$

(3) 对数常态分布

对数常态分布是指时间的自然对数是常态分布，它的概率密度函数为：

$$\overline{f}(u)=\frac{1}{\sigma\sqrt{2\pi}}\exp\left[-\frac{1}{2}\left(\frac{u-u'}{\sigma'}\right)^2\right] \tag{3-23}$$

式(3-23)中

$$u=\ln(t-t_0)$$

$\mu'=u$ 的均值=尺度参数=mean

$\sigma'=u$ 的标准差=形状参数=sd

而 t 为时间，t_0 为初始时间。根据方程式(3-23)及 u 与时间的关系可求得 t 的概率密度函数为：

$$F(t)=\frac{1}{\sigma(t-t_0)\sqrt{2\pi}}\exp\left[-\frac{1}{2}\left(\frac{\ln(t-t_0)-\mu'}{\sigma'}\right)^2\right] \tag{3-24}$$

而对数常态的累计分布函数[$f(t)$]与标准常态分布的累计分布函数[$\phi(z)$]的关系为：

$$F(t)=\phi(z)=\phi\left[\frac{\ln(t-t_0)-\mu'}{\sigma'}\right] \tag{3-25}$$

由方程式(3-3)及方程式(3-24)与(3-25)即可计算危险函数[$h(t)$]。

对数常态的均值(μ)依方程式(3-4)可表示为：

$$\mu=t_0+\exp\left(\mu'+\frac{1}{2}\sigma'^2\right) \tag{3-26}$$

对数常态的中值定义为 $F(t)=0.5$ 的时间(t_m)，即

$$t_m=t_0+e^{\mu'} \tag{3-27}$$

对数常态的最值定义为 max，[$f(t)$]的时间(t_x)，即

$$t_x=t_0+\exp(\mu'-\sigma'^2) \tag{3-28}$$

对数常态的标准差依方程式(3-5)可表示为：

$$\sigma=\sqrt{\exp(2\mu'+\sigma'^2)(\exp(\sigma'^2)-1)} \tag{3-29}$$

统计分析显示，两种不同标准差($\sigma'=1.5,0.5$)的概率密度函数，从 t_0($t_0=0$)开始递增至最值后下降，函数分布得不均(skewness)，随着标准差(σ')的增加而递增。统计图还显示，两种不同均值(μ')的概率密度函数，它的分布不均亦随着均值(μ')的增加而递增。两张统计图分别表示不同标准差($\sigma'=1.5,0.5$)及不同均值($\mu'=5,5.5$)对危险函数[$h(t)$]的影响：相同均值(μ')，标准差(σ')较小者，危险函数的变化较缓和；而相同标准差(σ')，不同均值(μ')，对危险函数的变化影响较小。

堵管时间与累计堵管率数据组(t_i,F_i)的对数常态累计分布的曲线嵌合，是将对数常态累计分布函数作坐标转换，使其成为线性方程式，再以最小平方方法决定参数 t_0，μ'及σ'，即定义

$$x=\ln(t-t_0)$$

$$y=z=\phi^{-1}(F)=\text{NORMSINV}(F) \tag{3-30}$$

由方程式(3-25)的自变数 z 定义可得

$$y=\frac{1}{\sigma'}x-\frac{\mu'}{\sigma'} \tag{3-31}$$

(4) 最小极值分布(Smallest Extreme Distribution)

最小极值分布的概率密度函数为：

$$f(t)=b\ \exp\left[b\left(t+\frac{c}{b}\right)\right]\cdot\exp\left[-\exp\left(b\left(t+\frac{c}{b}\right)\right)\right] \tag{3-32}$$

式中：t——时间；

b——尺度参数；

$-c/b$——位置参数。

根据方程式(3-2)，最小极值累计分布函数[$f(t)$]为：

$$F(t)=1-\exp\left[-\exp\left(b\left(t+\frac{c}{b}\right)\right)\right] \tag{3-33}$$

最小极值分布的危险函数依据方程式(3-3)可表示为：

$$h(t)=b\ \exp\left[b\left(t+\frac{c}{b}\right)\right] \tag{3-34}$$

最小极值的均值(μ)依方程式(3-4)可表示为：

$$\mu=-\frac{c+\gamma}{b} \tag{3-35}$$

式(3-35)中 $\gamma=0.577\,2$，称为 Euler Constant。

最小极值的中值定义为 $F(t)=0.5$ 的时间(t_{m})，即

$$t_{\mathrm{m}}=\frac{\ln(\ln 2)-c}{b} \tag{3-36}$$

最小值定义为 max. [$f(t)$]的时间(t_{x})，即

$$t_{\mathrm{x}}=-\frac{c}{b} \tag{3-37}$$

最小极值的标准差依方程式(3-5)可表示为：

$$\sigma=\frac{\pi}{b\sqrt{3}} \tag{3-38}$$

堵管时间与累计堵管率数据组(t_i，F_i)的最小极值累计分布的曲线吻合，是将最小极值累计分布函数作坐标轴，使其成线性方程式，再以最小平方法决定参数 b 与 c，即定义

$$x=t$$

$$y=\ln[-\ln(1-F)] \tag{3-39}$$

由方程式(3-33)可得

$$y=bt+c \tag{3-40}$$

威布尔分布的时间参数的自然对数是最小极值分布，当威布尔分布的初始事件 $t_0=0$ 时，威布尔的尺度参数(θ)与最小极值分布的位置参数($-c/b$)的关系为：

$$-\frac{c}{b}=\ln(\theta) \tag{3-41}$$

而最小极值分布的尺度参数(b)等于威布尔分布的形状参数(b)。

(5) Logistic 分布

Logistic 分布是常态分布的近似表述方法，它的概率密度函数为：

$$f(t)=\frac{b}{2+\mathrm{e}^{a+bt}+\mathrm{e}^{-a-bt}} \tag{3-42}$$

对应的累计分布函数为：

$$F(t)=\frac{\mathrm{e}^{a+bt}}{1+\mathrm{e}^{a+bt}} \tag{3-43}$$

它的危险函数[$h(t)$]为

$$h(t)=\frac{1+e^{a+bt}}{2+e^{a+bt}+e^{-a-bt}} \tag{3-44}$$

由于 Logistic 分布具备对称性及单峰(unimodal)分布，所以均值(μ)，中值(t_m)，终值(t_x)为：

$$\mu=t_m=t_x=-\frac{a}{b} \tag{3-45}$$

它的标准差为：

$$\sigma=\frac{\pi}{b\sqrt{3}} \tag{3-46}$$

堵管时间与累计堵管率数据组(t_i,F_i)的 Logistic 分布的曲线吻合，是将 Logistic 累计分布函数作坐标转换，使其成线性方程式，再以最小平方法决定参数(a,b)，即定义

$$x=t$$

$$y=\ln\left(\frac{F}{1-F}\right) \tag{3-47}$$

由方程式(3-43)可得

$$y=a+bt \tag{3-48}$$

3.6.2 适用统计分析模式的筛选

威布尔分布的危险函数具有逐年递增、递减或保持常数等状况，而对数常态分布的危险函数则显示逐年增加至最高值后，逐年下降至常数的趋势，但是常态、最小极值及 Logistic 分布的危险函数却只有逐年递增趋势，当再检查堵管记录时，各台蒸汽发生器于每一个 EOS 的堵管数量逐年增至峰值随之下降后，偶有变动但不超过前述的峰值，这种性质符合对数常数分布的危险函数特性。

台湾核能研究所对 SG1A 的堵管数据，分别以前述的统计分析方法进行初步分析后得出，威布尔及对数常态分布比较符合堵管数据的趋势，而常态、最小极值、及 Logistic 的效果较差。

3.7 传热管完整性性能准则及其评估

3.7.1 传热管完整性性能准则

3.7.1.1 结构性能准则

确定性结构性能准则：传热管必须留有安全裕量，以防传热管破裂。它与 ASME 规范第三卷的应力极限准则里的安全因子裕量相一致。在正常运行工况下，为防止破裂的安全裕量不小于 3，以及由 ASME 规范第三卷 NB-3225 规定，在假想事故并伴有安全停堆地震(SSE)的应力极限而确定的安全裕量。

概率性结构性能准则：(1) 在正常运行工况下传热管破裂事故的频率不应超过 5×10^{-2}/(堆·年)。(2) 在假想事故工况下，对 1 根传热管破裂的状态概率不应超过 5×10^{-2}/(堆·年)；对 2 根及以上传热管破裂的状态概率不应超过 2.5×10^{-2}/(堆·年)；对大

于10根传热管破裂的状态概率不应超过 10^{-3}/(堆·年)。传热管破裂与降质机理有关，对任何一种降质机理的破裂频率或破裂状态概率不应超过上述值的20%。

3.7.1.2　运行泄漏性能准则

运行泄漏性能准则为：(1) 运行泄漏限值是指任何一台蒸汽发生器发生泄漏时容许的泄漏率，一般情况下不应超过70 L/h。(2) 核电厂所有蒸汽发生器容许的总泄漏率应该小于70 L/h乘上该核电厂蒸汽发生器的数目。

3.7.1.3　事故泄漏性能准则

事故泄漏性能准则为：(1) 在假想事故下泄漏率不应超过反应堆冷却剂系统泵的注水能力。(2) 场外辐射剂量的估算不应超过10 CFR 100导则的规定；控制室人员的辐射剂量应与GDC-19的规定一致。

3.7.2　状态监督评估

状态监督评估是为了确认上次在役检查以来是否保持了传热管的完整性，包括根据传热管完整性性能准则来评估所发现的传热管降质状态。利用来自对传热管的在役检查或其他试验(检查)方法的数据，如果发现传热管一处或多处不满足传热管完整性性能准则时，就应迅速通知核安全监督部门。另外，应评估这类降质的原因，并执行合适的纠正行动。状态监督评估和执行的纠正行动，应在核电厂重新启动前完成。

在蒸汽发生器在役检查期间，无论是计划内还是计划外的检查，都应对已发现的传热管降质状态进行监督跟踪，以确认这些传热管是否满足传热管结构性能准则。运行泄漏也应监督，以确认是否满足运行泄漏性能准则和事故泄漏性能准则。

传热管的某些降质可以通过无损检测的检查结果分析或通过其他方法(例如现场压力试验)来进行监督。如果无损检测方法和检查人员的定量测量能力按在役检查程序考核合格，就可以通过分析来证明传热管的结构完整性。分析方法包括证明传热管的缺陷不超过最大容许缺陷尺寸，并与确定性结构性能准则安全因子相一致。该分析方法应说明所有重要的不确定性因素，包括缺陷定量测量误差、材料性质的易变性和结构模型的不确定性。采取现场压力试验，为实际分析结果提供了数据，可作为某些降质的替代或补充的评估方法。

3.7.3　运行评估

运行评估不同于状态监督评估，是为了到下一次在役检查前证明传热管能满足完整性性能准则，包括评估传热管的降质在合适的可信度内。这种评估是根据在役检查结果，按堵管(修理)准则和到下一次检查的时间间隔而作出的。在必要时应采取纠正行动，以证明完整性性能准则能得到满足。

缺陷增长率应根据两次在役检查期间缺陷尺寸(都可探测到的缺陷)变化。在评估某一降质时，如有关数据不足，可以采用其他核电厂适用数据，以补充缺陷增长率的数据。但应考虑下列因素：对一次侧降质应考虑管材的显微结构、一次侧水化学、设计特点(胀管、U型弯头、残余应力)、凹痕和运行温度等；对二次侧降质应考虑二次侧水化学、缝隙中水质、热工水力性能、管材的显微结构、凹痕和设计特点等。

3.8 小　　结

本章主要介绍了压水堆、重水堆、VVER 堆型相关的 SG 的降质机理和失效模式。国内相关的降质机理很少，主要原因是国内运行核电厂运行时间还不是很长，以及核电厂采用的 SG 相关的材料都是最新的耐腐蚀能力较强的材料，所以到目前为止运行核电厂发生的 SG 降质问题较少。

根据国际核电厂的运行经验，应密切注意蒸汽发生器传热管的降质，加强对传热管完整性的管理，以防止传热管的泄漏或破裂而引起强迫停堆，要调研国际上采用合金 690TT、核级合金 800 和不锈钢为管材的蒸汽发生器降质情况，作为评估降质的参考数据。

传热管完整性意味着传热管能承受正常的运行工况，包括预计运行事故、设计基准事故、外部事件和自然灾害下保证其安全功能，而所经受的风险应保持在可接受尽可能低的水平。要结合预防、检修和泄漏检测等措施来保证传热管完整性性能准则。另外，必须对传热管进行在役检查和监督，确认传热管完整性得以保持。监督方法可以按完整性性能准则对传热管进行评估。不满足完整性性能准则的情况，必须向核安全监督部门报告，并采取纠正措施。

第四章 蒸汽发生器传热管涡流检测技术

典型的压水堆有 2～4 台蒸汽发生器，每台蒸汽发生器的传热管表面积为 2 500～12 000 m^2。因为涡流检测具有非常快的检测速度和高度灵敏性，所以常使用它来对薄壁传热管进行大范围扫描。涡流检测不需要直接接触测试材料，因此也不需介质。涡流检测还能实现自动化操作。

对蒸汽发生器管壁的涡流检测还要解决两个问题，即：研究新出现的蒸汽发生器传热管降质的精细结构，以及各种设计特征和传热管外表面沉积所产生的噪声对检测信号的干扰。蒸汽发生器要经受下列腐蚀：耗蚀、下凹、晶间腐蚀和晶间应力腐蚀、点腐蚀、高周疲劳、微振腐蚀、侵蚀-腐蚀以及二次侧的腐蚀疲劳和一次侧一回路水的应力腐蚀。不同降质机理引起的损伤的几何形状是很复杂的。由耗蚀引发的壁面减薄是在大范围内的大变化，应力腐蚀和点腐蚀是小范围的缺陷，而由下凹引起的损伤结果是在传热管横截面形成的一个显著的变形。一些缺陷较浅而另一些缺陷则较深，它们存在于外表面或内表面，或两个表面都存在。通常缺陷主要出现在轴向或周向的特定位置，但在一些例子中，相同位置的轴向和周向都出现了缺陷，其他方向也出现了缺陷。缺陷间的紧密空隙也使得涡流检测信号难以分辨。

各种蒸汽发生器设计时引入的一些特征使得涡流检测变得困难。这些特征包括管径和壁厚不断变化的胀管过渡区、管子横截面呈椭圆形的 U 型弯管，传热管端部焊接的厚传热管管板（通常厚 0.53～0.6 m）组成了一回路和二回路冷却剂的边界，在不同高度上支撑传热管的部件，在 U 型管弯曲段支撑传热管的抗振条（AVBs），以及预热器内的传热管支撑挡板。另外两个设计特征是在一些蒸汽发生器内，传热管与支撑管板穿孔间的小的环形缺口区域的裂隙，通常宽 0.15 mm，以及在胀管过渡段和 U 型弯曲段的冷加工，特别是在最初的几排 U 型管弯曲段，都会影响涡流检测的结果。

传热管管板二次侧的沉积和传热管外表面的附着物也会影响涡流检测。碳钢组件的腐蚀、换热器传热管的分解、冷凝器泄漏是传热管板和传热管沉积的主要来源。沉积物中的四氧化三铁有着很高的透磁率和涡流阻抗。沉积物还常含有铜，它具有很好的导电性。传热管上附着的铜会产生一个强烈的涡流信号，这使得点腐蚀难以被发现。

本章首先简单介绍了涡流检测的基本原理，描述了传统的涡流技术以及多频/多参数检查技术。然后探讨了先进的涡流检测技术，包括旋转扁平线圈（RPC）、阵列探头、发射/接收探头、I-coils 和 Plus-Point coils，还探讨了衬管检查和传热管端塞检查。总结了正在使用的检查方法的局限性（包括精度和可靠性）。简单介绍了国内通用的传热管检测技术及立式与卧式蒸汽发生器涡流检测的差别，最后总结并得出结论。

4.1 传统的涡流检测技术

因为涡流法对很多参数都灵敏，所以涡流检测非常通用，可以用来测量一种材料的许多方面。然而，这是优点也是缺点。不相干的参数也能影响想要的信息并且引起了对检测结果的误解。因此所有的影响因素必须都要考虑，而操作人员的训练和专业知识水平对于认识这些因素起着决定性作用。另外，涡流检测基于直接测量手段，因此，设备读取和探测位置、方向、尺寸的相互关系，以及被探测组件的其他结构特点必须要小心地反复确认。

4.1.1 涡流检测的原理

基本的涡流系统由一个检测线圈、一个交流电源（或振荡器），以及感应线圈的设备组成，感应由改变试验材料中涡流的量值和相位所引起的变化。典型的蒸汽发生器传热管检测频率范围从 10 kHz～1 MHz。

交变电流在检测线圈上产生一个时变的围绕线圈的初级磁场。磁场方向正交于线圈的电流方向或平行于线圈的轴。当初级磁场进入导体媒介附近时，就会在电磁感应过程中产生次级电流，也叫涡流。这种涡流正交于磁通方向，平行于线圈中电流方向，并在材料中交替产生第二个磁场，抵消初级磁场并减弱其净磁通。这种检测线圈内初级磁场的减弱会引起检测线圈阻抗的改变。材料中的任何改变都会妨碍涡流，例如材料的不连续、材料导电性或透磁率的改变，会在第一、第二磁场中引起改变从而改变检测线圈的阻值。阻值的变化会被关联的仪表所察觉。

影响涡流大小和轨迹的因素包括线圈的阻值、实验材料的导电性和透磁率、提离效应和填充因子，以及外加场的振幅和频率。阻抗是线圈所呈现的对于变化电流的总的阻碍作用。阻抗（Z）是一个向量，由两部分组成：线路的阻值 R 和感抗 X_{L}。阻抗模量的大小由 $Z=(R^2+X_{\mathrm{L}}^2)^{\frac{1}{2}}$ 给定，相关角的相位等于 $\tan^{-1}\left(\dfrac{X_{\mathrm{L}}}{R}\right)$。合金 600 的导电性是 1.7% IACS，它的相关透磁率是 1.0。因为这种材料不是铁磁体，线圈和被检查部分间距的变化会改变涡流信号，也被称为提离。这种提离效应是由于间距上的细小变化能影响来自缺陷的涡流反应。对于轴向式（Bobbin）线圈，一个可以与提离比较的条件是填充因子，它是用来衡量检测线圈填充传热管内部好坏程度的量。传热管直径上的微小变化能在涡流信号上产生一个巨大变化。

蒸汽发生器传热管的附加特殊因素是传热管横截面的破裂和变形（也就是，传热管的下凹、过渡区域的膨胀等等）以及壁面变薄。这些因素会影响传热管内初级磁场和涡流的流动。传热管板、支撑板（附近的，不是必须接触的），以及材料的沉积物也会影响涡流的流动。

最常用的方法是阻抗分析法，即测量蒸汽发生器涡流检测线圈阻抗的变化。正如之前提到的，线圈的阻抗是一个电阻和电感的矢量和，因此可以在 X-Y 记忆示波器或功能相同的仪器上绘制和显示。现代的仪器使用飞点（flying-dot）方法来显示阻抗变化的相位和振幅。显示的结果数据称为 Lissajous 信号，如图 4-1 所示。

涡流在试验样本中并不均匀分布而是富集在表面附近，即传热管的内表面。涡流密度在材料内以指数方式衰减，这称为集肤效应。可以这样解释：涡流在传热管的任何深度产生第二磁场来抵消初级磁场，因此，初级磁场磁通量随深度加深而减少，依次感应出更小密度的涡流-电流。涡流的渗透是材料导电性、透磁率和检测线圈试验频率的一个函数。导电性和透磁率是材料的物性，不会改变，频率是初始的操作变量并能够进行最优化调整以适应检查的目标。对于涡流检测，渗透能力通常是由标准渗透深度决定的，并定义为在涡流密度减少到表面密度的 37％时的深度。它可以由下面的式子计算得到：

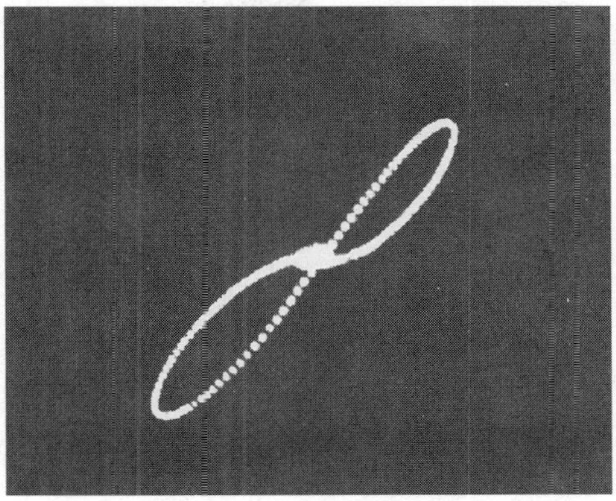

图 4-1　阴极射线管上显示的涡流信号

$$\delta=1.98(\rho/f\mu_{\mathrm{rel}})^{1/2} \quad \mathrm{mm}$$

式中：ρ——材料电阻率，$\mu\Omega\cdot\mathrm{cm}$；

f——试验频率，Hz；

μ_{rel}——相对透磁率（一个无量纲量值，对于非铁磁体管为 1）。

涡流密度随深度的衰减说明不同深度的缺陷将会不同程度地改变探头的阻抗。所以，大面积缺陷的涡流信号在量级上也会很接近小面积缺陷的信号。因此，不能根据信号的振幅来判断缺陷的严重程度。这个问题要通过测量信号的振幅和相角来处理。相角的测量是首要的，因为它可以对缺陷深度做出可靠的估计。涡流在试件中不会同时产生，而是需要时间来渗透材料。时间或相位滞后是确定缺陷位置和深度的关键分析因素。它通常可以表达为

$$\theta=X/\delta$$

θ 是相位延迟的弧度值，X 是材料内的深度。当深度 $X=\theta$ 时，相位延迟为 57°。

对于薄壁传热管，选择能在内外表面为检测缺陷提供足够涡流密度的频率。但是要选择另一种频率来提供足够的相位角间隔以分解靠近表面和远离表面的信号。要考虑材料的厚度并计算材料内涡流的渗透来决定频率。例如，某一高频可以应用于近表面区域的特定的检测。相反，低频可以应用于需要附加渗透的地方。然而，当使用低频时，要牺牲灵敏度而且一些小的缺陷可能检测不到。

4.1.2　基本探头

涡流检测系统的核心就是探头。线圈结构的选取是可靠检测的关键。对于缺陷检测，检测线圈必须设置为使得产生的涡流正交于裂纹的方向，这样从缺陷得到的反应信号最大。对于蒸汽发生器传热管检测，有两种基本的探头类型，轴向式线圈探头（Bobbin coil）和扁平线圈探头（pancake coil）。Bobbin 探头广泛使用，但是它主要的局限是不能可靠地检测环形的缺陷。相反，扁平线圈能够检测所有方向的缺陷，包括环形的缺陷。对于几种为特种检测而设计开发的表面线圈将在后面的部分中展开讨论。

4.1.2.1　Bobbin 探头

典型的 Bobbin 探头如图 4-2 所示。Bobbin 探头由于其机械可靠性和快速的检测速度曾长期作为蒸汽发生器检测的中流砥柱。线圈的轴平行于传热管的轴，电流方向在圆周方向。初级磁场是朝向传热管轴向的，传热管中感应的涡流方向是沿圆周方向的，平行于检测线圈的电流方向。因此，Bobbin 探头对于轴向缺陷最灵敏，因为轴向缺陷妨碍了涡流的流

动，但对环向缺陷很不灵敏。Bobbin 探头的一个优点是可以同时对传热管进行 360°的检测。然而，它因为设计特点导致了分辨率低和不连续特性（类型、数量、大小等）。

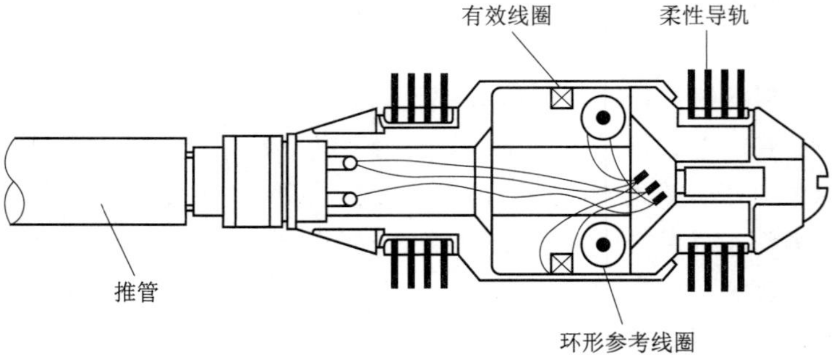

图 4-2 配有柔性对中导向的 Bobbin，用来检测蒸汽发生器传热管板的轧制接头

涡流检测要选择可达到最高信噪比所需的频率。信噪比由涡流仪器决定，频率范围在 100～800 kHz，显示来自样本的检测响应信号，信号包含了已知的裂纹和来自外来源的噪声，如来自支撑板、凹痕以及铜的沉积物。在 100～800 kHz 间的任何频率、凹痕的信号要比裂纹的信号更强烈并且结果信号与噪声的比值小于 1.0。

实验室的试验结果表明，一个理想的信号反馈可以在探头的操作频率接近它的共振频率时得到。传统的 Bobbin 线圈，共振频率在 300 kHz 左右，理想的操作频率在 200～300 kHz 范围内。大面积的缺陷，包括体积缺陷（耗损、磨损等）以及轴向裂纹，在 300 kHz 的频率下有中等的信噪比，在 200 kHz 下可以使环形及那些很小的缺陷得到最大的信噪比。

另外，Bobbin 探头对三种不同的缺陷的敏感性进行了测量：0.635 cm（0.25 in）长的轴向凹口，90°环形凹口，以及穿透壁面的环形疲劳裂纹。信号的振幅用来评估敏感性。结果显示对于 Bobbin 线圈，当频率为 300 kHz 时，对穿透壁面的轴向缺陷最敏感，对疲劳裂纹和环形裂纹最不敏感。

4.1.2.2 绝对探头和差动探头

涡流 Bobbin 探头通常使用桥式电路相邻两臂上的线圈，如图 4-3(a)所示。如果一个是检测线圈而另一个是参考线圈，如图 4-3(b)所示，则是一个绝对探头。如果两个线圈在检测中对材料的感应是等同的，如图 4-3(c)所示，则是一个差动探头。绝对探头会对所有影响涡流的变量做出反应，例如导电性、透磁率，以及缺陷。与此相反，差动探头会对临近部位的材料作比较。当一个线圈的条件改变时，两个线圈间会出现不平衡，这种不平衡可以作为材

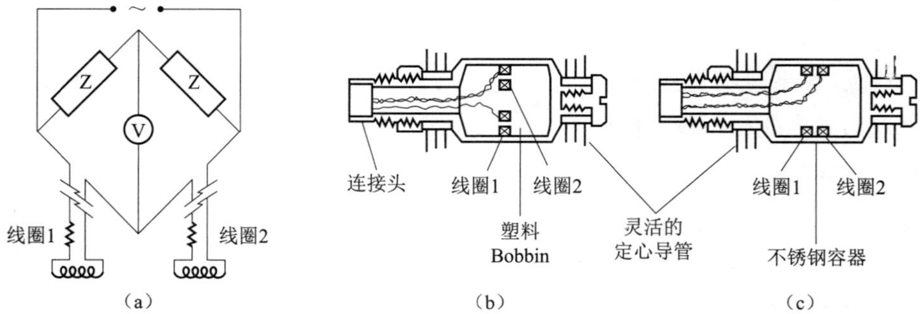

图 4-3 探头线圈在交流电桥上的位置(a)，绝对探头的结构(b)以及差动探头的结构(c)

料条件改变的表征。绝对探头可以对性质和尺寸上的突然或逐渐发生的变化作出响应，并且在缺陷的整个长度上都会反应。与此相反，差动探头对性质和尺寸上的逐渐变化不敏感，仅能检查到长缺陷的末端，有可能漏掉长的渐变缺陷。绝对探头因为温度的改变而容易漂移，然而差动探头不会。绝对探头与差动探头相比，对探头的摇晃更敏感。尽管如此，两种探头都可以用来检查蒸汽发生器。

图 4-4 是使用内置 Bobbin 探头检测标准传热管显示的一些典型的常用阻抗水平的涡流信号。试验频率是 250 kHz。图 4-4(a)所示的是使用绝对探头得到的结果，图 4-4(b)显示的是差动探头得到的结果。在这个例子中，来自缺陷的信号有一个 0～90°的相位角，而来自支撑板或外表面沉积物的信号会有大于 90°的相位角。内表面的缺陷有更小的相位角，而外表面的缺陷会有将近 90°的相位角，穿透壁面的缺陷信号在两种信号之间。就像上面提到的，对于给定的缺陷，相位角不是一个确定的值，可以随着试验频率增大或减小而增大或减小。信号的相角可以近似表征缺陷的深度。

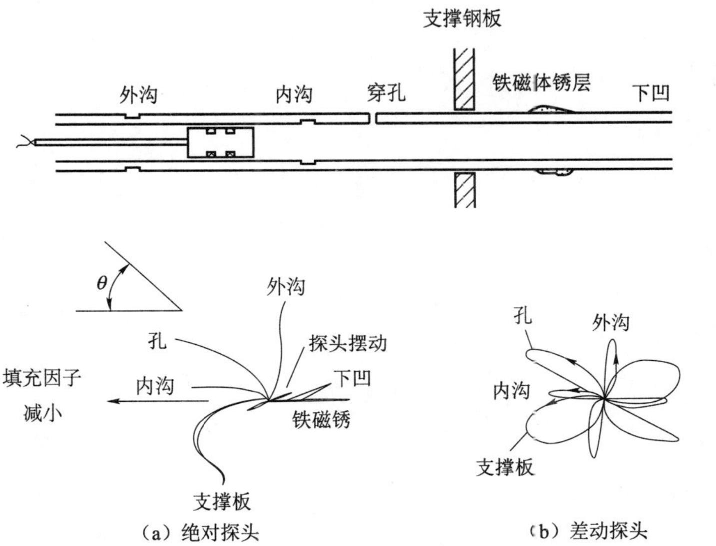

(a) 绝对探头　　(b) 差动探头

图 4-4　典型传热管的涡流信号

传热管材料为合金 600，外径为 12.7 mm，壁厚为 1.1 mm，试验频率为 250 kHz

尽管 Bobbin 探头对于缺陷的轴向长度也有精确测量的能力，但尺寸的准确性直接依赖于探头输出系统的精度。现在的探头输出系统通常不能为传热管整体提供足够的精度。因此，要在后面讨论使用旋转扁平线圈(RPC)来重复检查，它可以描绘缺陷的轴向变化。

4.1.2.3　扁平线圈

另一种运用在蒸汽发生器传热管检测方面的基本探头是扁平线圈，如图 4-5 所示，它可以检测所有方向。扁平线圈是一个小直径的线圈，通常为直径 2 mm(0.08 in)或者 2.9 mm(0.115 in)，弹簧承载并漂浮在传热管内表面以尽量减小提离效应。线圈的轴正交于传热管表面。由扁平线圈产生的初级磁场正交于传热管表面以及产生的涡流在小的环形区域内平行于传热管表面并和检测线圈内的电流方向相同。由缺陷而感应出的涡流分布在各个方向(轴向、环向或支路)。因为扁平线圈覆盖相对小的区域，它对精细的尺寸和特征极其有用。一个 2 mm 的扁平探头通常在高频下(200～600 kHz)对内表面缺陷有很好的灵敏度。但是使用低频不能使 2 mm 线圈的渗透性显著增大。

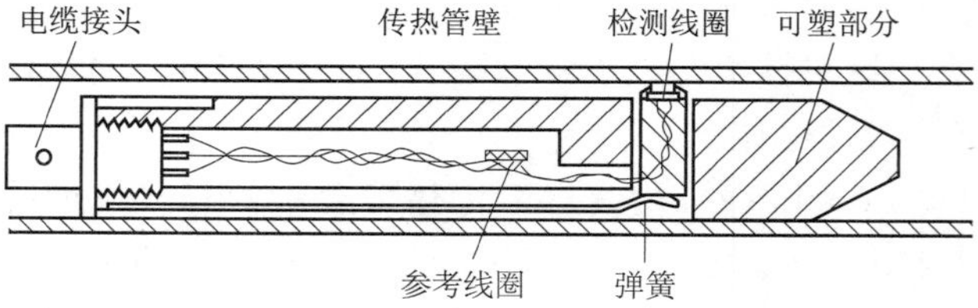

图 4-5　弹簧加载扁平线圈在绝对模式运行下的横截面图

一个 2 mm 直径的扁平探头不能探测到传热管外表面上的浅的裂纹。因此,设计了 2.9 mm 直径的线圈来检测外表面缺陷。一个扁平线圈仅能检测传热管的一小块区域,因为它尺寸小,所以,全面完整地检查是一个耗时的项目。出于这一原因,扁平线圈通常限制在传热管的危险区域(例如传热管管板和支撑板)或者用来估计 Bobbin 探头的检查结果。实际上自动化系统的扁平线圈已经发展到能扫描传热管的全部危险区域。两个类似的自动化系统,旋转扁平线圈(RPC)和阵列探头将在 4.2 节中进行讨论。

4.1.2.4　混合式线圈

混合式线圈能够结合 Bobbin 线圈和扁平线圈的特点(如图 4-6 所示),并在反应、驱动、提取、第一和第二级探头方面表现得更好。通常,混合式线圈选择发射-接收模式,一个线圈在试验材料中感应涡流,第二个线圈检测。通常,这种类型的探头设计为满足特殊的应用需求,并在蒸汽发生器传热管检查中显示出卓越的前景。使用混合式线圈的探头将在 4.2.3 节中做进一步讨论。

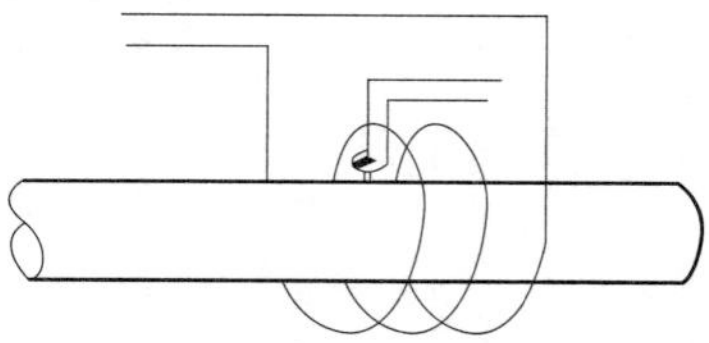

图 4-6　典型差动混合式线圈布置

4.1.3　多频/多参数涡流法

多频/多参数涡流法(MFEC/MPEC)广泛应用在蒸汽发生器传热管检测上。主要应用的是 Bobbin 探头检测。这些方法被用在检测和描述蒸汽发生器内靠近管板或支撑板处传热管二次侧降质。

在传热管管板和支撑板处产生巨大的涡流信号变化,会影响缺陷所感应出的信号。20 世纪 70 年代中期发现蒸汽发生器传热管的下凹也会使得难以确定缺陷的方向,这也激励使用新方法。通过抑制其他不需要的因素,例如支撑板和下凹产生的变化,MFEC/MPEC 方法可区分出由缺陷产生的变化(想要的参数)。

所幸,所需的参数所产生的反应在频率上是独立并可以从中分辨出来并进行补偿的。对于这个分离过程,可以通过一个或多个更低或更高频率获得的涡流信号相互结合来实现。低频对支撑板和传热管外表面上沉积的磁性沉积物更加灵敏,而高频对传热管内径的变化更灵敏。

模拟或数字仪表可以将来自大量频率的信号相结合,频率至少与参数的总数相等。例如,可以使用两种不同的频率,来抑制支撑板的信号。对于模拟仪表,通过低频获取来自碳钢环模拟支撑板的信号，缩放和旋转低频的信号使得结果信号接近使用高频获得的来自碳钢环的信号反应，高频通常用来检查裂纹。将这两个频道结合在一起，使得来自模拟支撑板的不想要的信号被消除。通过数字化仪器，可以匹配和结合两个信号，通过电脑上的分析技术来消除不想要的支撑板信号。一种方法是建立联立的参数(独立变量)与仪表读数相关的线性方程。仪表读数可以是各个频率下信号的幅值和相角。等式可通过最小二乘法求解，以确定独立变量的相关系数。

图 4-7 显示了一个通过使用三种不同的频率来抑制支撑板的例子。图 4-7(a)显示了一个来自裂纹的正常单一频率信号，此裂纹在远离支撑板的外表面上。图 4-7(b)显示当裂纹同时位于支撑板边缘下部时的信号。信号的改变是由于支撑板影响了由裂纹产生的信号。这很难描述裂纹。图 4-7(c)显示了使用三种频率和 MFEC/MPEC 方法而得到的信息，这会削弱由于支撑板产生的改变。MFEC/MPEC 方法也可以用来描述凹痕、传热管的机械滚轧以及沉积物和导体金属沉积。然而，如果探头摇晃或内表面不规则，则 MFEC/MPEC 方法不能检测内壁上浅的裂纹。这个限制是因为无法从所有正常检测频率的信号中区分出来自浅裂纹的信号。

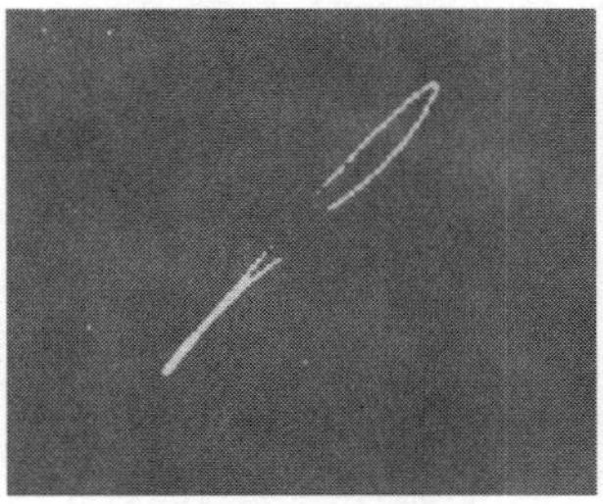

(a) 显示来自60%裂纹的正常单一频率信号

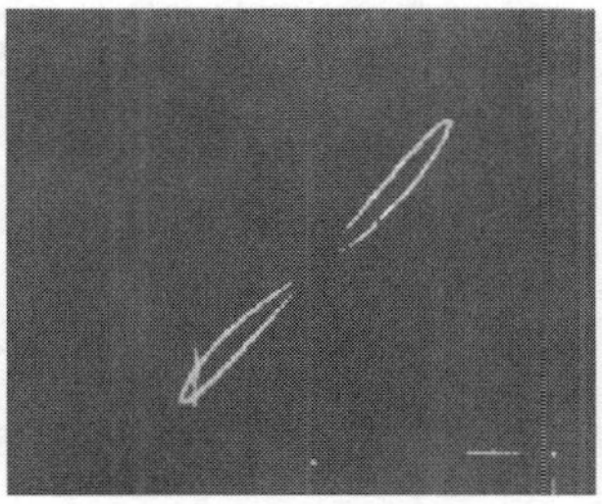

(b) 显示当裂纹在支撑板上时相同的信号

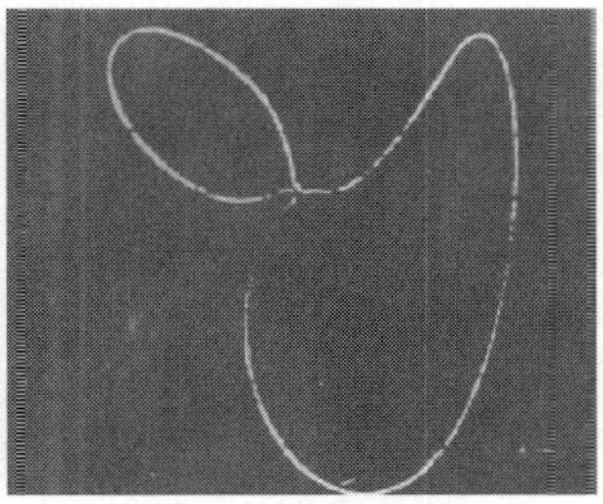

(c) 显示三个频率多个参数混合的响应

图 4-7　支撑板削弱的例子

绝大多数涡流设备厂商都会提供能使用 MFEC/MPEC 方法的仪器。检测探头可以是绝对的或者是差动的，但通常使用绝对的。多频扫描可连续进行。通过连续的方法，想要得到的检测频率可在驱动电流上叠加，同时作用在线圈上。从线圈的输出结果通过通频带过滤实现分离，以提取每个单独检查频率的信号。使用连续的方法，单独的检测频率通过多路传输来感应，这种多路传输包括频率间的快速切换。

总而言之，使用 MFEC/MPEC 方法的主要原因是实现即时的多用途的传热管缺陷检测，以及通过对不需要参数的削弱来描述缺陷。使用了 MFEC/MPEC 方法，扫描时间能最小化，而且想要和不想要的参数可以不需多重扫描而加以区分。

4.2　先进的涡流检测技术

基本的涡流探头已经在上一节谈到了。由于对可靠的蒸汽发生器检测方法的日益增长的需求，所以开发了一系列新的探头以应对不同的裂纹类型和方向，克服妨碍因素(例如，传热管管板、传热管下凹、衬管等)。现在已有了更先进的技术。

4.2.1 旋转扁平线圈

旋转扁平线圈(RPC)探头是一种用于涡流检测的自动化针尖探头。这种探头可以消除扁平探头的主要不足并能提供传热管大面积的检测。扁平线圈由一个马达驱动旋转,其扫描模式结果如图 4-8 所示的螺旋形。原始的 RPC 由三个线圈组成:一个直径为 2 mm (0.08 in)铠装扁平线圈,两个由弹簧加载的在传热管内表面移动的指向性线圈,如图 4-9 所示。扁平线圈是主要的检测线圈,而指向性线圈是补充性的线圈,以提供缺陷的方向信息。指向性线圈本质上是位于边缘的扁平线圈,这样涡流方向只能在轴向或圆周方向。来自三个线圈的数据都应该评估。

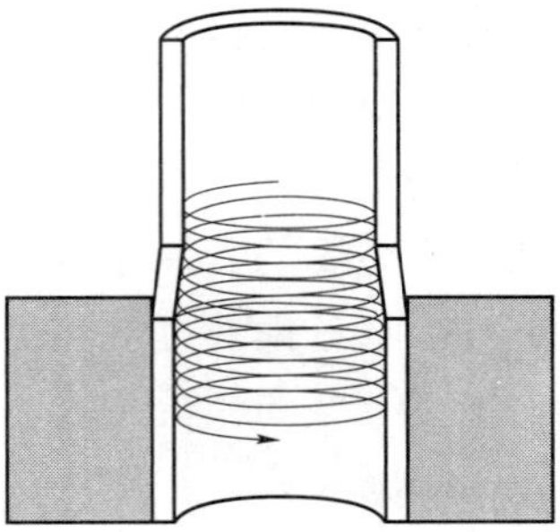

图 4-8 RPC 探头螺旋扫描的图示

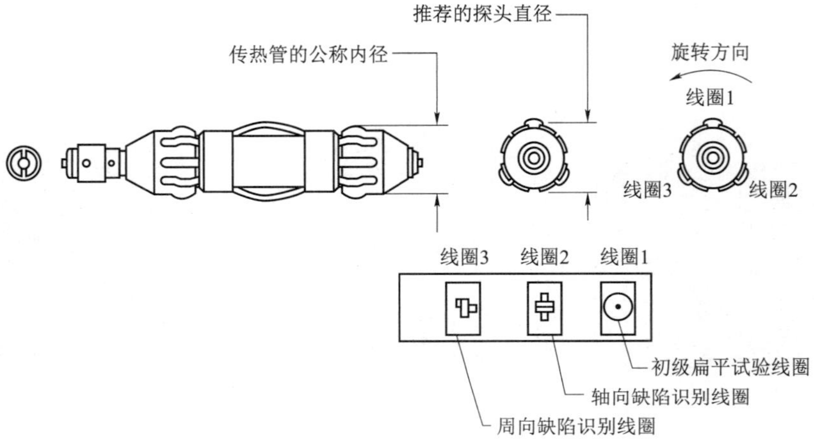

图 4-9 铠装三线圈 RPC 探头图解

三线圈 PRC 方法最初是为了检测和判断始发于内壁的缺陷的尺寸,但是对检测外表面浅的缺陷的效果不好,原因就像前面讨论过的,2 mm 直径扁平线圈不能在外表面处产生足够的涡流密度。一种改良设计是开发了针对自由跨度段的外径缺陷检测。在这种探头内,应用了更大直径的没有保护的线圈(例如 2.9 mm)来增加对外壁的穿透性。这种探头检测已经于 1993—1994 年应用在帕洛弗迪核电厂和阿肯色核一厂。经验表明,这种线圈对浅的外表面缺陷有更好的灵敏性,但可能会由于内壁上 PWSCC 引起的缺陷而影响一些判断。更大的线圈尺寸、保护的缺失,以及外表面上涡流更集中,这些都减弱了清晰度。

法国电力集团(EDF)开发了一种柔软的 RPC,用来对 U 型管部分进行检测,主要是针对第一排和第二排的小曲率弯曲段。探头使用的是绝对探头。这种探头比 Bobbin 探头更可靠,能提供更好的检测和对缺陷的描述。法国电力集团也设计了一种 10 m 的 RPC 探头来检测传热管的直管段。这种探头在检测和缺陷描述方面的表现和普通 RPC 探头相同。

用 RPC 探头来实现完全的覆盖性检测是一个费时的过程。因此,RPC 通常用来扫描由 Bobbin 探头鉴定的迹象或者仅在传热管关键区域扫描。

4.2.2　阵列探头

部署扁平探头的另一种替代方案是使用扁平线圈的阵列。绝大多数商业上可用的探头由线圈排列方式来命名，例如 8×1 或 8×2。8×1 线圈排列由 8 个间距相同的表面移动线圈环形围绕构成。由于间距相同，线圈之间覆盖范围存在缺口，并且 8×1 探头容易漏掉缺陷（特别是轴向缺陷）。一个显而易见的解决方法是使用 8×2 阵列探头，一排线圈和另一排相错 22.5°，两排位于不同的轴向位置，如图 4-10 所示。理论上讲，这种方法可以覆盖完整的区域。但是，每个额外的线圈都增加了探头的复杂性和失效的可能性，复杂的设备要求同时操作这些线圈。另外，来自每个线圈的数据都必须分析。

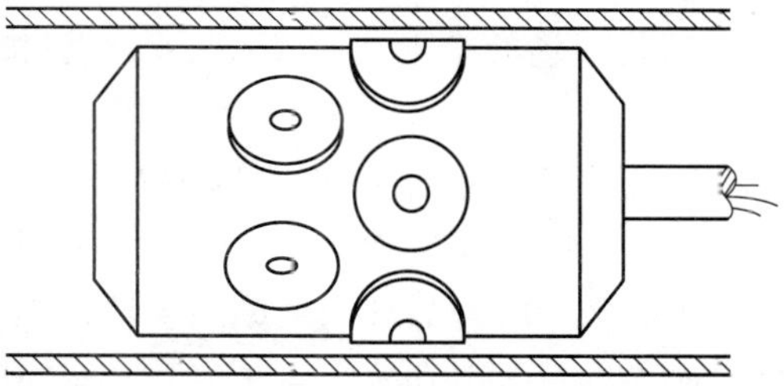

图 4-10　用于检测蒸汽发生器传热管环形缺陷的阵列探头（两排线圈是交错的）

阵列探头对晶间腐蚀和环形缺陷有更高的灵敏度。和 Bobbin 相比，对传热管下凹不太敏感。目前用的阵列线圈重新设计为更高的共振频率，来完善对传热管内表面的检测，并减少外表面沉积物的敏感性。一个阵列探头是由一系列无接触的扁平探头组成，间距 45°，也被设计为用来测量传热管内部轮廓。每一个线圈测量内部传热管内表面和探头外表面的距离。这种探头记录了完整的内部轮廓，其直径精度为±0.02 mm。它可以检查传热管胀接区滚轧不到的地方。探头也用来精确地确定凹痕的尺寸。

阵列探头容易由于晃动而提离。可以通过在每个线圈上加载弹簧来减少提离现象，但是这会使得线圈安装产生问题，并使得探头更复杂。目前这方面一个潜在的改进办法是使用由西屋公司开发的球形探头。在这种探头里，线圈嵌入在一个塑料的外壳上，内充水或气使得膨胀以维持稳定地接触。

在一个 Bobbin 探头、RPC 探头和阵列线圈探头的相对敏感性的试验中，发现阵列探头能提供更高的灵敏度，即从几个不同的断点产生更大的信号幅值。然而，在所有探头的试验中，单一 RPC 探头对裂纹探测效果更好，有更高的信噪比。

4.2.3　发射/接收探头

发射/接收探头是复合式探头，使用一个线圈来产生初级磁场以及涡流，第二个线圈来检测由涡流产生的二级磁场。发射/接收探头可以是绝对或差动的，能够以一系列的方法来装配以满足检测应用的要求（例如，当探头在试验材料背面时通过传递的方式或者当探头在相同侧时通过反射的方式）。因此，发射/接收探头能配置为探测圆周的和/或轴向的裂纹，能对传热管全范围进行覆盖。

由于发射/接收探头的电磁场在材料内比标准阻抗扁平线圈传播得更远，因而克服了一些衰减问题。因此，发射/接收探头对内外表面缺陷都灵敏。

Chark River Nuclear 实验室开发了一种发射/接收探头，Cecco-3 探头用来检查蒸汽发生器传热管环形缺陷。Cecco-3 探头由一个扁平线圈和四套位于探头轴向的可替换发射/接收线圈组成，在四路复用频率下操作并配置为差动的模式。

Obrutsk 声称 Cecco-3 探头与 RPC 探头相比，对传热管外表面的环形缺陷更灵敏，产生了更低的提离噪音，更高的信噪比。Cecco-3 探头没有移动部分，使得它与弹簧加载的 RPC 探头相比更耐用。Cecco-3 探头允许一次性的检测，这使它和 Bobbin 探头检测一样快。

这种带有 8 个发射/接收元件的 Cecco-3 探头可以提高对那些不到 50%壁厚的 ODSCC 的检查灵敏度。将 Cecco-3 的检测结果与破坏性的检测结果相比较后发现，Cecco-3 探头可以可靠地检查达到 50%壁厚的环形 ODSCC。对于超过 50%厚度的缺陷，其尺寸精度为壁厚的 15%。现场的结果显示 Cecco-3 探头检测结果已达到，甚至超过工业上标准的 RPC 方法。

还开发了另一种发射/接收探头来提高对轴向缺陷的灵敏性，并且不丧失对周向缺陷检测的能力。这种探头被称为 Cecco-5 探头，装配了彼此相距 45°的线圈，因此对轴向和环向的缺陷都敏感。尽管对环向缺陷的一些敏感性会由于线圈的设置角度而受到影响，探头还是对所有缺陷方向都有效。由于 Cecco-5 探头是多用途的，目前看来工业界正倾向于使用 Cecco-5 探头来代替 Cecco-3 探头。Cecco-5 探头可以探测非下凹管的轴向和周向缺陷、膨胀过渡区域以及下凹的传热管支撑板的交接处。

4.2.4 衬管检查

图 4-11 显示的是一个典型的带有混合膨胀节的蒸汽发生器传热管衬管。衬管的下部和上部是液压式膨胀，膨胀部分的中段是硬化机械滚轧胀接，这会形成一个泄漏限制关节。图 4-12 展示了衬管和母管之间上部关节的细节。在母管下部滚轧硬化过渡段或者在更高的位置出现一个 360°圆周缺陷，会减弱关节的轴向强度，使之低于 RG1.121 的要求并显著减少了泄漏阻力。在滚轧硬化区域的一个穿透壁面的轴向缺陷也减小了泄漏阻力。注意母管上部结合处的液压膨胀过渡区代表第一道压力边界。在一个国外的核电站中，报告称在母管有一个穿透壁面的 180°环向 PWSCC 缺陷。而且，在一座美国核电站，下部滚轧硬化过

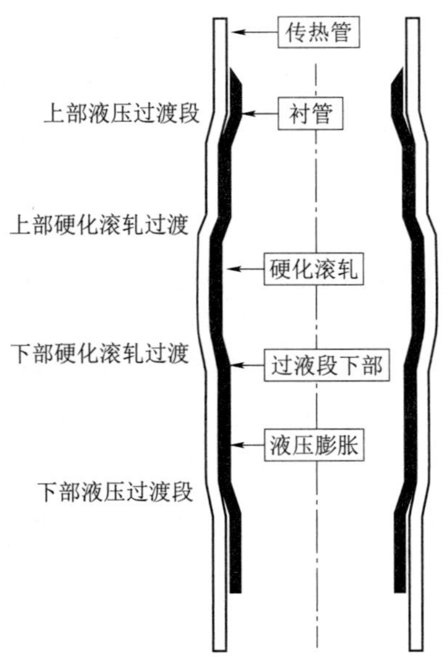

图 4-11　典型混合膨胀节的衬管

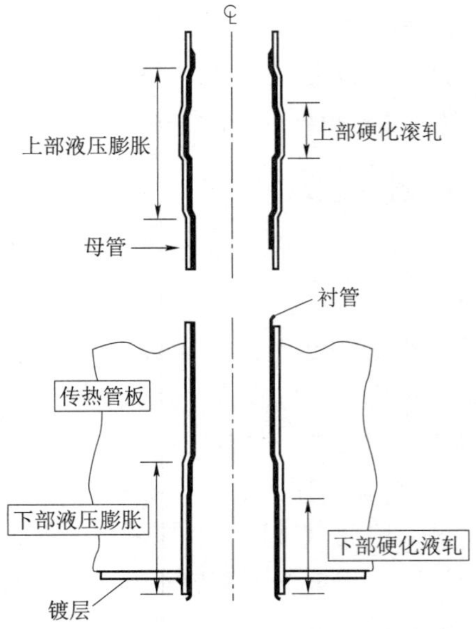

图 4-12　混合膨胀节结构

渡部分检测出一个轴向和一些周向的缺陷，大多数是ODSCC。在上面的液压膨胀过渡区也检测出过环向的缺陷。开发涡流检测探头以检测这些衬管和激光焊接的衬管。

最初，Zetec有限公司为衬管检测开发了交叉绕线的差动Bobbin探头，如图4-13所示。这种探头的设计得以使衬管的滚轧过渡区域效果最小化，但检测结果难于解释并且不能探测在模拟衬管试验时母管上的缺陷。另外，在一些运行核电站的扩展部分发现了裂纹，不能用交叉绕线Bobbin探头检测到。作为交叉绕线Bobbin探头的替代，由Zetec开发的I-Coil探头是在RPC探头上使用表面悬浮的绝对及差动线圈（如图4-14所示）。这种探头被成功应用在检测基瓦尼核电站和普雷利岛核电站的西屋和燃烧工程的衬管，对外表面裂纹可更好的渗透检测，并对膨胀和衬管焊接区域有适当的灵敏性。作为I-Coil方法的改进，最近由Zetec公司开发的Plus-Point探头具有更高的信噪比以及更好的缺陷检测能力。Zetec最初开发Plus-Point探头是用来检测焊接临近区域和热影响区的缺陷。它的设计是两个线圈穿过一点的一个差动探头，这样两个线圈都会同时由于焊接几何形状和热影响区上材料性质的改变而受到影响。Plus-Point探头上的线圈方向，以及来自焊接扫描典型的响应如图4-15所示。这种探头本质上结合了两种RPC定向线圈的能力并具有区分轴向缺陷和环向缺陷的能力。因为这种设计，Plus-Point探头对与线圈缠绕方向正交的缺陷最敏感，对与缠绕方向45°的缺陷最不敏感。例如，表面几何形状等会影响两个线圈的因素不会被察觉到。因此，它也是一种对过渡-膨胀区域缺陷的有效检测方法。Plus-Point探头在扬基核电站成功地探测到PWSCC环向浅裂纹（平均深度为26%）。

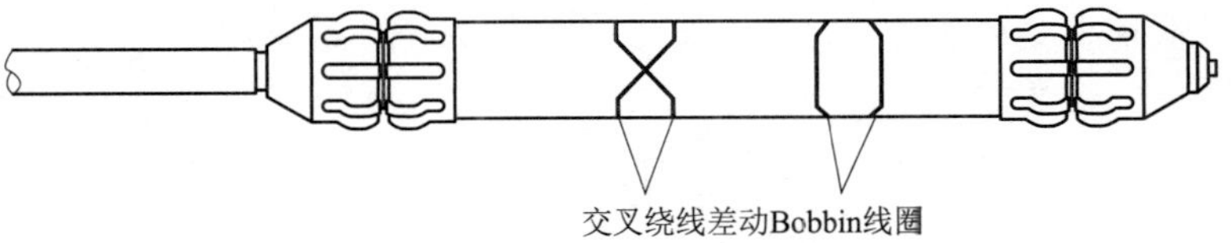

图4-13 用于衬管检查的交叉绕线Bobbin线圈的原理图

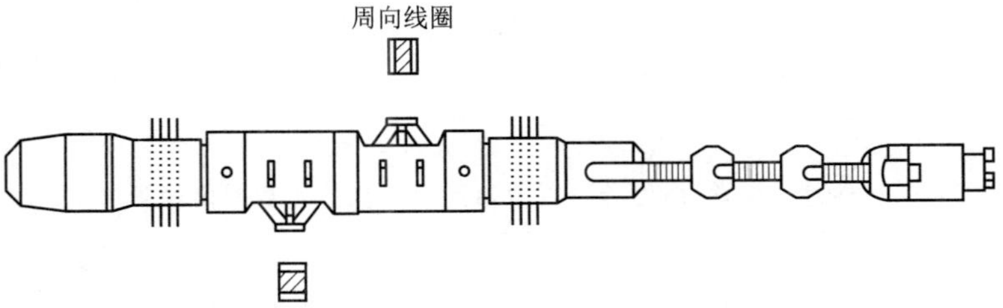

图4-14 用于衬管检查的I类型RPC探头的原理图

4.2.5 机械堵管的检查

20世纪80年代之前，堵管是应对压水堆核电站蒸汽发生器传热管上不可接受的缺陷仅有的可行办法。在一些核电厂中，下凹和应力腐蚀导致了几百根传热管堵管。即使现在，堵管也常用在应对传热管管板以上区域的不可接受的失效，因为目前蒸汽发生器内的衬管

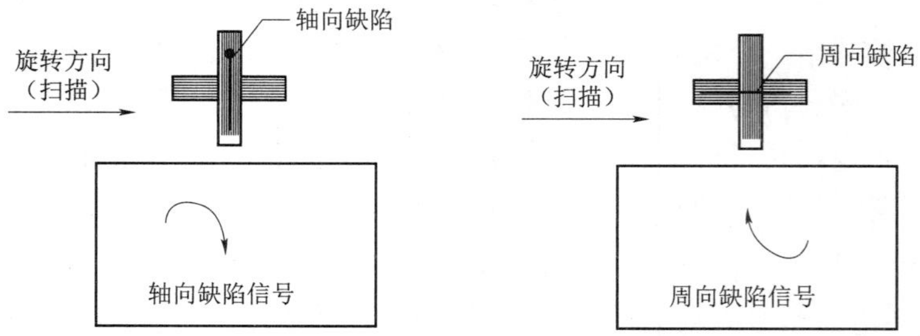

图 4-15　Zetec Plus-Point 探头内线圈的方向和差动模式探测扫描得到的典型信号

技术还不够成熟。如今在世界范围内的压水堆和 CANDU 堆上有上万根堵管。过去这些堵头用合金 600 的备料制成，而现在使用的是合金 690。一种确定类型是合金 600 堵头，容易受到 PWSCC 类型的降质和破裂影响，需要检测是因为堵头上部是一回路压力边界的组成部分。事实上，发生在北安纳 1 号机组的环向 PWSCC 几乎在堵头的整个环向上穿透，剩下的维系到 1989 年 2 月在核电厂瞬态时断裂，这使得堵头上部被推进传热管内直到它撞到 U 型弯曲段，引发了传热管的泄漏。

机械堵头有非常复杂的内部几何形状。在中部有膨胀部分，在堵头的下部其内径轴向地变化。一个极其精细的传感器装置需要接近膨胀部分上的内表面区域。探头扫描装置由垂直的和旋转的驱动机构组成，这样来帮助实现螺旋扫描。探头使用 100 kHz 频率来显示传感器在堵头的位置，用 400～800 kHz 来检测裂纹。比较实验室检测结果和破坏性的分析结果可知，探头能检测膨胀部分以上的 60％深度的环向 PWSCC。

4.3　涡流检测技术的应用

本章讨论的涡流方法在蒸汽发生器传热管的老化磨损的检测方面都有些局限性。用这些检测方法来测量缺陷尺寸存在很大的不确定性。缺陷尺寸的不确定度是由涡流方法获得的检测结果与受拉传热管的金相检测结果相比较所得知的。本节讨论的各种蒸汽发生器传热管降质机理检测方法的局限性、降质的机理、损伤的特点和位置，以及检查工具的总结见表 4-1。

表 4-1　位置、典型特征以及蒸汽发生器传热管损伤检测

位置	降质机理	损伤特征	检测方法的能力和局限性
胀管过渡区域，内壁缺陷	PWSCC	轴向缺陷	Bobbin 探头来检测；RPC 来确定大小，精度为±1.5 mm；也可以采用 Cecco-5 探头
		环向缺陷	RPC 检测大于 50％壁厚的缺陷；Plus-point 探头检测大于 26％壁厚的缺陷；也可以使用阵列探头、Cecco-3 和 Cecco-5 探头；RPC 会低估弧长
		少量被环向缺陷截断的轴向缺陷	涡流探头不能检测小的周向缺陷
		管子胀接段未胀接处	由阵列探头得到的径向轮廓精度为±0.02 mm

续表

位置	降质机理	损伤特征	检测方法的能力和局限性
胀管过渡区域，外径缺陷	IGA	相对均匀晶界溶解	绝对 Bobbin 探头以及阵列探头来检测；8×1 阵列探头对深的局部 IGA 进行定性并估测 IGA 环向范围
	ODSCC	环向缺陷	RPC 检测大于 50%穿壁缺陷以及 50°弧长，或 100%穿壁以及 23°弧长；RPC 和 Cecco-5 精度为±（37°～45°），Cecco-3 探测大于 50%穿壁缺陷，深度尺寸精度为壁厚的 15%
	点蚀	小尺寸点蚀常充满铜质腐蚀产物	涡流探头能力严重受限
	耗蚀	管壁减薄	Bobbin 线圈检测大于 20%壁厚的金属损失
带有穿孔的碳钢支撑板，内径缺陷	凹痕	传热管横截面的机械变形	多频/多参数 Bobbin 线圈探头用来检测和检测，通过阵列线圈测定径向轮廓的径向精度为±0.02 mm
	存在严重凹痕的 PWSCC	环向缺陷	Cecco-5 探头检测
钻孔的支撑板，外壁裂纹	IGA	相对均匀晶界溶解	绝对 Bobbin 线圈探头以及阵列探头来检测；8×1 阵列探头为深度局部 IGA 定性并估测 IGA 环向范围
	ODSCC	轴向缺陷	用 Bobbin 线圈探头的多频/多参数方式和带有 29 mm 直径扁平线圈的 RPC 来检测
	显著的凹陷相关的 ODSCC（碳钢支撑板）	环向缺陷	Cecco-3 探头探测大于 40%穿壁缺陷，其深度精度为壁厚的 15%；8×1 阵列探头来检测和确定大小
	耗蚀（头两块支撑板）	管壁减薄	Bobbin 线圈探头来检测和探测大于 20%管壁金属损失
直管段（表面刮痕或传热管间距减小	ODSCC/IGA	轴向缺陷和杂质严重堆积	多频/多参数 Bobbin 线圈探头来探测和测量；一个带 2.9 mm 直径的扁平线圈的 3 线圈 RPC 来探测和确定大小
U 型弯曲，内径缺陷（内排管）	PWSCC	轴向缺陷	灵活的 RPC 探头既能探测又能测量；Bobbin 线圈探头用来探测
U 型弯曲，外径缺陷	抗振条支撑结构的疲劳	管壁减薄	双频 Bobbin 探头用来探测和测量尺寸；8×1 阵列探头定性
	支撑不适当的传热管的高周疲劳	环向缺陷	难以检测，因为缺陷起始时间相当长而缺陷发展很快
靠近传热管管板的外围传热管	由于松动部件引起的微振磨损	管壁减薄	Bobbin 线圈探头来检测；受损区域尺寸测量准确度较低
带有复合式胀接的衬管（膨胀过渡区域）	母管的 PWSCC	环向缺陷	Plus-point 探头（Zetec）来检测
	母管的 ODSCC	轴向和环向缺陷	I-coil 和 Plus-point 探头来检测
合金 600 堵头	PWSCC	轴向和环向缺陷	MHI 涡流探头检测大于 60%穿壁环向缺陷

4.3.1 一回路应力腐蚀

PWSCC 通常发生在靠近传热管板的膨胀过渡区、传热管板内的滚轧膨胀区、前几排的U 型弯曲段处。膨胀过渡区域包括滚轧过渡和膨胀过渡。滚轧过渡区的 PWSCC 绝大部分是轴向的,偶尔在轴向裂纹间出现短的周向缺陷。膨胀过渡区的缺陷通常是环形的。滚轧膨胀区是既有轴向又有周向的。因为 PWSCC 的信号通常都有比较低的信噪比,所以使用Bobbin 探头很难探测到传热管板区域的 PWSCC。由于膨胀过渡区、滚轧过渡区、下凹等处传热管都呈椭圆形,这些都会产生大幅的信号屏蔽和小幅的缺陷信号。等到缺陷信号变得足以检测到时,缺陷可能已经穿透壁面了。

通常使用绝对和差动型的 Bobbin 探头来检测小半径的 U 型弯曲。然而,由于探头在穿过弯曲段时会偏离而使得 U 型弯曲区域的缺陷很难检测到。探头的直径可能得更小,通常要低于 80%的填充因子,才能穿过紧致的弯曲处。Bobbin 探头仅能在缺陷数量达到一定的临界值或者缺陷足够长时才能在 U 型弯曲段探测到轴向缺陷。为了解决这个问题,很有必要使用旋转探头来复查。

轴向的 PWSCC 可以使用 RPC 探头检测和确定大小。使用 RPC 检测轴向 PWSCC 的测量误差是±1.5 mm。这是通过比较从比利时压水堆中取出的 6 根传热管滚轧过渡区的60 条缺陷的长度得到的。

三线圈的 RPC 探头可以可靠地探测到膨胀过渡区域超过 50%壁厚的环形 PWSCC。然而膨胀区域任何的变形都可能影响 PWSCC 缺陷的信号。因此,这样的管子要用能够从内径缺陷分辨出几何变化的探头。通常涡流检测要在传热管内拉动探头。然而,对于膨胀过渡区,推荐在插入时使用 RPC 探头检测以提高检测结果的质量。其他的涡流检测方法,例如阵列探头及 Plus-Point、Cecco-3 和 Cecco-5 探头方法也可以用于检测环形缺陷。

虽然涡流方法能检测环向缺陷,但不能准确测量这些缺陷的长度和深度。当前工业界正在努力开发准确测量尺寸的技术,通过使用 RPC 探头的涡流检测以及环向缺陷样品的金相数据来开发这些技术。这些样本在一个模拟的传热管管板上爆炸胀管,并且在一个加速的酸性环境中产生缺陷。这些形状模拟了燃烧工程设计蒸汽发生器。采用了世界范围的受拉传热管金相数据来开发这项检测技术。受拉传热管数据显示,涡流检测通常低估环向缺陷的实际弧长,如图 4-16 所示。例如,一个环向缺陷的实际弧长是 360°,而根据涡流检测的结果大约为 100°。提高对 RPC 检查结果的分析可以减少这些缺点。

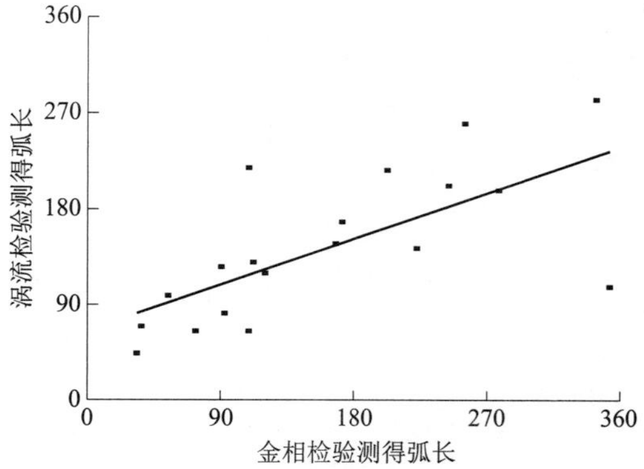

图 4-16 受拉管上实际环向缺陷和涡流检测评估的比较

涡流检测技术对那些形状复杂且不是轴向或环向的裂纹检测效率较低。正如之前讨论的,在比利时的一个核电厂里,滚轧过渡区域的大的轴向缺陷能掩盖存在于该区域的小的周向缺陷;RPC 探头不能检测周向缺陷。目前正在开发超声检测方法来探测此类复杂形状的缺陷。

在役检测结果显示,滚轧过渡区域内表面上的轴向缺陷传播速率能够估算。然而，对于环向 PWSCC 的缺陷发展动态还不能很好地描述。

4.3.2　晶间腐蚀

难以使用涡流检测来探测和描述晶间腐蚀。在特洛伊核电厂的涡流检测经验支持了这一观点，它指出，能够被 RPC 和 Bobbin 探头可靠检测的临界值还不是很清楚。晶间腐蚀是材料导电性和透磁率缓慢、逐渐改变的结果。因此，绝对 Bobbin 探头能探测腐蚀程度并提供相关信息，但是差动 Bobbin 探头对晶间腐蚀不敏感。而且，专业的扁平线圈如 RPC 探头，对轴向和周向缺陷敏感而对几何形状或磁场间断不敏感，不适合探测晶间腐蚀。涡流探头不能准确评估晶间腐蚀的传播速度，因此这些探头不能准确描述危险程度。

4.3.3　二回路应力腐蚀

很难用涡流探头对支撑板的 ODSCC 进行可靠检测和尺寸测量，因为这类缺陷的信噪比很低。已经在滚轧过渡区和爆炸膨胀区，传热管与支撑板交界处裂隙，特别是在带孔支撑板以及有厚重杂质沉积的蒸汽发生器的自由跨度区域探测到 ODSCC。也常在这些位置观察到晶间腐蚀、点腐蚀以及下凹。晶间腐蚀和 ODSCC 相关联并且 ODSCC 也可以在点腐蚀中开始。在一些核电厂，环向 ODSCC 的出现与支撑板上显著的下凹有关，并且很难被 RPC 探头探测到。轴向 ODSCC 缺陷已经在传热管与支撑板交叉处以及自由跨度段被探测到，环向缺陷在膨胀过渡段和支撑板交叉处被探测到。大多数 ODSCC 缺陷都是短的。

用 Bobbin 探头的涡流检测可能会漏掉一些传热管与支撑板交叉处的轴向 ODSCC 缺陷。在一个例子中，一根受拉传热管的金相检查显示，在管子相反的两侧的两个 30°宽的带上发现轴向裂纹，最深的为 62%穿壁裂纹。然而，之前的现场检测使用一个 Bobbin 探头用核电厂电压幅值标准未能发现这些缺陷。

正如前面提到的，RPC 探头低估了环向缺陷的长度，包括 ODSCC 缺陷。图 4-17 给出了对涡流测量各种环向缺陷弧长与相关金相检测结果的比较。举个例子，一个缺陷的实际弧长大约为 270°，而有关涡流测量的弧长是 90°。然而，RPC 检测结果的进一步分析能够提供更好的结果，其能在介于检测结果和实际弧长之间达成一致。

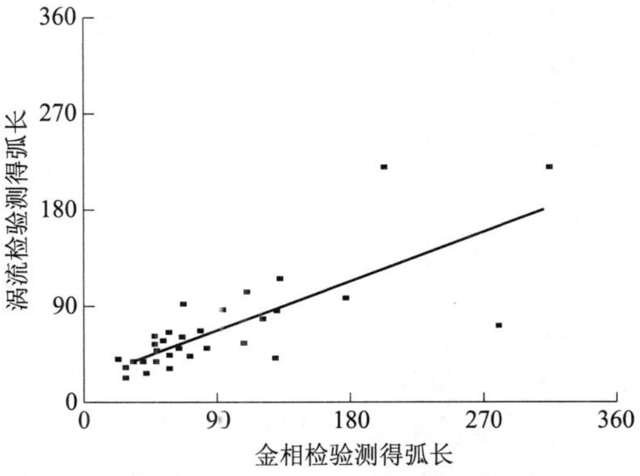

图 4-17　受拉传热管上实际环向 ODSCC 缺陷的弧长和涡流检测估计结果比较

多频率/多参数涡流方法的使用可以抑制不想要的信号，包括支撑板、传热管管板以及传热管下凹产生的信号。正如在 PWSCC 中的那个例子，涡流技术在检测比单纯的轴向和周向更复杂的 ODSCC 缺陷时不太有效。一些核电厂应用超声检测方法来确定 ODSCC 缺陷的长度和深度大小。

ODSCC 的增长速率是随核电厂不同而不同的。在一些核电厂，观察到相对高的 ODSCC 增长速率，这就要求对传热管进行更频繁的检测。

4.3.4 点蚀

点蚀看起来像是一群小直径的穿壁现象。通常出现在传热管板顶部和冷侧第一级支撑板之间，也有些出现在热侧。点蚀也在泥渣堆处或附近出现。点蚀常伴有下陷几何形状（即下部直径大于表面直径）并且常发现点蚀内充满了腐蚀产物，例如氧化铬、硫化物和金属铜。来自 Millstone 2 号机组和 Indian Point 3 号机组的传热管样本上发现了大量的点蚀，这些样本显示点坑的径深比大于等于 1。一旦出现点蚀，新的点蚀形成速率就会加快，其增长很难量化。点蚀能发展到每个运行周期 50% 穿透壁厚，但是通常认为降质在每个循环增加大约 10% 的深度。

因为凹坑较小并且凹坑常充满具有高电导性的铜质腐蚀产物，点蚀凹坑深度的测量精度受到严重限制。感应型的涡流对铜质的反应比对点蚀的反应更强烈，导致输出信号扭曲。因此，要用双频（100 和 600 kHz）多参数涡流检测技术来抑制铜的反应信号。

加拿大安大略省水电技术公司开发了一个旋转超声检查系统来测量 Monel 400 蒸汽发生器的凹坑深度。采用高的超声波频率，比如 25 MHz，用水作耦合剂，来达到需要的精度。这套检测系统对凹坑深度测量的精度达到传热管壁厚的 ±2%，这相当于测量在 1 mm 内的凹坑。在受拉传热管上的深度测量结果与金相检查结果能够很好地匹配。

4.3.5 耗蚀

人们普遍认为只要管壁磨损程度超过 10%～20%，即可通过使用 Bobbin 探头准确探测到耗蚀。运行经验表明，耗蚀的发展速度与在役检查的频率一致。

4.3.6 凹痕

碳钢支撑板、传热管板以及泥渣堆内常出现传热管凹痕。支撑板的凹痕通常只限于带穿孔的支撑管板。由于凹痕的发生，传热管不会一直地变形。凹痕通常出现在蒸汽发生器的热侧和冷侧。凹痕的增长可以认为是很慢的并且是可控的，Bobbin 通常用来探测和测量凹痕的大小。带有 8 个线圈的阵列探头能提供更精确的凹痕的传热管横截面剖面。

4.3.7 高周疲劳

20 世纪 80 年代，已经在直流蒸汽发生器、自然循环蒸汽发生器以及 CANDU 堆蒸汽发生器的传热管发现了这种缺陷。缺陷出现在支撑板顶部（第 15 层传热管支撑板）以及上部管板底部。缺陷开始于传热管外表面，环向穿壁发展，导致一些传热管的泄漏。在 20 世纪 80 年代，高周疲劳也引起了自然循环蒸汽发生器传热管 U 型弯曲段的环形穿壁缺陷。大多数使用合金 600 的 CANDU 堆蒸汽发生器传热管上出现的早期传热管失效都是因为高周疲劳。疲劳裂纹始发于上部支撑板处的外表面，U 型弯曲段的缺陷是环形的。

很难在蒸汽发生器传热管内探测到高周疲劳缺陷，因为缺陷产生的信号幅值和抗振条微振磨损或者耗蚀的缺陷信号幅值相比很小。另外，传热管板的存在使得高频缺陷检测困难。再循环蒸汽发生器的高周疲劳传热管破裂也会有另一个问题，即这样的缺陷产生非常缓慢但发展速度很快。三菱重工（MHI）已经对使用扁平线圈探测环向疲劳缺陷做出了评估。因为疲劳缺陷是密集而且直的，评估重点是缺陷宽度和线圈类型如何相互影响。一个

2×10^{-3} mm 宽以及 50%壁厚人工环向缺陷的阻抗，与相似缺陷的分析结果相当吻合，由此证实了数值分析的方法。不同缺陷宽度的数值解法显示，对于例如疲劳缺陷这类非常狭窄的环向裂纹，疲劳缺陷的检测不受缺陷宽度影响，这样的缺陷可以由扁平线圈这一类型的探头探测到。

4.3.8 微振磨损和机械磨损

在带有预热器的西屋 D 型和 E 型蒸汽发生器内冷侧上的管子与隔板交界处曾发现微振磨损和机械磨损。在几种不同设计的自然循环蒸汽发生器内的抗振条处也发现了微振磨损和机械磨损。松动部件可引起周边管子的机械磨损，机械磨损使管子外壁材料损失。微振磨损的形状由带支撑结构的接触区决定，并且其长度仅为支撑板的厚度。微振磨损仅产生在几根关键管子上，因而减少了检测工作。这种损坏通过 Bobbin 线圈探头就可比较容易地探测和测量。

大多数隔板微振磨损发生在预热器入口处，微振磨损区域主要集中在平行流或垂直流的管子表面上。对两个欧洲核电厂进行取管检测后发现，当机械磨损深度小于 40%壁厚时，磨损体积与深度有关；大于 40%壁厚时，以磨损体积为基础的磨损深度大大减少。这是由于在不超过 40%壁厚时出现梯形磨损，然而更深的磨损则会更加均匀。匀质磨损的轴向和环向尺寸大约为 19 mm 和 180°～200°。曾使用这些信息用于检测隔板处管子的微振磨损。这种损坏发展得相当快，数月即会泄漏，特别是当核电厂超过 50%满负荷运行时。

受到隔板微振磨损影响的核电厂，已对预热器的设计加以改进。西屋公司的 D4、D5 和 E2 型蒸汽发生器采取了一些改进措施，包括减小预热器内关键部位的管子振动。改进部位包括两块隔板位置处的几根管子的胀管以及通过将大约 15%的主给水引入辅助给水喷嘴来分离给水流。受损核电厂后期改进检测表明这些改进措施是有效的。但是，隔板处胀管的管子由于极有可能导致应力腐蚀破裂而需要不同类型的涡流检测。管子和抗振条之间的微振磨损常见于西屋公司设计的蒸汽发生器。管子微振磨损程序取决于抗振条的材料、形状、间隙以及它的支撑设计。与快速发展的预热器微振磨损所不同的是 U 型管微振磨损相当慢，大约每年 5%～10%。抗振条管子的微振磨损很难采用涡流检测，这是因为由因科镍 600 或 690 制成的抗振条通常镀了铬。另外，由于微振磨损存在于管子外表面一侧或两侧，这主要取决于抗振条外形，所以也难以预计磨损深度。涡流信号相角可测量微振磨损的深度，同时，信号幅度则可用于测量微振磨损体积。如果在一侧有磨损，微振磨损的体积最小并且信号幅度也最小。但如果在管子两侧都出现磨损，微振磨损体积则最大，其相应的信号幅度也最大。这种用于涡流信号分析的磨损体积/信号幅度方法，可以确定在一个既定相角测量值下磨损深度的最小值和最大值。对于不同设计和材料的抗振条，已制定出针对在选定深度下单侧和双侧磨损幅度的校准标准，以便通过相角测量值决定该磨损深度下的幅度范围。可采用双频涡流检测系统对管子微振磨损定性，该系统通过这些校准标准减小抗振条几何影响。接着，采用 8×1 阵列探头进一步确认具体磨损深度及其几何形状。

松动部件产生的磨损通常仅限于周边管子，并且当有所迹象时，可较易被检测到。但是，受损区域的尺寸测量则没有测量微振磨损时准确，这是由于磨损的形状是不可预知的。同样，其发展的速度也是未知的。长期快速发展的磨损会在一个燃料循环周期内就导致管子断裂。

4.4　涡流检测技术在国内蒸汽发生器的应用

自 1991 年秦山核电厂正式商运以来，中国大陆已经有 21 台机组投入运行。对蒸汽发生器传热管的涡流检测也在不断发展。蒸汽发生器传热管检测一直都是每次大修的重要环节，因为要检查的传热管数量众多，检测又安排在大修的关键阶段，这要求检测的时间尽量短；而传热管的降质机理各异，缺陷几何形状多种多样，传热管管壁厚度仅为 1～1.5 mm，想要精确识别缺陷程度难度很大，且传热管涡流检测就是要既快捷又精确。

目前国内采用的主要具体实践是 Bobbin 探头＋RPC 探头的方法，一般是用 Bobbin 探头进行全长度检测，因为 Bobbin 探头检测速度快，自动化程度高。然后在缺陷易发的特定位置、Bobbin 探头无法确认的信号位置，以及前次检测有缺陷显示的位置，进一步用旋转探头(RPC)对显示定性(确定缺陷的性质和方向)。因为传热管涡流检测以缺陷贯穿传热管壁的深度为依据，Bobbin 探头对轴向裂纹和磨损降质可迅速准确确定其深度，这类降质，Bobbin 的检测数据是可信的，可作为评价依据，但它对周向裂纹和胀管过渡区缺陷的检测不灵敏，所以必须补充 RPC 检测。RPC 可对缺陷定性、可较精确测出裂纹长度和开口度，但深度测量不准确。如果阵列探头技术成熟，则可用阵列探头一次完成传热管全长检测和缺陷定性，大大节省了检测时间。但阵列探头与 RPC 一样对缺陷深度定量不准确。目前有些单位采用 Bobbin 与阵列探头串联的办法来解决这个矛盾，但是有些传热管却不能通过。

在检测要求方面的差别主要是立式蒸汽发生器一般采用轮换的方式进行抽查，而 VVER 采用固定范围的方式进行跟踪检测，两者的扩大检查模式基本一致。在涡流检测所使用的设备方面，各核电厂均使用了先进的远控多频涡流检测系统，无非是由于立式与卧式的结构差异，在设备上稍有不同。立式蒸汽发生器传热管检测普遍使用美国 ZETEC 公司使用的 MIZ 涡流检测系统，卧式蒸汽发生器使用的是克罗地亚 INTECT 公司的涡流检测系统。如图 4-18 所示。远控多频涡流检测系统主要分为三个部分。

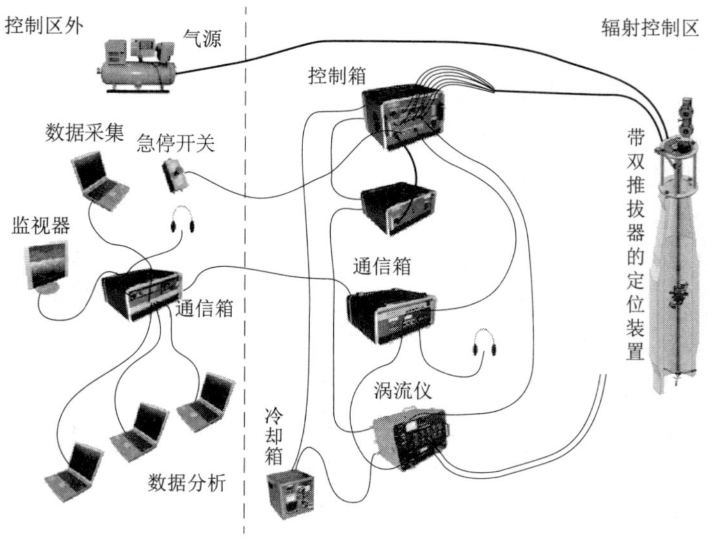

图 4-18　远控多频涡流检测系统

(1) 数据采集部分。数据采集是一个通过远程驱动探头收集数据的过程。一个探头或多个探头深入管子直到所要求的位置,当回拉时,记录数据。数据采集设备包括:带双探头推拔器的机械手、计算机采集站、可实现间接目视检测的视频监视系统、涡流仪、控制器、相应的软件以及通信等辅助系统。该部分的控制系统和机械设备均具有高度的集成性,可同时驱动两个探头进行全长度检测,最大检测速度 1.1 m/s,采集人员与机械手的距离可达 300 m。在卧式蒸汽发生器涡流检测设备中,其可达性、可靠性和检测速度均具有世界先进水平。

(2) 数据分析部分。所有记录的数据都传送到数据分析工作站并进行分析以便找到可报告的显示。分析软件功能强大,界面友好,可方便地进行混频和滤波,可实现自动标定、半自动分析和自动分析。为保证分析的可靠性,每个数据均需由两个分析员进行两次独立分析,两道分析的结果将提交给评判员进行分析并做出最终评价。软件中对所有这些功能都有严格界定,并记录所有的分析活动。

(3) 数据管理部分。进行数据管理的目的是生成检测计划,监控检测的完成情况,对数据分析进行在线管理,对分析结果进行实时审查和统计分析并生成检测报告。这些独特的功能从另外一方面保证数据采集和分析的效率和质量。

由于蒸汽发生器的完整性对核电厂的安全可靠运行至关重要,根据国内核行业标准 EJ/T 884—94 以及国家核安全局的相关要求,国内各核电业主对于蒸汽发生器传热管无损检测都需高度重视。现收集国内各运行核电厂的堵管数据,详见表 4-2。

表 4-2　国内各核电厂蒸汽发生器堵管统计

核电厂机组	蒸汽发生器序号	传热管总数	堵管数量			
			制造堵管	役前堵管	在役堵管	共计
秦山第一核电厂	1 号蒸汽发生器	2 977	0	0	0	0
	2 号蒸汽发生器	2 977	0	0	0	0
秦山第二核电厂 1 号机组	1 号蒸汽发生器	4 640	0	0	0	0
	2 号蒸汽发生器	4 640	0	0	0	0
秦山第二核电厂 2 号机组	1 号蒸汽发生器	4 640	0	0	0	0
	2 号蒸汽发生器	4 640	0	0	0	0
秦山第二核电厂 3 号机组	1 号蒸汽发生器	4 640	0	0	0	0
	2 号蒸汽发生器	4 640	0	0	0	0
秦山第二核电厂 4 号机组	1 号蒸汽发生器	4 640	2	2	0	4
	2 号蒸汽发生器	4 640	0	0	0	0
秦山第三核电厂 1 号机组	1 号蒸汽发生器	3 530	2	0	0	2
	2 号蒸汽发生器	3 530	0	0	1	1
	3 号蒸汽发生器	3 530	0	0	1	1
	4 号蒸汽发生器	3 530	0	0	1	1
秦山第三核电厂 2 号机组	1 号蒸汽发生器	3 530	0	0	0	0
	2 号蒸汽发生器	3 530	1	0	0	1
	3 号蒸汽发生器	3 530	0	0	0	0
	4 号蒸汽发生器	3 530	0	0	0	0

续表

核电厂机组	蒸汽发生器序号	传热管总数	堵管数量			
			制造堵管	役前堵管	在役堵管	共计
大亚湾 1 号机组	1 号蒸汽发生器	4 474	0	0	1	1
	2 号蒸汽发生器	4 474	0	0	0	0
	3 号蒸汽发生器	4 474	0	0	0	0
大亚湾 2 号机组	1 号蒸汽发生器	4 474	0	0	0	0
	2 号蒸汽发生器	4 474	0	0	0	0
	3 号蒸汽发生器	4 474	0	0	0	0
岭澳 1 号机组	1 号蒸汽发生器	4 474	0	0	0	0
	2 号蒸汽发生器	4 474	0	0	0	0
	3 号蒸汽发生器	4 474	0	0	0	0
岭澳 2 号机组	1 号蒸汽发生器	4 474	0	0	0	0
	2 号蒸汽发生器	4 474	0	0	0	0
	3 号蒸汽发生器	4 474	0	0	0	0
岭澳 3 号机组	1 号蒸汽发生器	4 474	0	1	0	1
	2 号蒸汽发生器	4 474	0	0	0	0
	3 号蒸汽发生器	4 474	0	0	0	0
岭澳 4 号机组	1 号蒸汽发生器	4 474	0	0	0	0
	2 号蒸汽发生器	4 474	0	0	0	0
	3 号蒸汽发生器	4 474	0	0	0	0
田湾 1 号机组	1 号蒸汽发生器	10 978	4	3	0	7
	2 号蒸汽发生器	10 978	1	412	35	448
	3 号蒸汽发生器	10 978	0	90	8	98
	4 号蒸汽发生器	10 978	0	285	26	311
田湾 2 号机组	1 号蒸汽发生器	10 978	2	0	0	2
	2 号蒸汽发生器	10 978	0	0	0	0
	3 号蒸汽发生器	10 978	0	0	0	0
	4 号蒸汽发生器	10 978	1	0	0	1

第五章 典型蒸汽发生器传热管破裂事件

蒸汽发生器传热管破裂是指冷却剂通过蒸汽发生器传热管处破口从一回路向二回路泄漏，其泄漏率超过反应堆冷却剂系统上充水流量的事件。本章讨论了14起蒸汽发生器传热管破裂事件。其降质机理包括耗蚀、PWSCC、磨损、ODSCC和高周疲劳。每起事件中，破裂都造成了复杂的核电厂瞬态，使操纵员面临严峻的挑战。这些事件中操纵员行动的目标是：

（1）防止一回路冷却剂过冷；

（2）使一回路向二回路的泄漏量最小化；

（3）防止破损的蒸汽发生器发生放射性释放。

这14起事件中操纵员的行动都实现了以上目标，未造成放射性大量释放。

5.1～5.14节是按时间顺序讨论的14起蒸汽发生器传热管破裂事件。5.15节对14起事件的泄漏率、降质机理、破口尺寸和位置以及压力源和核电厂瞬态信息进行了总结和对比。

5.1 波因特滩核电厂1号机组

1975年2月26日，美国波因特滩核电厂（Point Beach）1号机组蒸汽发生器B发生了一起470 L/min（125加仑/min）的泄漏。在5.1.1节中对降质机理，破裂尺寸和位置，蒸汽发生器检查前后的结果展开讨论。5.1.2～5.1.5节分别讨论了反应堆瞬态，操纵员行动，放射性释放和补救措施。

5.1.1 传热管破裂原因

造成破裂的原因是耗蚀（传热管外表面相对均匀腐蚀和减薄），可能还有ODSCC。采用内孔表面检查仪观察到破裂的传热管出现两个相邻的、轴向对称的凸起。两个凸起的总长度小于38 mm（1.5 in），但在任何其中一个的长度和宽度上都没有超过20 mm（0.75 in）。凸起的形状说明是由于磷酸盐腐蚀或耗蚀机理造成了严重的、相对均匀的减薄并最终局部韧性断裂。然而，在该区域同样也有ODSCC的涡流信号典型特征。破裂的传热管没有拆除做进一步详细检查。

破裂的管子位于热管段管束靠外的一排上，破口则在靠近且高于管板的泥渣聚集区。之前核电厂未对该管束进行过检查，该事件发生后，对蒸汽发生器A和B剩余的传热管进行涡流检查，发现有127根传热管的管壁厚度有超过60%的明显减薄。该蒸汽发生器为西屋44RSGs型，传热管材质为经轧制退火处理的合金600。由于耗蚀造成了176根传热管堵管，此外由于管板区域ODSCC造成了473根传热管堵管，之后1984年对该蒸汽发生器进行了更换。

5.1.2 反应堆瞬态

该事件发生时核电厂处于满功率运行状态。抽气器发出高放射性报警，紧接着有报警显示运行的上充泵处于最大流量，稳压器水位降低，操纵员虽然意识到存在泄漏但却认为泄漏来自辅助厂房。2分钟后第二台上充泵启动；8分钟后反应堆下泄系统隔离；19分钟后第三台上充泵（事件发生时处于停运）启动，尝试控制稳压器水位。使用一个便携式监测器检查蒸汽发生器B排污水，28分钟时操纵员根据检查结果确定是蒸汽发生器传热管破裂；30分钟时开始以每分钟5%降负荷；47分钟时反应堆从25%功率到达手动停堆。安注系统未启动，但在控制反应堆冷却剂系统水装量期间（在61分钟之后）安注泵间歇启动。

48分钟时主蒸汽隔离阀关闭，但直到58分钟时才停止向蒸汽发生器B供应给水。51分钟时，通过旁排系统排放蒸汽发生器和冷凝器之间的蒸汽，反应堆冷却剂系统压力和温度开始下降。1小时6分钟时手动停止B环路反应堆冷却剂泵，1小时40分钟时重启B环路反应堆冷却剂泵，以便为稳压器喷淋提供动力。1小时48分钟时，反应堆冷却剂系统压力约为6.9 MPa，蒸汽发生器B压力约为6.3 MPa。3小时5分钟时，余热排出系统开始投运。之后大约6～7个小时的时间内，一回路系统压力稍高于蒸汽发生器B二次侧压力，导致有缺陷的蒸汽发生器二次侧满溢。

5.1.3 操纵员行动

总的来说，反应堆冷却剂系统压力和稳压器水位缓慢降低时允许正常停堆。“在事件发生期间操纵员采取的行动和决定是合理和谨慎的。机组缓慢降功率至停运的决定防止了大气释放阀和/或安全阀的动作，最终保证了放射性释放尽量低”。

但是操纵员的行动也存在一些问题。操纵员认识到蒸汽发生器传热管发生破裂或泄漏较晚（24～28分钟）。因此，他们开始降功率（30分钟）和隔离有缺陷的蒸汽发生器的时间较晚（58分钟）。此外，在主蒸汽隔离阀关闭后近10分钟的时间里，有缺陷的蒸汽发生器仍在供应给水。这些失误导致在大约6～7小时的时间里，一回路系统压力稍高于有缺陷的蒸汽发生器二次侧压力，并最终导致缺陷的蒸汽发生器二次侧满溢。但得益于破裂后3小时5分钟时余热排出系统的投运，所以一回路的冷却和降压较快。

5.1.4 环境影响

在发现高放射性报警后的68分钟时间内，通过抽气器和排污箱通风口向环境释放的总放射性大约2 265 Ci的^{133}Xe。没有发现明显的厂外剂量，释放量仅为蒸汽发生器B安全阀或大气释放阀开启时的一小部分。

5.1.5 补救措施

波因特滩核电厂1号机组于1970年12月开始商运，采用含磷酸盐的二回路水质运行，1974年秋天转换为全挥发水处理（AVT）运行。在使用磷酸盐水质运行期间，大量的污泥堆积在管板上，到AVT开始投入运行时，污泥仍然没有清理。1975年1月进行了第一次冲洗污泥。早期磷酸钠造成了耗蚀，在AVT投运之后很多转化为氢氧化钠，造成管板区域的应力腐蚀开裂。补救措施包括泥渣冲洗（在破裂前完成），额外传热管检查，涡流显示裂纹超过 30%管壁进行传热管堵管。

5.2　萨里核电厂 2 号机组

1976 年 9 月 15 日，美国萨里核电厂（Surry）2 号机组蒸汽发生器发生 1 250 L/min（330 加仑/min）的泄漏。

5.2.1　传热管破裂原因

萨里核电厂的蒸汽发生器 U 型区域第 1 排第 7 列的传热管发生了 PWSCC，从而造成传热管破裂。具体原因是由于支撑板的腐蚀导致碳钢管支撑板变形，进而造成了 PWSCC。在早期西屋公司为法国和日本核电厂生产的蒸汽发生器中的钻孔碳钢管支撑板由于腐蚀产生了大量腐蚀产物，最终聚积在传热管与支撑板之间的间隙里，导致了传热管的凹陷和支撑板的变形和破裂。西屋公司 51 型蒸汽发生器的传热管支撑板内管束冷段侧和热段侧之间有一排矩形流动槽。这些槽最初大约长 406 mm(16 in)，宽 70 mm(2.75 in)，中心间隔大约 508 mm(20 in)。凹陷现象造成支撑板变形，因此流动槽（flow slot）变成外形为滴漏型，也就是平行流动槽壁的中间部分移动到一起。之后的测量表明在萨里核电厂 2 号机组蒸汽发生器 A 的顶部传热管支撑板中流动槽开度尺寸减小到平均 37 mm(1.46 in)，最小流动槽开度为 35 mm(1.38 in)。萨里核电厂 1 号机组蒸汽发生器（运行时间更长）的顶部传热管支撑板中流动槽开度减小至最小值大约为 13 mm(0.5 in)。

萨里核电厂 2 号机组蒸汽发生器 A 内传热管支撑板变形造成每个传热管段沿流动槽中间部分向内移动 16.5 mm(0.65 in)，造成 U 型区域的传热管明显椭圆化和在弯曲处顶端内表面产生高压。

从蒸汽发生器 A 中抽取 9 个 U 型管，包括为了接近第 7 列的破损传热管而必须取出的 6 根以及与破损传热管相邻的两根。破裂传热管有一个 114.3 mm(4.5 in)长的轴向晶间裂纹，该裂纹是从 U 型管顶端的内表面处开始发展的。另外抽取的 8 个传热管中有 5 个已变形为椭圆，其中的 4 个在内表面有裂纹。椭圆化和有裂纹的传热管位于靠近流动槽的中间位置。1976 年 10 月土耳其角核电厂（Turkey Point）4 号机组蒸汽发生器 B（相似的传热管、支撑板和运行条件）中抽取第 31 排第 1 列作为样本，在抽出的传热管中有 3 根发现有相似的 PWSCC。不论是萨里核电厂还是土耳其角核电厂都没有及时采用涡流技术检测裂纹。

5.2.2　反应堆瞬态

萨里核电厂传热管破裂发生时，反应堆处于满功率运行状态，泄漏率[共计 5.3 L/min（1.4 加仑/min）]在规定限值内。破裂的第一个迹象是最大上充流量报警和反应堆冷却剂系统压力迅速降低，紧接着在一分钟内抽气器报警。操作员在第 5 分钟时保持冷却剂系统下泄并启动第二个上充泵。同时，移动控制棒使反应堆冷却剂平均温度降至规程规定值以下。

7 分钟时，操纵员通过硼酸输送泵开始应急加硼，以每分钟 10%的速率降负荷。10 分钟时，汽轮机脱扣。11 分钟时，操纵员开始启动安注系统。16 分钟时，操纵员关闭低压安注泵和一个高压安注泵，重新调整其他高压泵出口扬程。冷却剂系统压力峰值大约为 14 MPa (2 100 psi)。

在 17～18 分钟的时间内，操纵员通过操作确保了全部 3 个蒸汽发生器的给水流量，并判断破口位于蒸汽发生器 A，决定隔离蒸汽发生器 A。19 分钟时，冷却剂系统 B 环路主泵停运。另外两个蒸汽发生器冷却剂泵保持运行状态，可为操纵员采用稳压器喷淋降低冷却剂系统(A 和 C 路)压力提供动力，并通过蒸汽发生器 C 强制循环冷却。21 分钟时，操纵员重启第二高压上充泵/安注泵，重新调整流量，稳压器水位提高至大约 20%处。反应堆通过蒸汽发生器向冷凝器排放蒸汽来进行冷却。1 小时 10 分钟时，冷却剂系统压力降至大约为 6.8 MPa(1 000 psi)。1 小时 20 分钟时，反应堆达到冷停堆，A 路冷却剂泵停运并隔离。

5.2.3 操纵员行动

萨里核电厂蒸汽发生器传热管破裂造成了相对严重的瞬态，这是由于非常高的泄漏率和操纵员的控制棒操作。最初控制棒动作使得操纵员认为初始压力下降是由反应堆冷却剂平均温度变化导致的，这对最终识别出蒸汽发生器发生传热管破裂造成一定延迟(大约 5 分钟时)。5 分钟之后操纵员行动迅速有效，7 分钟时降负荷；10 分钟时汽轮机跳机；反应堆事故停堆；11 分钟时安注系统启动；16 分钟时节流；18 分钟时隔离有缺陷的蒸汽发生器；21 分钟时稳定稳压器水位；1 小时内主冷却剂系统压力下降至有缺陷蒸汽发生器的二次侧压力。

综上所述，操纵员在第 19 分钟时遵循运行规程关闭 B 环路冷却剂泵。B 环路冷端没有稳压器喷淋管线，B 环路主泵的运行输送了额外的能量至主冷却剂系统。然而，当三环路反应堆发生蒸汽发生器传热管破裂时，另外两个完整环路的主冷却剂系统通过强迫循环将迅速降温。反应堆冷却剂系统的泄漏由于 A 环路内冷却剂泵停运和关闭隔离阀而进一步减少。因此，由于主冷却剂系统的迅速降压和主给水隔离阀的快速关闭，有缺陷的蒸汽发生器没有满溢。

总之，操纵员的行动有效地缓解了瞬态，误操作冷却剂泵没有产生重大瞬态。

5.2.4 环境影响

向环境释放的放射性通过抽气器自动排放至安全壳而使其最小化。在事件发生期间，有缺陷的蒸汽发生器上的排放阀和安全阀没有打开，放射性远低于法规限值。

5.2.5 补救措施

1976 年 9 月 15 日，在萨里核电厂 2 号机组传热管破裂发生之后，萨里核电厂 1 号机组和 2 号机组，土耳其角核电厂 3 号机组和 4 号机组，印第安角核电厂(Indian Point)2 号机组和圣奥诺弗雷核电厂(San Onofre)1 号机组蒸汽发生器的最内排传热管进行堵管。另外，这些核电厂已实施了增加的在役检查项目(增加了检查频率和样本范围)。增加的检查项目包括传热管的涡流检查、在线/非在线测量检查和支撑板的检查。最终，对萨里、土耳其角、印第安角 3 座核电厂的蒸汽发生器进行了更换。新的蒸汽发生器采用的是不锈钢支撑板和更抗腐蚀的传热管(热处理合金 600)。

5.3　多伊尔核电厂 2 号机组

1979 年 6 月 25 日，比利时多伊尔核电厂(Doel Unit)2 号机组蒸汽发生器 B 发生了 510 L/min 的泄漏。

5.3.1　传热管破裂原因

多伊尔核电厂采用的是西屋公司 44 型蒸汽发生器，其传热管破裂的机理是 U 型区域的 PWSCC。这是由于在制造期间过大的残余应力造成了传热管椭圆化。目视检查和视频检查发现了在 U 型区域顶部的第 1 排 24 列的传热管存在相对较长的轴向裂纹。第一排指的是管束中最内排的传热管。西屋公司蒸汽发生器中的第 1、2 排的传热管采用一个内球形轴折弯，从而限制了椭圆化的程度。蒸汽发生器 A 中的 50 根传热管和蒸汽发生器 B 中的 24 根传热管的最小内径小于 18.21 mm(0.717 in)，与之相比，正常内径为 19.69 mm(0.775 in)。

5.3.2　反应堆瞬态

发生传热管破裂事件时反应堆正处于上升至正常运行温度和压力阶段，未临界。泄漏的第一个迹象是一回路压力迅速下降(0.19 MPa/min)。1.8 分钟时手动开启第二台上充泵；2.4 分钟时隔离化容系统下泄管线，关闭稳压器电加热器；4.6 分钟时隔离稳压器泄压管线；9.4 分钟时有缺陷的蒸汽发生器水位迅速上升，操纵员立即隔离了有缺陷的蒸汽发生器，然后启动第三台上充泵；10～15 分钟时所有上充泵切换为从容控箱取水；17.4 分钟时关闭有缺陷的蒸汽发生器所在回路的主冷却剂泵；尽管努力控制一回路压力和稳压器水位；但 19.2 分钟时高压安注自动启动。

高压安注造成一回路压力迅速上升。28 分钟时正常稳压器喷淋启动以降低一回路压力，但却造成稳压器充满水；第 41 分钟时辅助给水自动开启向两个蒸汽发生器供水；第 50 分钟时停止向有缺陷的蒸汽发生器供应给水，这有助于反应堆冷却，并降低一回路压力。从 68 分钟到 88 分钟，冷却剂系统降压，安注泵关闭，下泄管线的隔离阀开启。3 小时 15 分钟时启动余热排出系统。

5.3.3　操纵员行动

操纵员通过关闭 B 环路主冷却剂泵(热源)和控制压力，成功地保持了一回路高过冷度。事件早期隔离了有缺陷的蒸汽发生器二次侧，大气排放阀设定值调至防止放射性流体释放的最大值。反应堆冷却剂系统迅速冷却和降压。

5.3.4　环境影响

无放射性释放。

5.3.5　补救措施

对破裂的传热管、破管周围的传热管以及所有内径小于 18.21 mm 的传热管进行堵管。

5.4 普雷里岛核电厂1号机组

1979年10月2日，美国普雷里岛核电厂(Prairie Island)1号机组蒸汽发生器A发生1 270 L/min的泄漏。

5.4.1 传热管破裂原因

普雷里岛核电厂传热管破裂是由于松动部件磨损造成的。靠近破裂传热管的管板上发现长216 mm，直径32 mm的不锈钢螺旋弹簧，弹簧一端楔入管板和流阻设备，管板上的磨损情况表明在运行期间弹簧反复移动。停运期间弹簧遗留在淤泥中。

破口位于第4排第1列的传热管热管段，管板上方76 mm处。破口为“鱼嘴”形，大约38 mm长，最大宽度为13 mm。破口边缘磨损为“刀口”，表明在韧性破裂前管壁厚度有明显和均匀的消减。临近的传热管同样表明，在差不多相同高度的管束外表面上有磨损印记。

5.4.2 反应堆瞬态

普雷里岛核电厂发生传热管破裂事故时，反应堆处于满功率运行状态。第一个破裂报警是抽气器高放射性报警。报警显示稳压器水位和压力迅速下降，操纵员此时怀疑蒸汽发生器有泄漏。7分钟时操纵员开始降负荷(总共10%)；9分钟时开启第二台上充泵；10分钟时开启第三台上充泵。然而，10分钟9秒时，反应堆自动停堆，1到2秒后，有缺陷的蒸汽发生器的大气释放阀开启。

10分钟14秒时自动触发低压安注；12分钟时一回路压力从12.5 MPa回升至13.8 MPa。12分钟、13分钟操纵员手动停止冷却剂泵，通过自然循环使一回路系统冷却。27分钟时有缺陷的蒸汽发生器的主蒸汽隔离阀关闭；42分钟时关闭一个安注泵。

一旦一回路压力稳定在13.8 MPa，稳压器安全阀间歇开启(43分钟开始)以降低一回路压力，这是由于主冷却剂泵停运，稳压器喷淋不可用。最终，操纵员关闭稳压器释放阀，维持其余的安注泵运行(52分钟)，采用自然循环冷却一回路系统。B环路冷却剂泵在7小时后重启，继续冷却(重启程序没有立即可用)。16小时26分钟时开始启动余热排出系统。

5.4.3 操纵员行动

普雷里岛核电厂传热管破裂导致一回路压力和稳压器水位迅速下降，事故自动停堆和安注系统动作。破口尺寸虽然不允许操纵员通过隔离冷却剂下泄流和增加上充泵流量来维持稳压器水位，但是他们可以开启第二和第三台上充泵，以此来很快地降低反应堆功率。在任何事件中，快速降低压力将可能造成反应堆和汽轮机的自动停运，导致一回路压力迅速增加并造成破口处泄漏更多流量。按照NRC Bulletin 79-06C的要求，操纵员停止两个冷却剂泵，稳压器喷淋能力丧失，这需要打开稳压器功率运行释放阀，最终成功将一回路压力在61分钟时下降至6.3 MPa，与有缺陷的蒸汽发生器二次侧压力相等。因此，一回路向二回路的泄漏较早得到终止。然而，因为完整回路的冷却剂泵关闭一段时间后，反应堆冷却仅依靠自然循环，所以冷却剂系统冷却用了很长时间。RHR(余热排出系统)直到16小时26分钟才开始运行，27 分钟后将有缺陷的蒸汽发生器隔离。

5.4.4　环境影响

有大约 30 Ci 的^{133}Xe 惰性气体和大约 1 μCi 的^{131}I 的碘同位素释放。大气释放的主要来源是从有缺陷的蒸汽发生器通过大气释放阀和辅助给水汽轮机上的出口释放的蒸汽。另外，许多放射性气体也是通过抽气器释放的。厂外剂量没有超过 10 CFR 100 限值。

5.4.5　补救措施

对 4 个破管和有缺陷显示的相邻传热管进行了堵管。对管束外围区域和两个蒸汽发生器的开口流道进行了检查，发现了其余的淤泥并对其移除。通过涡流设备对大约 12% 的传热管进行了检查，包括管束外围的所有传热管。同时，检查了程序和设备上的变更。

5.5　京纳核电厂 1 号机组

1982 年 1 月 25 日，美国京纳核电厂(Ginna)1 号机组蒸汽发生器 B 发生了 2 900 L/min 的泄漏。

5.5.1　传热管破裂原因

京纳核电厂传热管破裂的原因是松动部件磨损。1975 年之后的蒸汽发生器改造期间，掉落在管束外围管板上的异物包括不同尺寸的碳钢片，最大的一块碎片厚 12.7 mm，宽 106 mm，长 160 mm，这显然是下降段阻流板的一部分，它虽然已经在 1975 年大部分移除了，但之后的运行期间，这个板影响了许多裸露的外围(最外侧)传热管，并造成管束周围 4 个位置缺陷，分别为：焊接楔形区域 2、4 和 6 以及第 39 排 70 列的传热管。图 5-1 显示的是

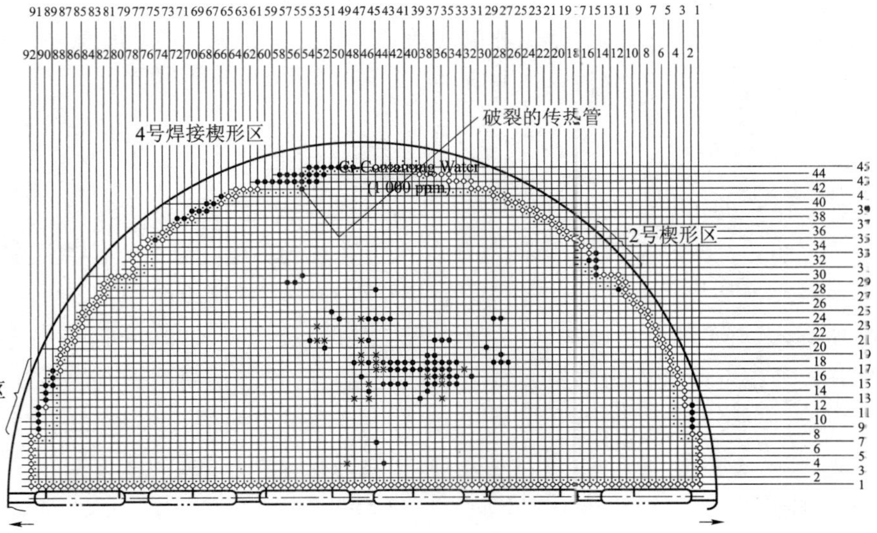

图 5-1　1982 年 2 月 25 日事件发生前蒸汽发生器热端支撑板示意图

小圆点—进出口孔的外侧边界；大圆点—已堵管的管子位置；

×—已套管的管子；圆圈—管子位置的外侧边界

一个热管支撑板，图中标明了1982年1月25日传热管破裂事件前的堵管位置。西屋公司做的流动模型试验证明，这个尺寸的钢板容易在周围区域移动，在楔形区域摩擦，这是因为这些区域是流量相对较低的区域。1976年2月在第39排70列进行了第一次堵管。1976年5月转到楔形区域2和6，1977年7月转到楔形区域4。

尽管对管束外围损坏的传热管进行了堵管，涡流检查发现仍有缺陷显示和小的泄漏、碎片以及水力和压力负荷继续损害已堵管的传热管，最终造成传热管破裂，甚至变成完全断裂。断裂的传热管摆动幅度超过1 270 mm，并在第一支撑板绕轴旋转，造成临近传热管的微振磨损。虽然依次对这些传热管进行了堵管，但涡流检查显示泄漏，然后继续损伤直至他们也断裂。最终，在楔形区域4中的第42排55列的传热管（未进行堵管）承受微振磨损超过150 mm长度并爆裂。

对楔形区域4进行检查时发现，管板上方一些传热管破裂超过50 mm，两根传热管（R45-C54和R44-C56）丢失，即断裂出现在两个位置，均在管板上方和第一个传热管支撑板下方的区域内。两个断裂传热管落在了管板上。破裂的传热管有两个较长的轴向磨痕，一个是管壁从1.27 mm减薄至大约0.2 mm，减薄长度约为100 mm（管壁厚度上减薄84%），磨痕总长度大约150 mm。图5-2展示的是一个较长的“鱼嘴”型裂口。5根其他传热管显示存在与破裂传热管相似的磨损区域。传热管断裂面显示了磨损、失效和撕裂迹象。总之，外围传热管损坏机理主要是机械的，还包括凹陷、失效、微振磨损、耗蚀、超负荷和撕裂。

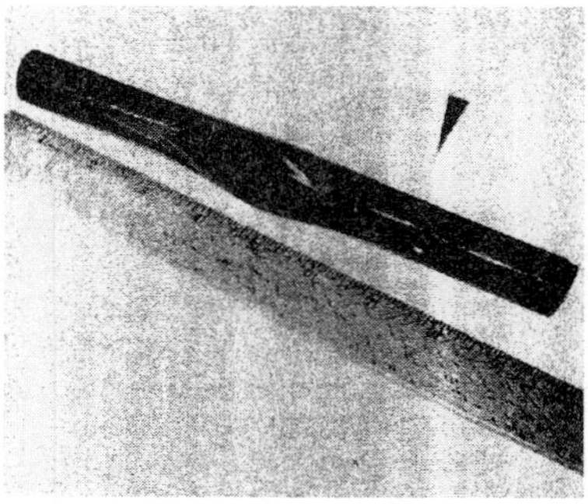

图5-2　从蒸汽发生器中抽取出的破裂传热管段(R42-C55)示意图

1981年4月有涡流检查显示第42排55列传热管上磨损。事实上破裂前，最外侧传热管的涡流显示一般被认为是内径显示或凸起，尽管1978年从外围中抽取的几个传热管没有内径裂纹的迹象，但有浅的标记和凹陷，浅的壁厚外侧减薄和局部变形。从1976年到传热管破裂期间对松动部件损伤的根本原因分析是不充分的。

5.5.2　反应堆瞬态

京纳核电厂的传热管发生破裂时反应堆处于满功率运行状态。图5-3显示的是京纳核电厂的原理图。抽气器辐射监测器、稳压器水位和压力报警，蒸汽发生器B水位和蒸汽/给水流量不匹配报警提示操纵员在蒸汽发生器B中存在大量泄漏(9:25)。1.5分钟时操纵员开始降功率，上充泵的流量增加(2.5分钟第三上充泵启动)。2分钟时，8个主蒸汽释放阀自动打开以补偿反应堆冷却剂系统温度的有效误差信号，3分钟时自动关闭4个阀门。3分钟时反应堆自动停堆(12.91 MPa)，并且由于一回路压力较低导致全部的3个安注泵动作(11.88 MPa)。紧接着，压力容器自动隔离，主汽轮机跳机，辅助给水泵自动打开，主给水隔离，上充泵停止工作。4分钟时，两个反应堆冷却剂泵按要求手动关闭，稳压器几乎排空，由于蒸汽发生器低水位，驱动辅助给水泵的汽轮机的气门自动打开使辅助给水泵运行。5分钟时，剩余的4个主蒸汽释放阀自动关闭，由于一直受安注影响，反应堆上封头内处于饱和状态，导致反应堆冷却剂系统压力降至大概8.27 MPa，可能就是此时上封头形成了蒸汽泡。

稳压器水位和蒸汽发生器二次侧压力如图 5-4 所示，时间分别为：(a) 安注、上充和冷却剂泵打开时；(b) 蒸汽发生器将蒸汽释放至大气时；(c) 稳压器释放阀开启时。

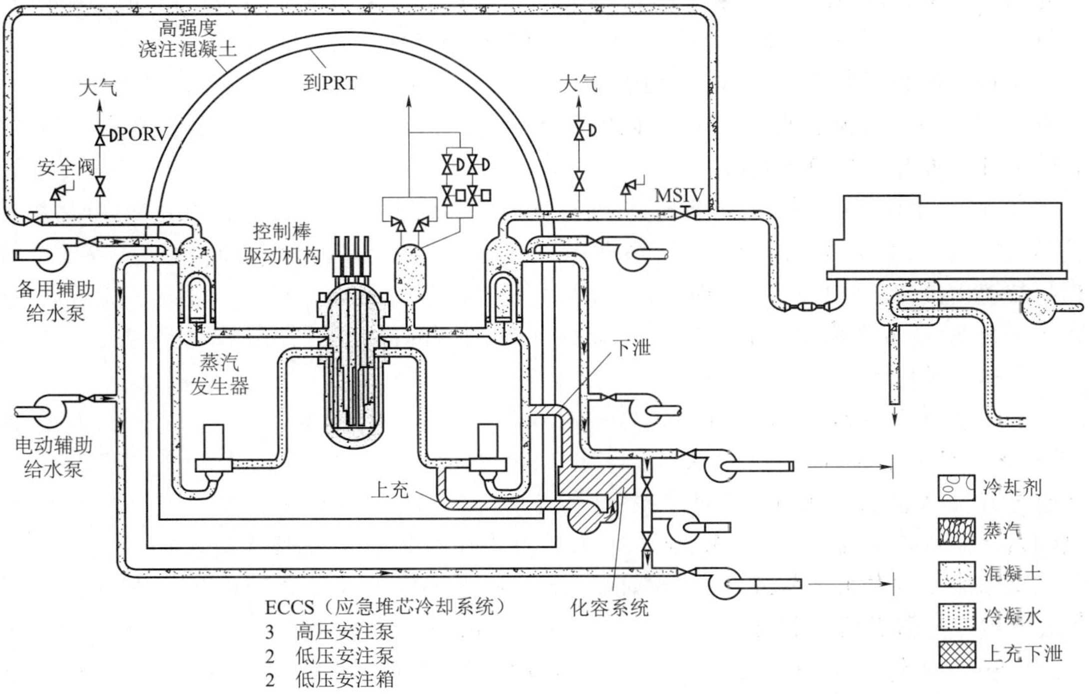

图 5-3　西屋公司设计压水堆原理图

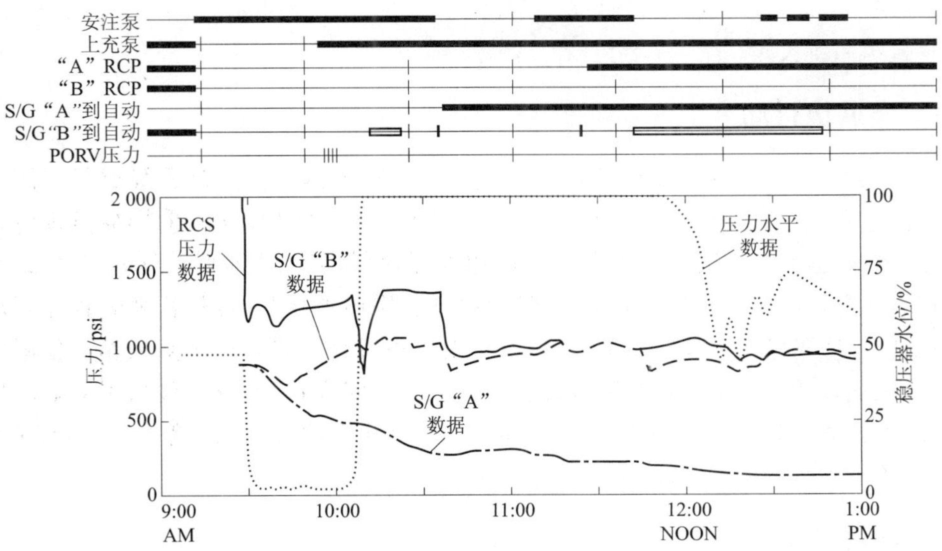

图 5-4　冷却剂和蒸汽发生器参数随时间变化曲线

7 分钟时，蒸汽发生器 B 辅助给水电动泵和辅助给水汽动泵工作。15 分钟时，蒸汽发生器 B 主蒸汽隔离阀关闭，有缺陷的蒸汽发生器隔离。反应堆冷却是依靠 A 环路自然循环，通过蒸汽发生器 A 向主凝汽器释放蒸汽。然而，由于破口流量，蒸汽发生器 B 水位继续上升。30分钟时，蒸汽发生器B液面指示器超量程偏高，蒸汽管线开始充水。32分钟时，安注动作线路重置，压力容器隔离系统重置。42分钟时，操纵员通过打开稳压器PORV来停止破口流量，试图补偿冷却剂系统和蒸汽发生器B二次侧间的压力差。第四次循环(44分钟时)PORV卡住时打开。然后，操纵员关闭截止阀阻止PORV。

冷却剂继续丧失，导致冷却剂系统压力再次上升。在PORV循环期间，在上封头和蒸汽发生器B传热管顶部形成蒸汽泡，稳压器水位迅速上升。但是尽管有蒸汽泡，A回路的自然循环和堆芯冷却仍在继续。

54分钟时蒸汽发生器A和B安全阀开启(1 085 psi)然后关闭，63分钟时再次开启然后关闭，这是因为安注泵可以保持一回路压力高于蒸汽发生器B二次侧压力，最终导致冷却剂持续流出破口。1小时13分钟时，凝结水系统启动，防止放射性进一步泄漏。随后，蒸汽进一步释放，造成主冷凝器不可用，为了保持反应堆冷却，操纵员采用PORV将蒸汽发生器A中的蒸汽排向大气。

1小时17分钟时，稳压器加热器再次通电以使稳压器内产生蒸汽泡。1小时27分钟时，稳压器排放箱上的爆破盘破裂(下泄管线是主要贡献)。1小时42分钟时，启动一个安注泵为开启A回路冷却剂泵提供了缓冲。1小时54分钟时，蒸汽发生器B安全阀关闭，排放的是水而不是蒸汽。1小时56分钟时，A回路冷却剂泵开启，加速冷却，排掉在上封头和蒸汽发生器B内剩余的蒸汽泡。2小时12分钟时，蒸汽发生器B第5次开启，安注泵停运。尽管蒸汽发生器B安全阀关闭，但仍以380 L/min的速率继续泄漏。

2小时27分钟时，稳压器内重新产生蒸汽泡，其水位返回量程范围内。2小时47分钟时，操纵员间歇使用安注泵控制稳压器水位。3小时2分钟时，冷却剂系统的压力和蒸汽发生器B二次侧压力达到平衡。为了提高回流，操纵员使冷却剂压力比蒸汽发生器B二次侧压力低大约23 psi。9小时15分钟时，蒸汽发生器B水位返回量程范围。21小时35分钟时，余热排出系统投运。

5.5.3 操纵员行动

操纵员迅速确定主蒸汽发生器传热管破裂。操纵员执行主蒸汽管线放射性测量步骤后，确认问题发生在蒸汽发生器B内，15分钟后隔离蒸汽发生器B。但操纵员没能快速冷却一回路系统，他们按照要求在4分钟时停运冷却剂泵，但2小时后才恢复A回路冷却剂泵。因此，在最初的2小时里主要靠A回路的自然循环来导热(传热管破裂程序要求在冷却剂泵重启前稳压器压力控制正常)。操纵员用3小时将一回路压力降低至有缺陷的蒸汽发生器二次侧压力之下，其原因是因为安注泵工作时间很长，操纵员失去了对稳压器的控制。可是操纵员认识到上封头内有蒸汽泡，并检测到它的存在，最终进一步确定了堆芯过冷。

5.5.4 环境影响

总共释放了90 Ci的惰性气体，其中大多数来自蒸汽发生器抽气器。大约相当于0.4 Ci的^{131}I剂量(所有碘同位素总活度为5 Ci)的放射性物质和大约1.3 Ci的钴、钼、钡和铯释放，大多数来自破损蒸汽发生器安全阀的开口。释放大约25 Ci的氚，其中大部分来自抽气器，微量来自安全阀开口。

由于反应堆冷却剂碘含量仅为技术规范限值的 2%，碘释放量很好地控制在蒸汽发生器传热管破裂设计基准事故的规定值范围内，场外的放射性剂量远远小于 10CFR Part100 导则规定的限值。

5.5.5 补救措施

京纳核电厂的补救措施包括清理碎片和 24 个"结构上降质"的传热管，提高维修工作的质量控制，安装松动部件监测系统。

针对京纳核电厂和普雷里岛 1 号机组的传热管破裂事件，NRC 发布信息通告 IN No. 83-24："压水堆蒸汽发生器二次侧的松动部件"。该信息通告警告说，截至发布通告日，4 起传热管破裂事件中就有 2 起涉及松动部件，所以提倡不能将外部杂质遗留在蒸汽发生器内。通用信件 85-02 要求 NRC 的压水堆执照持有者，通过目视检查来确认并清除蒸汽发生器二次侧管板区域内的所有外部杂质，同时确认已损坏的传热管。IN No. 88-06 中的"蒸汽发生器内外物"再次警告了此类问题。

5.6 卡尔洪堡核电厂

1984 年 5 月 16 日，美国卡尔洪堡核电厂(Fort Calhoun)蒸汽发生器 B 发生 425 L/min 的泄漏。

5.6.1 传热管破裂原因

燃烧工程公司的自然循环蒸汽发生器 U 型区域内发生 ODSCC，造成了卡尔洪堡核电厂的传热管破裂。蒸汽发生器热段一侧竖直传热管支架内的扇形杆之间的第 84 排 29 列的传热管内发生破裂。燃烧工程公司 RSG AVB 的布置简图如图 2-4 所示。破裂主要集中在竖直传热管支撑杆的右侧，传热管 R84-C29 上有两条裂纹：第一条是由 32 mm 长的轴向裂纹导致的一个鱼嘴形破裂。第二条是从鱼嘴形破裂处的热端头开始总计 6 mm 长的小裂纹。鱼嘴形裂纹方向朝下，导致传热管变形，在支撑杆长轴拉长了 1.2～3.1 mm，短轴被挤压了 1.1～1.8 mm。

对破裂的传热管进行金相检查，得出贯穿近 95%壁厚的管壁存在晶间应力腐蚀开裂(IGSCC)。剩余靠近内表面的 5%管壁由于韧性变形而失效。"鱼嘴形裂口最可能沿管壁轴向晶间渗透，紧接着渗透的和完好的管壁之间材料会产生韧性撕裂"。没有发现由于腐蚀或者塑性变形造成的 IGA 或管壁减薄。传热管 R84-C29 材料具有典型的轧制-退火 Inconel-600 合金的金相结构，并不是敏感材料。通过对靠近破口残余物的 pH 测量，发现一些位置是腐蚀性环境。

传热管和碳钢立式支架间的腐蚀产物会产生很大的压力并形成腐蚀性环境，这便造成了卡尔洪堡核电厂的 ODSCC。立式支架的腐蚀造成上述传热管变形。传热管 R84-C29 属于 1984 年 5 月蒸汽发生器检查项目，对检查中的数据再评价后发现，在破裂处有一个 99%贯穿管壁的缺陷和一个沿传热管方向的 6 mm 长的 50%贯穿缺陷。由于人因失误在首次数据分析中遗漏了这些情况。随后对两台蒸汽发生器的所有能接触到的传热管都进行了多频涡流检测，并识别出另外 3 个超过 40%贯穿管壁的传热管，发现 R18-C37 传热管存在几英寸的耗蚀，R85-C64 和 R86-C85 发生 ODSCC。

5.6.2 反应堆瞬态

卡尔洪堡核电厂传热管破裂事件发生时反应堆正处于换料后启堆阶段，此时冷却剂系统正在做泄漏试验，其压力为 6 MPa，一台上充泵从换料水箱中抽水并注入稳压器，以保持最小下泄流，此时操纵员注意到稳压器水位不再上升而其压力却在缓慢升高。下午 4:18 他们开启另外两台上充泵，稳压器压力和水位开始缓慢上升。18 分钟时，操纵员调节上充泵从容控箱内抽水，上充泵流量从 190 L/min 增长到 450 L/min，稳压器压力迅速上升，27 分钟时达到约为 12.8 MPa 的峰值。

24 分钟时，操纵员隔离下泄管线，蒸汽发生器 B 内的水位增加到超过设定值。考虑到水位上升是由于辅助给水阀 HCV-1106 泄漏，操纵员关闭了辅助给水管线上的截止阀。27 分钟时，尽管混合补水，但容控箱中的水位仍接近 0%，操纵员保持两个上充泵运行，几分钟后稳压器压力开始迅速下降。32 分钟时，操纵员注意到蒸汽发生器 B 水位持续上升，这说明给蒸汽发生器 B 补水的辅助给水泵是安全的。36 分钟时，稳压器压力下降至 3.86 MPa，冷却剂系统成了水实体。40 分钟时，蒸汽发生器 B 对应的主蒸汽管线隔离阀关闭，从而将有缺陷的蒸汽发生器隔离。41 分钟时，使用蒸汽发生器 A 和它的大气释放阀开始对冷却剂系统进行冷却。42 分钟时冷却剂泵停运。43 分钟时 A 回路通过自然循环进行冷却。3 小时 47 分钟时开始停堆冷却。

5.6.3 操纵员行动

操纵员通过投入更多的上充泵以及关闭下泄管线来应对稳压器水位和压力的降低。32 分钟后操纵员认识到蒸汽发生器 B 上出现传热管破裂，40 分钟才去隔离蒸汽发生器 B，并开始冷却冷却剂系统。虽然 40 分钟后的操纵员行动是有效的，但是在大多数瞬态下，冷却剂系统压力保持在有缺陷的蒸汽发生器二次侧压力之上，就会造成有缺陷的蒸汽发生器满溢。

5.6.4 环境影响

无放射性释放。

5.6.5 补救措施

为能够尽早检测出蒸汽发生器泄漏采取了一系列措施，其中包括试验室能力的提高和更频繁的取样，以及对蒸汽发生器传热管破裂应急规程的修订，监测改进和对操作员复训。此外，在提高冷凝器完整性和二次侧水质，使其符合燃烧工程公司的规定方面做出了努力。最后，对所有在热端竖直支撑区域内发生 ODSCC 的传热管进行堵管。

5.7 北安娜核电厂 1 号机组

1987 年 7 月 15 日，美国北安娜核电厂（North Anna）1 号机组蒸汽发生器 C 发生 2 410 L/min 的泄漏。

5.7.1 传热管破裂原因

美国北安娜核电厂(North Anna)1 号机组传热管失效是由高周疲劳导致的,其次还有以下几点原因:

(1) 失效的传热管没有蒸汽发生器抗振条(AVB)支撑。

(2) 传热管支撑板顶部发生轻微凹陷,导致传热管震动阻尼减小。

(3) 失效传热管附近的 AVBs 的不均匀插入导致失效传热管周围的高流速。最初设计是将 AVBs 至少安装在第 11 排,但许多安装在第 8 排,而失效的传热管在第 9 排。

(4) 高流速,缺少 AVB 支撑,支撑板阻尼的降低导致了支撑板顶部上方的传热管 U 型弯曲处发生明显的平面外变形。

(5) 凹陷给管壁引入了一个高平均应力,高平均应力显著降低了管子的疲劳强度。事实上,Inconel-600 合金在 AVT 环境中受到高平均应力,其疲劳强度会低至 27.6 MPa。

(6) 高振幅和低疲劳强度共同导致疲劳失效。

在第 9 排 51 列的传热管冷侧,最上层的传热管支撑板上方存在一个 360°的贯穿管壁的疲劳裂纹。在断裂面上或附近没有发现应力腐蚀,除了传热管支撑面上的凹陷外没有降质。该事件发生前几天,冷凝器抽气器辐射监测器发出不规律报警,随后采集了随机样本。蒸汽发生器传热管破裂事件发生后便对随机样本进行了分析,发现在最终失效前 24～36 小时以上的时间里,一回路向二回路泄漏量增加,这就为沿圆周裂纹扩展时间的粗略估计提供了依据。失效前冷凝器抽气器辐射监测器不可用。

破裂发生在蒸汽发生器 C 的冷段侧上,技术规范中对此没有更多检查的要求。因此,最后换料停堆期间对所有热段侧的传热管进行了检查,但只对冷段侧大约 13%的传热管进行了检查。随后对全部传热管进行检查时发现有疑似破裂迹象。最终由于第 7 支撑板疲劳失效便对 178 根传热管进行了堵管。

5.7.2 反应堆瞬态

该机组满功率运行不久便发生上述事件。第一个迹象是蒸汽发生器 C 主蒸汽管线上出现报警(上午 6:30),同时稳压器水位和压力迅速下降。3 分钟时,下泄管线隔离,上充泵从反应堆储水箱内取水,汽轮机缓慢停止。5 分钟时,操纵员开始使用蒸汽发生器传热管泄漏规程,手动停堆,稳压器水位在 45%左右的位置,压力维持在 14.5 MPa;20 秒后,开始安注,辅助给水泵启动。10 分钟时,操纵员切换到蒸汽发生器传热管破裂规程。16 分钟时,值班主管确认蒸汽发生器 C 存在缺陷,关闭辅助给水和蒸汽发生器 C 上的主蒸汽管线隔离阀。19 分钟时,蒸汽发生器 A 和 B 通过释放蒸汽开始迅速冷却,这造成 20 分钟时稳压器水位降低至量程外。27 分钟时,稳压器保持 100%喷淋。28 分钟时,稳压器水位上升至量程范围内并不断增加。34 分钟时,稳压器保持功率运行,隔离阀开启,压力快速下降,蒸汽发生器 C 水位保持稳定。

43 分钟时,隔离 C 和 B 环路上的反应堆冷却剂泵。48 分钟时,操纵员通过降低 A 环路内的流量以及利用 B 环路内的自然循环来使冷却剂系统降压冷却至冷停堆。此后,稳压器水位保持在大约 30%～50%的位置,有缺陷的蒸汽发生器水位保持在 10%～75%的位置。1 小时 26 分钟时,将抽气器排放管线切至安全壳。5 小时 49 分钟时,启动余热排出系统。

瞬态开始的58分钟内反应堆冷却剂系统压力、水位、温度如图5-5、图5-6和图5-7所示。

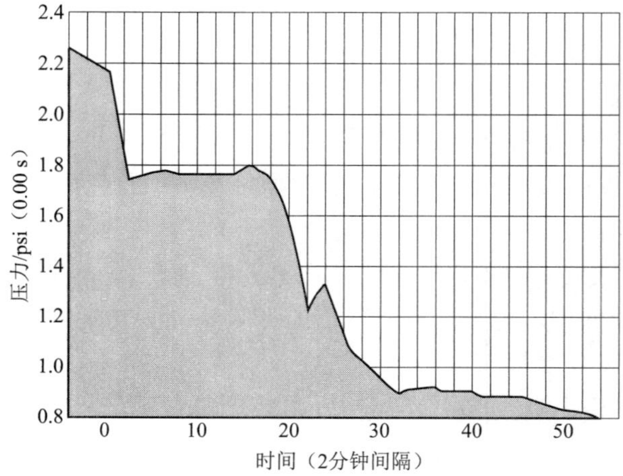

图5-5　瞬态期间冷却剂系统压力随时间变化

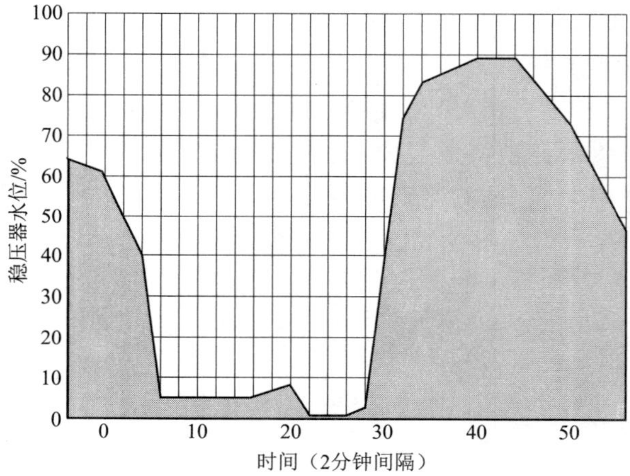

图5-6　瞬态期间稳压器水位随时间变化

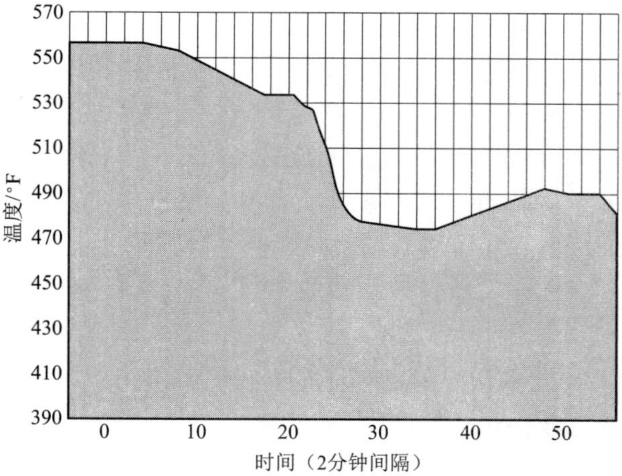

图5-7　瞬态期间冷却剂系统温度随时间变化

5.7.3　操纵员行动

18 分钟前将有缺陷的蒸汽发生器隔离，34 分钟时维持其水位，此时冷却剂系统压力降至接近二次侧压力。由于抽气器辐射监测器未投运导致操纵员直到 1 小时 26 分钟时才意识到需要将冷凝器抽气器切换至向安全壳内排放。但是他们对瞬态的管理做得都非常出色。

5.7.4　环境影响

总共释放约 0.16 Ci 的放射性物质，其物质组成主要是气体。在核电厂范围内没有检测到本底水平增加。放射性物质向环境释放的途径包括冷凝器抽气器和汽动辅助给水泵。

5.7.5　补救措施

补救措施包括安装下降段阻流板以减少 U 型区域本地流动压力、敏感传热管的预防性堵管、失效传热管的稳定化、改进泄漏检测方法。

针对该核电厂蒸汽发生器传热管破裂事件，USNRC 向使用碳钢支撑板的西屋公司设计蒸汽发生器的执照者发布公告 88-02："蒸汽发生器传热管内快速扩展疲劳裂纹"。USNRC 要求运营公司审查近期传热管顶部支撑板上凹陷缺陷的检查数据。如果记录不充分，必须执行额外的检查。对发生凹陷缺陷的反应堆，实施加强型的一回路向二回路泄漏率检测项目，该项目能够确保预测到传热管破裂发生时，至少提前 5 小时将反应堆功率降至 50%或更低。图 5-8 为泄漏率随时间变化曲线。实施项目可将疲劳失效快速扩展的可能性降至最低，比如预防性堵管，敏感传热管稳定化或 AVB 变化。

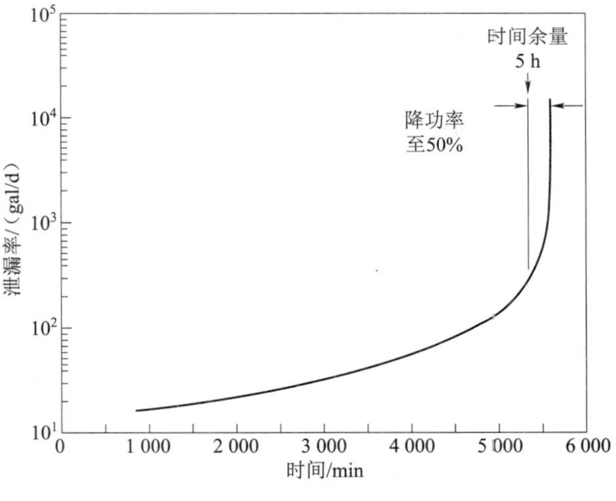

图 5-8　泄漏率随时间变化曲线

5.8　麦克圭尔核电厂 1 号机组

1989 年 3 月 7 日，美国麦克圭尔核电厂（McGuire）1 号机组蒸汽发生器 B 发生 1 900 L/min 的泄漏。

5.8.1 传热管破裂原因

将麦克圭尔核电厂破裂的蒸汽发生器传热管取出，并对其进行检查。传热管外径发生IGSCC导致传热管破裂，存在一个窄长形的凹槽，该凹槽大约0.025 mm长，1 mm宽，从裂口下方50 mm沿轴向延伸至裂口上方500 mm。可观察到在裂口上方的沿凹槽长度方向上存在轴向和周向裂纹。最大裂缝深度约为初始壁厚的30%。

裂口位于第18排25列传热管冷段侧管板上方710 mm处，最大处的破裂开口为95 mm长，9.5 mm宽的纵向裂缝，裂缝从底部支撑板下方延伸至支撑板上方13 mm处。

凹槽附近存在受损金属说明凹槽可能是在传热管经过热处理后产生的。断裂面的能量分散光谱扫描很难鉴别腐蚀类别。在事件发生前，蒸汽发生器二次侧没有发生重大的腐蚀问题，二次侧水质也没有问题。事件发生前3个月内一回路向二回路的泄漏率始终保持在20～115 L/d的微小范围内。之后对所有的4台蒸汽发生器的其余传热管进行涡流检查以及对第二次抽出的传热管进行金相检查都没有发现ODSCC迹象。运营公司从中得出此事件是一个单独的事件，是由传热管表面的污染物导致的裂缝。之后通过一系列操作将污染物清洗掉后，裂缝扩展速度变得很缓慢。USNRC希望运营公司在下个停运期间做100%旋转扁平线圈检查。

5.8.2 反应堆瞬态

该事件发生时反应堆处于满功率运行状态。第一个传热管破裂的警报是B蒸汽发生器的蒸汽管线上的放射性监测报警(上午11:38)。操纵员注意到蒸汽发生器B给水流量减少，但其水位保持相对稳定而稳压器水位却降低，他们立即意识到是蒸汽发生器传热管发生泄漏，便开始执行他们的传热管泄漏规程(而不是他们的传热管破裂规程)。下个警报是冷凝器抽气器放射性监测器发出的。操纵员开始以30 MW/min速度降负荷(4分钟时)，启动第二个上充泵，降低下泄流流量到45加仑/min(5分钟时)，开始应急加硼补偿负荷降低，这导致冷却剂温度、稳压器压力和水位发生波动。

8到9分钟时，操纵员手动停堆，导致汽轮机自动停机。稳压器水位在36%～38%范围内，打开硼注入箱阀门，安注泵转至换料水箱取水。另外，操纵员开始隔离蒸汽发生器B，冷却剂系统开始降温降压。14分钟时打开冷凝器的主蒸汽旁通阀，23分钟时，操纵员闭锁了安注回路防止不必要的自动动作(按照他们的停堆规程)，25分钟时再次打开主蒸汽旁通阀。47分钟时，冷却剂系统压力和蒸汽发生器B二次侧压力基本相同，破口处暂时停止泄漏。图5-9显示的是事件发生后39分钟内的稳压器水位。图5-10显示的是整个事件发生期间冷却剂系统和蒸汽发生器B二次侧压力。

从47分钟到5小时20分钟内冷却剂系统压力维持在6.9 MPa，操纵员注入了冷却必需一定浓度的硼。然而，这段时间内蒸汽发生器B二次侧压力持续降低，破口处又重新向二次侧泄漏并维持了大约10多个小时。3小时30分钟时，为进一步冷却，开始向冷凝器进一步增加蒸汽排放。3小时34分钟时有缺陷的蒸汽发生器B排放蒸汽。4小时32分钟时控制蒸汽发生器B内的水位，蒸汽发生器B内的蒸汽通过冷凝器出口排出，其中含有少量的放射性物质。5小时时，冷却剂温度达到425 ℉(1 ℉＝0.555 556 K)，冷却剂系统开始进一步降压，但冷却剂系统压力仍大于蒸汽发生器B二次侧压力。10小时37分钟时，蒸汽发生器 B 开始采用回填的办法进行冷却。经过 17 小时，两列余热排出系统启动。

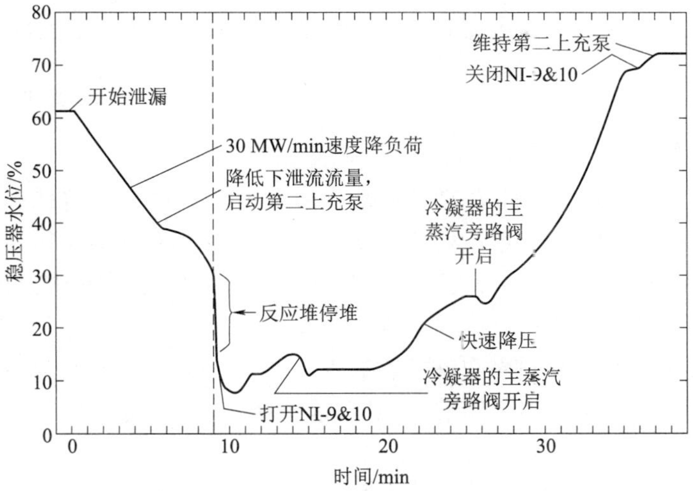

图 5-9　事件发生后 39 分钟内的稳压器水位

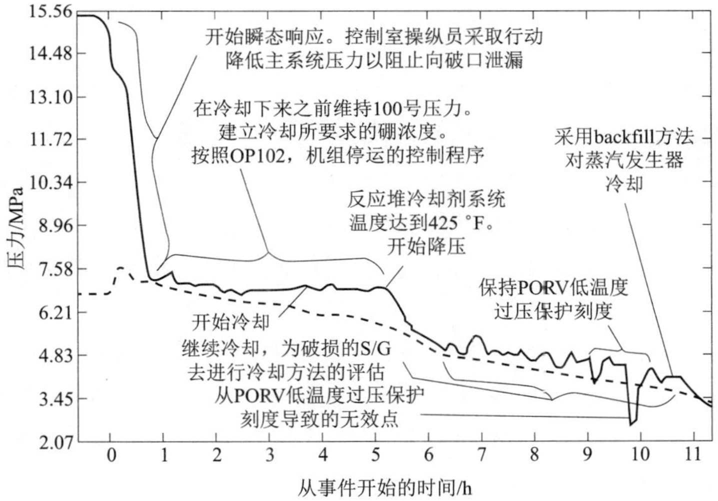

图 5-10　整个事件发生期间冷却剂系统和蒸汽发生器 B 二次侧压力

——一回路压力；- - - - S/G B 压力

5.8.3　操纵员行动

开始时，冷却剂系统降压是相当快速和有效的（47 分钟），并且迅速隔离了有缺陷的蒸汽发生器（11 分钟）。然而，47 分钟后蒸汽发生器 B 的破损传热管发生泄漏，由于在大约 10 多个小时的时间里，冷却剂系统压力始终维持在 6.9 MPa，直到调整了硼浓度才缓慢冷却。因此，需要将有缺陷的蒸汽发生器中的蒸汽排放至冷凝器，以此来控制蒸汽发生器 B 的水位，但最终导致放射性物质排向环境，初始泄漏量为 100～150 加仑/min，所以决定采用传热管泄漏规程，而不是传热管破裂规程。

5.8.4　环境影响

共释放了 43.4 Ci 的^{133}Xe 和 0.001 Ci 的^{131}I。放射性释放量在该核电厂技术规范限值内。

5.8.5　补救措施

基于西屋公司应急响应导则，该事件应根据蒸汽发生器传热管破裂程序来管理。核电厂响应 USNRC 的关注点，改变了他们的程序，在蒸汽发生器传热管破裂过程中取消了安注流动回路的手动排列。因此，当一回路向二回路的泄漏量超过正常上充泵流量时，必须要手动或自动安注，这就使用到传热管破裂应急运行规程。

此外，还对机组停堆控制程序和反应性平衡计算程序进行了修订，修订的程序更加清晰地规定，在冷停堆硼浓度余量满足之前，只要余量能够维持冷停堆，那么就可以开始冷却。

5.9　美滨核电厂 2 号机组

1991 年 2 月 9 日，日本美滨核电厂(Mihama)2 号机组蒸汽发生器 A 发生 2 600 L/min 的泄漏。

5.9.1　传热管破裂原因

美滨核电厂换热管破裂的原因是高周疲劳。破口位于第六个支撑板顶部第 14 排 45 列传热管的冷段侧。R14-C45 大致位于管束中间部位，缺陷是传热管一个 360°的环形裂缝，该裂缝造成管子完全断裂。周围曾进行堵管处理的传热管发生了变形和弯曲。管子断裂处呈条纹状，表明是疲劳失效，而且没有凹陷、应力腐蚀开裂、IGA 或腐蚀减薄的迹象，只是在传热管和支撑板间有一小的沉积。

在 44 列和 45 列间，45 列和 46 列间的 AVBs 长度比设计值短 40～50 cm，并且有些畸形，所以可以确信 AVBs 安装时，传热管堵住了安装路线，工人将 AVBs 通过切割处理完成安装，但是这会导致 AVBs 对失效传热管的支持不够，可能增加了局部流量，进而引起过量震动，最终造成观察到的疲劳失效。

1990 年 7 月，在机组最后定期停运期间，对失效的传热管进行了检查，没有发现缺陷。第一个显示是在破裂前大约 1 小时 16 分钟时，产生一个新的贯穿裂纹，此时操纵员收到从蒸汽发生器排放检测 R-19 得来的报警。报警设定点读数为 60/min，与之相比正常读数为 35/min。

5.9.2　反应堆瞬态

该事件发生时反应堆正处于满功率运行状态。传热管破裂的第一个显示是抽气器高放射性报警(下午 1:40)。5 分钟后，二次侧蒸汽排放放射性监测报警，操纵员开始启动第三台上充泵。8 分钟时，操纵员开始以 4.2%每分钟的速率降功率。10 分钟时，反应堆自动停堆，稳压器保持低水位和发电机处于停运状态；7 秒后，安注泵自动启动，出现冷却剂系统压力低和稳压器水位低信号。15 分钟时，操纵员判断出存在缺陷的蒸汽发生器，并尝试关闭该蒸汽发生器的主蒸汽管线隔离阀，但是阀门无法关闭。22 分钟时由一个操纵员手动关闭。主蒸汽隔离阀功能失效是因为在最后检修停运期间对轴做了镜表面处理，这种处理会导致阀轴表面有石墨聚集，阻碍了阀门动作。

22 分钟时，操纵员完全打开蒸汽发生器的蒸汽释放阀，开始冷却反应堆冷却剂系统，阀门直到 37 分钟才关闭。22 分钟时由于蒸汽排放所产生的冷却效果，致使完整回路（B 环路）内热段温度开始下降，并持续到 54 分钟。30 分钟到 45 分钟之间，操纵员同样尝试打开稳压器上的两个释放阀，以此来使一回路降压，但是两个阀门都没有能够打开。而未能打开的原因是在机组最近启堆时一个操纵员错误地关闭了空气补给管线内的一个阀门。

54 分钟时，操纵员开始采用稳压器辅助喷淋来使冷却剂系统降压。由于冷却剂系统压力较低，使得 55 分钟时稳压器水位恢复至量程范围内，因此破口处流量较低。57 分钟时，操纵员在确认稳压器水位恢复后关闭两个高压安注泵。1 小时 2 分钟时，热段温度低于饱和温度大约 40 ℃，但上方的通风集管中仍可能有许多空泡。分析指出最小临界热流密度为 2.76，远高于 1.17 的允许限值。1 小时 8 分钟时，冷却剂系统压力下降至有缺陷的蒸汽发生器的二次侧压力，一回路停止向二回路泄漏。

总之，从蒸汽发生器传热管破口处向二回路泄漏的冷却剂的重量大约为 55 t，通过应急堆芯冷却系统注入一回路的水约 50 t，从有缺陷的蒸汽发生器释放阀处泄漏了大约 1.3 t 蒸汽。

5.9.3　操纵员行动

操纵员虽然降低功率的行动较为缓慢（8 分钟），但却及时地试图隔离有缺陷的蒸汽发生器（15 分钟）。有缺陷的蒸汽发生器上的主蒸汽管线隔离阀的失效仅延迟 7 分钟。操纵员在第 22 分钟时开始通过没有缺陷的蒸汽发生器释放蒸汽，有效地使一回路冷却，但一回路的降压有所延迟（54 分钟），某种程度上是因为稳压器泄压阀的失效造成的。

5.9.4　环境影响

向周围环境释放的放射性物质包括 0.6 Ci 的放射性惰性气体，0.01 Ci 的放射性碘和 0.000 2 Ci 的液态放射性物质，释放量远低于法规限值，向周围公众释放的剂量当量仅为天然本底剂量的 1/100 000。

5.9.5　补救措施

补救措施包括所有的日本蒸汽发生器内 AVBs 的检查和必要的更换。硬件更换包括不满足降低功率要求的反应堆计算机的更换和反应堆控制系统的重新设计，发展更先进的蒸汽发生器传热管检查技术和研究资金的更进一步投入，维修规程的进一步完善，增列项目检查。根据更多的实践经验改进操作手册，尤其是对异常事件的处理。

5.10　帕洛弗迪核电厂 2 号机组

1993 年 3 月 14 日，美国帕洛弗迪核电厂（Palo Verde）2 号机组蒸汽发生器 2 发生 910 L/min 的泄漏。

5.10.1 传热管破裂原因

帕洛弗迪核电厂传热管破裂的原因是 ODSCC。破裂的地方位于 08H 和 09H 之间的管束的热段。破裂的传热管位于第 117 排 144 列。图 5-11 显示的是热段侧上燃烧工程公司系统 80 上部管束的几何草图。破裂传热管区域的管束横截面及缺陷显示在图 5-12 中。应力腐蚀裂纹大约 250 mm 长，从 08H 方形传热管中心上方约 760 mm 开始沿轴向扩展。破口的形状是大约 65 mm 长的鱼嘴形开口。

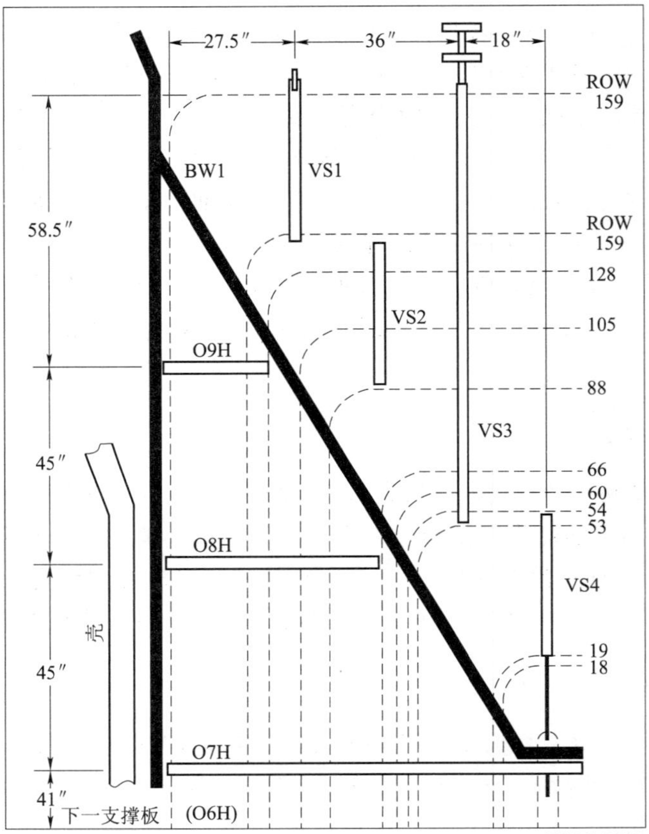

图 5-11 热段侧上管束几何图

---- 相对支撑板长度

对破裂传热管和方形支撑及自由段区域显示有轴向裂纹的一些传热管进行了金相检查。所有缺陷都是由于外径发生 IGA 和 IGSCC。然而，IGA 超过 10 倍的晶粒深度，经常从 IGSCC 裂纹处的泥渣中观察到 IGA。IGSCC 平均渗透深度是 70.2%，最深处在低于破口裂纹 100 mm 处，深度为 98.2%。在任何传热管断面都没有发现晶间裂纹。

事故后检查结果的关键影响因素是：管跨段的裂缝，二次侧水质中的腐蚀性硫酸盐，破裂传热管内敏感微观结构，可能还有残余应力。下面开始讨论这些因素。

对传热管切掉后留出的空间进行了视频检查，检查发现某处存在沉积物，该处原本是一个传热管的三角形间隙，但由于沉积物的存在使得管与管相接触。通过旋转扁平线圈涡流

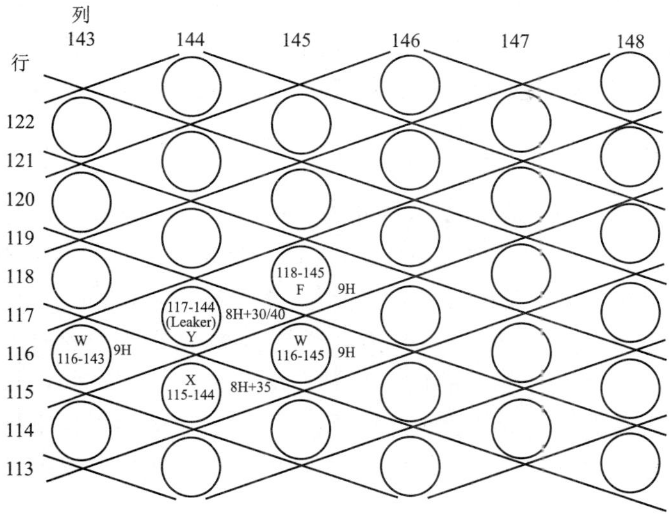

图 5-12　破裂传热管区域的管束横截面及缺陷

F＝轴向裂纹；D＝沉积物；X＝轴向裂纹/D；W＝磨损

设备对这些沉积物也进行了检查。1993 年 7 月 10 日，涡流检查发现在 2 台蒸汽发生器内的 102 个传热管中有 54 个裂纹上存在沉积物。这些沉积物一般聚集在管束的上部，那里的传热管发生了弯曲。燃烧工程公司设计的上部管束支撑板不能防止侧向或内向传热管活动，这会导致管与管间距缩小。金相检查得出的管跨段的沉积物约为 0.1 mm 厚，但正常沉积物厚度应是该厚度的一半。化学分析指出管束越高，沉积物浓度随之更高，有下列元素混合：Fe_3O_4，Cu，NiO，SiO_2，CaO，MgO，ZnO，MnO_2，Al_2O_3，PbO 和各种硫磺类。

尽管 2 号机组二次侧水质保持在反应堆和 EPRI 导则范围内，但是其一直有弱腐蚀性。由于钠对氯化物的摩尔比一直都超过 1，当机组降功率时，高浓度(400 ppb)钠会导致腐蚀性环境的出现。通过分析传热管表面和裂缝表面的氧化膜后认为：裂缝处存在硫酸盐、硫磺和贫铬，而且所有这些都在碱性(弱腐蚀性)环境下存在。这些杂质可能来源于冷凝器的泄漏和树脂的进入。1991 年 7 月树脂滞留网的失效导致硫酸盐浓度大约为 EPRI 导则的 5 倍。

检查前预期传热管应该是由一个断断续续的晶界碳化物覆盖的，但对破裂的传热管进行微观结构检查后发现，传热管缺失晶内碳化物，仅含有一些晶间碳化物。对另外两个抽取的传热管进行检查，其微观结构特性表明，较少的晶界碳化物覆盖是最优的，相较于破裂的传热管是较好的。对另外 5 个被抽取的传热管进行微观检查，表明了可接受的碳化物范围。这些结果表明了热处理和/或碳含量制造可能存在问题。有极少晶间碳化物的合金 600 材质传热管对应力腐蚀开裂更为敏感。

对传热管表面检查后发现，在一些被抽取的传热管(不是破裂的传热管)上存在与 ODSCC 有关的划痕，划痕区域导致局部冷却和高的表面残余拉应力，这些可促进应力腐蚀开裂。

总之，2 号机组传热管破裂是由于 IGA/IGSCC 造成的。聚集浓缩在缝隙中的腐蚀性杂质和热通量导致了裂缝长度和深度的扩展。影响因素包括：树脂进入导致的硫酸盐浓度增加，表面划痕和敏感微观结构。

该破裂事件显然是偶然发生。1992 年 7 月 2 号机组监视到一回路向二回路的小泄漏。从 1993 年 3 月 3 日开始，泄漏增加到大约 75 L/日。但在功率变化和高速率排放期间发现泄漏率增加。可是在该事件发生前 2 天泄漏率却有些许降低。

5.10.2 反应堆瞬态

该事件发生时机组处于 98%功率运行状态。破裂的第一个显示是稳压器水位和压力的显著下降，并伴随有 2 号蒸汽发生器的主蒸汽管线放射性监测器的报警(上午 4:34)，操纵员怀疑 4 小时前已投入运行的脱气塔发生泄漏。2 分钟后，操纵员启动第三个上充泵，并给稳压器备用加热器通电。他们检查了压力容器传感器，确定压力容器内的脱气塔是否泄漏。4 分钟后，辅助蒸汽冷凝水箱上的辐射监测器发生报警。6 分钟后隔离下泄流，显示出辐射监测器与蒸汽发生器传热管破裂的柱状图，仅有上述的监测器发生警报。蒸汽发生器传热管破裂的主指示器、蒸汽发生器排放管线上辐射监测器和冷凝器排出管线上的辐射监测器没有报警。

13 分钟后，稳压器低水位导致稳压器加热器停止运作，汽轮机自动停车使反应堆停堆；22 秒后，由于冷却剂系统压力低于 12.67 MPa，安注系统和压力容器隔离系统动作，稳压器水位下降到 0%，压力下降至 11.56 MPa。随后高压安注泵使稳压器水位恢复至大约 4%处，压力恢复至 12.96 MPa，此时冷却剂泵 1B 和 2B 也手动停运。在接下来的 10 分钟里，高压安注泵和上充泵缓慢增加稳压器水位，冷却剂系统压力保持在 12.9 MPa。大约 28 分钟时，高压安注泵流量为 0，下泄流仍被隔离，3 个上充泵在运行，稳压器水位仍缓慢增加，但仍保持在较低水平。

因为反应堆工况不允许使用具体的恢复诊断程序，即使操纵员怀疑发生蒸汽发生器传热管破裂，所以他们采用应急操作规程诊断逻辑树，诊断反应堆停堆。然而，因为稳压器低水位，不满足紧急停堆恢复的入口条件。因此，由于诊断逻辑树的不确定，操纵员随即进入功能恢复规程。如上所述，排放管线和冷凝器出口的辐射监测器报警是表示蒸汽发生器传热管发生破裂的第一个报警信号。然而，13 分钟时安全系统动作使得排放管线被隔离，并且冷凝器出口上的监测器存在缺陷。

46 分钟时，操纵员恢复排放管线内流量。55 分钟时，2 号蒸汽发生器上监测器报警。57 分钟时，冷凝器出口警报解除，操纵员确认蒸汽发生器传热管破裂。然而，操纵员继续采用功能恢复规程，恢复稳压器水位超过 33%处。1 小时 30 分钟时，冷却剂系统冷却至 545 ℉和 10.3 MPa，随着压力下降高压安注增加，稳压器恢复至 33%满水位，退出功能恢复规程，诊断逻辑树后确定为蒸汽发生器传热管破裂。2 小时 47 分钟时，执行蒸汽发生器传热管破裂规程，重新冷却冷却剂系统。2 小时 54 分钟时，隔离 2 号蒸汽发生器。

冷却期间，通过使 2 号蒸汽发生器二次侧压力超过冷却剂系统压力的方式，令冷却剂从蒸汽发生器向冷却剂系统回流来冷却，大约 6 小时后机组进入热停堆状态。

5.10.3 操纵员行动

操纵员被(a)应急操作规程诊断逻辑树，(b)不完善的辐射警报和(c)泄漏的地方是有问题的预期观念所困扰。因此，他们较慢地执行反应堆停堆(13 分钟)，较慢地确认发生蒸汽发生器传热管破裂(57 分钟)，很慢地开始冷却冷却剂系统(1 小时 30 分钟)，直到 2 小时 47

分钟才最终冷却下来,直到 2 小时 54 分钟才隔离有缺陷的蒸汽发生器。一回路压力如预期的一样,保持在有缺陷的蒸汽发生器二次侧压力之上,一回路向二回路泄漏持续了至少 3 小时,可能接近 4 小时。总之,对蒸汽发生器传热管破裂的响应极慢。

5.10.4 环境影响

冷却剂系统内放射性核素浓度很低。因此,尽管相当长时间后才去隔离有缺陷的蒸汽发生器,但释放量仍然相对较低。计算出 2 小时厂区边界甲状腺剂量小于 0.3 mrem (1 rem$=10^{-2}$ Sv),计算出 8 小时低人口区域甲状腺剂量小于 0.04 mrem,这些值远小于 30 mrem 的 USNRC 标准审查计划标准。

5.10.5 补救措施

亚利桑那公共服务公司已实施或计划实施大量的补救措施,包括:修复凝结水除盐装置确保树脂滞留,对所有怀疑有裂纹的传热管进行堵管,将许多带不锈钢电缆的传热管稳定化,更好地控制二次侧水质的摩尔比,树脂监测项目,减少铁杂质进入蒸汽发生器,提高联氨,最优化排放,周期性降功率至最大可返回功率,提高辐射监测器灵敏度,改进一回路向二回路泄漏率的规程,改进应急操作规程。

5.11 蒂昂热核电厂 3 号机组

1996 年 7 月 23 日,比利时蒂昂热核电厂(Tihange)3 号机组一台蒸汽发生器一回路向二回路的泄漏量大约有 32 t/h。

5.11.1 传热管破裂原因

在 1 标准大气压和没有燃料的情况下,3 号蒸汽发生器二次侧进行了流体静力学试验。泄漏的传热管位于第 34 排 30 列(R34C30)处(距传热管管束外围相当远)。预计泄漏高度在传热管板上方 6 m 处,介于传热管支撑板 6～7 之间。

使用涡流检测器检查了泄漏管周围大约 60 根传热管。实施这种检查是为了探测有破裂迹象的传热管周围每个方向上是否有两根连续完整传热管。这种策略下不需考虑堵管,仅需考虑被检查的传热管。

使用 16.5 V 的饼式线圈探测器检测泄漏传热管 R34C30 呈现涡流信号,大约在传热管支撑板 nr6—4 以上,因此水压试验的结果是正确的。轴向缺陷的长度据估计为 40 mm。信号的分析表明,外表面材料的异物导致了耗蚀。

通过对周围传热管的检查,确认了初始原因,泄漏传热管同高度处外表面是耗蚀。有 6 根传热管呈现出耗蚀迹象,其中 3 根有显著迹象:估计深度达到 40%壁厚,长度大约为 20～50 mm,信号幅值为 300～460 mV,另外 3 个信号大约为 50 mV,由于太小而不能估计出深度或长度。传热管上存在这样的缺陷可能是由于附近的物件所引起的。对于这种异常的涡流信号,可以利用实验室设备,把一个可导金属物件贴近被检查的传热管来复制这些异常。

将一个照相机放入泄漏传热管和周围的一些传热管内进行检查,其检查结果与其他方法得到的基本一致。两个连续支撑板间的距离大约是 1 100 mm。估计缺陷长度为 37 mm，最大的开口为 3 mm，并在缺陷上看到一个空洞，缺陷的边缘貌似不粗糙。周围传热管上同一高度处有一个相似的空洞。检查没有发现异物。

检查结论：泄漏是由于异物导致的。

5.11.2 核电厂瞬态

时间	事件
6:22:25	一回路向二回路泄漏触发氮-16 警报
6:25:09	开始手动降负荷
6:26:17	手动启动第二上充泵
6:42:30	汽轮机手动脱扣
6:42:47	一回路功率低于名义功率的 10%
6:43:00	开始泄压
6:45:00	开始隔离受影响的蒸汽发生器
6:47:00	完全隔离受影响的蒸汽发生器
6:49:00	使用未受影响的蒸汽发生器和冷凝器泄压阀来冷却冷却剂系统
7:13:00	3 号蒸汽发生器水位在 80%以上 • 主给水泵自动停止引起辅助给水系统自动启动 • 主给水泵自动隔离
7:36:00	一回路与二回路压力相当，大约为 80 bar
8:00:00	伴随着受影响蒸汽发生器的失压，通过向冷却剂系统排水(泄漏流的逆转)，冷却剂系统降温降压
16:30:00	余热排出系统接入

5.11.3 操纵员行动

由于当值操纵员快速和有效的反应行动，并没有将放射性释放到大气。

5.11.4 环境影响

尽管这起事件的泄漏速率相当快，但它并没有其他特殊性。事故期间，受影响的蒸汽发生器的最大压力值达到 82.5 bar，低于蒸汽泄压阀(85 bar)和安全阀的开启压力(第一级开启压力为 88.7 bar)。受影响蒸汽发生器的最高水位为 90%。因此没有放射性释放到大气中。

5.11.5 补救措施

由于缺少提取传热管束深层区域内异物的技术，根据涡流检查得到的结果，决定对泄漏传热管周围的 59 根传热管进行堵管，确保有泄漏迹象的传热管周围两根连续传热管的安全边缘完整，即在假想的异物周围创造出一个"安全区域"。

值得注意的是：

(1) 泄漏的传热管在传热管束内部，因此现有的任何方法不可能深入到传热管的二次侧，检查或者取出物件；

(2) 拔出泄漏传热管将会释放更多的剂量，因为缺陷的高度大约在传热管管板上 6 m 处，需要拉出许多传热管短的部分；

(3) 拔出传热管后，需要修理的是传热管不能提取的部分，这一高度区域的修理将是技术上的重大难题；

(4) 考虑到缺陷形状，似乎通过拔出的方法将会造成较大的损伤；

(5) 异物，假定在该位置固定，可能会由于尝试拔出泄漏传热管而松动；

(6) 1996 年 12 月停堆期间，蒸汽发生器检查发现周围区域没有发现新的材料耗蚀现象。

必须说明的是，截至现在，没有证据表明 1996 年 7 月的堵管措施不足以确保蒸汽发生器更换前的安全运行。

5.12　印第安角核电厂 2 号机组

2000 年 2 月 15 日，美国印第安角核电厂 2 号机组发生传热管破裂，导致一回路大约以 553 L/min 的速率向二回路泄漏，共泄漏大约 72 669 L 的反应堆冷却剂。

5.12.1　传热管破裂原因

印第安角核电厂 2 号机组设计有 4 台蒸汽发生器，分别为 21，22，23，24。确认失效的是 24 号蒸汽发生器内第 2 排第 5 列传热管的 U 型段。通过对失效区域进行目视检查，发现裂纹长度大约为 5～7.6 cm。

对该失效区域进行了根本原因分析后确认，该传热管失效是由于传热管尖端的 PWSCC 造成的。

5.12.2　反应堆瞬态

印第安角核电厂在收到报警后的 13 分钟时开始手动停堆，然后隔离有缺陷的蒸汽发生器，继续利用剩余 3 台蒸汽发生器冷却堆芯，直到冷却剂温度降至 93 ℃以下，反应堆处于冷停堆状态，泄漏持续了大约 19 小时。

19:17 时，2 号机组 24 号蒸汽发生器的 R-16D 氮-16 泄漏探测器和冷凝器空气抽气器 R-45 探测器报警。事件发生前的一回路向二回路的泄漏率大约为 3.5 加仑/d。泄漏被密切监视着，R-49 蒸汽发生器排污监视器显示一个上涨的趋势。大约 19:19 时，稳压器液位开始下降。R-61D 和 24 号蒸汽发生器二回路的放射性监视器的报警表明，24 号蒸汽发生器确实发生了泄漏。操纵员进入异常操作规程 AOI-1.2“蒸汽发生器传热管泄漏”。19:19 时，第二个上充泵投运以维持稳压器水位。

19:22 时，蒸汽发生器排污被隔离。19:29，一回路向二回路的泄漏量超出了一个上充泵的注入量，反应堆手动停堆。警报触发，开始应急响应。

操纵员过渡到 ES-0.1 程序“电站停堆响应”来继续恢复核电厂。19:40 时，辅助给水停止注入 24 号蒸汽发生器。24 号蒸汽发生器水位开始维持在大约 14%处。因为耗气率超过了一回路向二回路的泄漏，24 号蒸汽发生器的水位开始下降。20:10 时，24 号蒸汽发生器的辅助给水再次启动，20:24 时停止。20:18 时，24 号蒸汽发生器大气排放阀的设定值在正常情况下为 1 020 psi，而程序建议为 1 030 psi。24 号蒸汽发生器的压力此时为 950 psi。20:34 时，24 号蒸汽发生器的主蒸汽隔离阀关闭，完成蒸汽发生器的隔离。操纵员开始执行反应堆冷却程序。

20:58 时，24 号蒸汽发生器压力达到 1 020 psi。20:59 时，压力峰值达到 1 023 psi 后开始下降。没有迹象表明 24 号蒸汽发生器的大气排放阀开启了，所以压力的下降是由于冷却。这段时间由于辅助给水的注入和蒸汽的流动导致一回路系统温度下降了 4 ℃。

21:02 时，因为冷凝器蒸汽排放阀开启并且 21、22、23 号蒸汽发生器排气，所以发生了更大的蒸汽流动现象。蒸汽的流动一直在增加直到 21:03 达到最大值，平均每个蒸汽发生器为 320 000 lbm/h（$1\ \text{lbm/h}=1.26\times10^{-4}\ \text{kg/s}$）。蒸汽的流动增加了一回路系统的冷却速度并且引起稳压器水位和压力的下降。21:13 时蒸汽停止流动。

由于稳压器水位不能再维持在超过 9%处，21:05 时开启手动安注。操纵员重新进入应急运行程序 E-0“反应堆停堆安注”，持续的冷却导致了系统的快速降压。

21:07 时开始安注，当一回路压力降低到 1 500 psi 时，关闭高压安注。21:13 时蒸汽停止流动，操纵员开始转向 E-3 程序“蒸汽发生器传热管破裂”。当压力再次超过 1 500 psi 时，安注流在 21:15 停止。核电厂继续冷却和降压，21:28 时再次开启安注，21:36 时关闭高压安注泵。大约 22:50 时一回路与二回路的压力相等，22:52 时操纵员转向程序 ES-3.1，“蒸汽发生器传热管破裂恢复—回填”，此时两回路的压差约为 0。

回填恢复方法可以缓慢地冷却反应堆并控制压力。这个程序保证一回路的压力低于 4 号蒸汽发生器二次侧的压力，将蒸汽发生器内聚积的水转移到一次侧，并通过下泄系统将其移出。

2 月 16 日 00:05 时，冷凝器真空破坏导致冷却终止。因为抽气器误动作导致真空破坏。抽气器的蒸汽供应是手动控制的，所以主蒸汽管道的蒸汽压力变化，抽气器的蒸汽供应压力也变化。蒸汽供应压力低于抽气器压力能高效地降低不凝气体的压力值。使用大气排放阀再度冷却反应堆，1:15 时主冷凝器再次建立真空。

2:10 时，操纵员将隔离阀轴封水系统（IVSWS）的轴封水供应水箱注满，这是安注恢复程序的一部分。IVSWS 触发了安全壳 A 阶段隔离信号，这种信号会关闭安全壳的部分隔离阀以防止事件后发生泄漏。IVSWS 提供充压水来将安全壳隔离阀之间的空间注满，确保可能的泄漏不会外泄。作为设计的一部分，21:04 的手动安注也会触发安全壳 A 阶段隔离。

2:00，一回路压力为 700 psi，温度 400 ℉。继续执行 ES-3.1 来降温降压。

7:16 一回路温度降到大约 304 ℉。这期间，发现 ES-3.1 的第 9 步上出现了问题。这步要求一回路压力小于 300 psi，温度低于 350 ℉，才能切换为余热排出系统。余热排出系统投入后使反应堆正常降温到冷停堆状态。第 9 步指出，当这些条件满足时，投入余热排出系统并进入标准运行程序（SOP）4.2.1“余热排出系统”。

SOP4.2.1，步骤 2.5 要求一回路压力低于 450 psi 才投入余热排出系统。SOP1.3“主泵启动和停止”步骤 2.10 中要求：当一回路压力低于 350 psi 时停止。为了满足 ES-3.1 中更苛刻的一回路压力限制，冷却剂泵必须在余热排出系统投运前停止。正常情况下，控制一回路压力需要主泵，失去主泵将会失去正常的压力控制而要求使用辅助稳压器喷淋来控制压力。为了满足技术规格书的要求，主泵要保持运行以维持压力。运行班组与运行经理讨论后决定停止冷却，改变 ES-3.1 程序力求实现从蒸汽发生器冷却到余热排出系统冷却的正常过渡。

这期间，24 号蒸汽发生器的压力持续下降水位上升。由于当时没有冷却，降压是由主蒸汽隔离阀 MS-1-24 引起的。事后分析确认，该阀确实发生了泄漏。

8:52 时，主冷凝器里再次建立真空，再次由冷凝器来控制一回路温度。反应堆温度控制在 305 ℉。9:19 时，发布 ES-3.1 的更改请求，程序改变为允许余热排出系统压力大于 300 psi 时投运，允许主泵在过渡期间继续使用。此时，24 号蒸汽发生器压力在 310 psi 并继续降低。反应堆冷却剂系统压力为 388 psi 并保持稳定，24 号蒸汽发生器窄量程水位为 86%并继续上升。

10:12 时，为了将其物理隔离，一个小组被派往 24 号蒸汽发生器主蒸汽管道缓冲器支持机构，MS-24-1 截止阀的上游。这是为了防止主蒸汽管道内充水超重而造成支持机构破坏。

10:32，1 号余热排出系统开始加热准备。12:34 余热排出系统投运。12:47，24 号主泵停运，这是最后一台运行的主泵。反应堆开始依靠余热导出进行冷却。

余热排出系统继续正常运行到 16:56，此时反应堆冷却剂温度降到 200 ℉以下，核电站进入冷停堆状态。这个条件满足程序 ES-3.1 的最终要求，操纵员转为正常冷停堆运行状态，2000 年 2 月 16 日 18:50 警报解除。

5.12.3　操纵员行动

整个过程中操纵员的动作都非常有效地减弱了传热管破裂所造成的负面影响。反应堆冷却剂系统的冷却速率要快于预期的蒸汽排放冷却速率。另外，事件期间发现的 ES-3.1 和 SOP4.2.1 的矛盾也增加了实现冷停堆的时间。

5.12.4　环境影响

尽管该事件导致有较小流量的放射性物质释放到环境中，但总量很好地控制在管理要求内，厂外测量得到的剂量值没有超过天然本底水平。

5.12.5　补救措施

2000 年 2 月 16 日 18:50 时，警报正式结束，此事件的恢复期开始。恢复期的组织是应急响应组织的延续并由恢复经理代替应急值长指挥。一个完整的恢复计划应该包括准备鉴定和指派恢复行动条目。特殊的恢复计划行动条目应包括以下几个方面：事件评估；放射性评估和补救；意外行为；核电厂恢复。

基于评价结果，还要继续增加纠正行动。

5.13　费森海姆核电厂 2 号机组

2008 年 2 月 18 日，法国费森海姆核电厂(Fessenheim)2 号机组满功率运行期间 3 号蒸汽发生器一回路向二回路发生泄漏，探测后发现泄漏速率超过 0.5 L/h。

5.13.1 传热管破裂原因

停堆期间实施了充氦试验以查找泄漏的传热管，发现这根传热管是没有由抗振条支撑的第 12 排的管子。使用长的旋转探测器进行涡流检查以及管内的目视检查确认了缺陷的存在，该缺陷位于 8 号传热管支撑板上 1 mm 处，为 108°的圆周向缺陷。但是因为传热管内有大量的污垢，目视检查不能确认其他缺陷的位置。

抗振条位于每排传热管间，在管束顶端的传热管弯曲段。抗振条支撑所有传热管，防止 U 型管弯曲段因水和蒸汽流而振动。但是小的 U 型弯曲段不总是适合的，这就是为什么将抗振条布置在 11 排以上的原因。由于制造缺陷或运输时造成的偏移，抗振条可能不位于 11 排上。所以缺陷传热管就位于没有支撑抗振条的错位处。

第一级分析显示，缺陷是由于没有抗振条支撑的传热管上产生了振动疲劳。

5.13.2 环境影响

机组停堆期间执行正常的操作程序，少量含氚的蒸汽泄漏到大气。在线辐射监测和样品捕集显示没有污染物存在。

5.13.3 补救措施

为了阻止其他传热管破裂，操纵员：

(1) 在 3 号蒸汽发生器的 11 排传热管上安装穿通的栓塞以便于随时监视。邻近的传热管也要用穿通的栓塞堵管。

(2) 在 1 号和 3 号蒸汽发生器的 12 排传热管内部安装电缆，除了一根已经堵管的传热管。邻近的管子也要用穿透的栓塞堵管。

对那些与受影响的蒸汽发生器类似的蒸汽发生器以及那些堵塞的传热管支撑板进行额外的计算并加强监督。

进一步研究后，比热伊核电厂(Bugey)2 号和 3 号机组以及格拉夫林核电厂(Gravelines)3 号机组将在下次换料和大修期间进行堵管，为限制振动的风险，操纵员将格拉夫林核电厂 3 号机组负荷减小到 93%额定功率，将比热伊核电厂机组降到 85%。

5.14 圣奥诺弗雷核电厂 3 号机组

2012 年 1 月 31 日，美国圣奥诺弗雷核电厂(San Onofre)3 号机组蒸汽发生器传热管发生破裂，泄漏率由 19 L/d(5 加仑/d)快速上升到 113.5 L/h(30 加仑/h)。

5.14.1 传热管破裂原因

2012 年 2 月 12 日，核电厂开始对蒸汽发生器传热管进行检查，检查中发现 3 号机组有 1 根传热管发生泄漏，紧接着对蒸汽发生器传热管进行了 100%涡流探伤，发现有 129 根传热管磨损。3 月 13 日对这 129 根传热管进行了现场压力测试，共 8 根管泄漏(含已发现的 1 根泄漏管)。由于 2 号机组与 3 号机组的蒸汽发生器相似，且 2 号机组正处于换料期，所以按 3 号机组的反馈，核电厂对 2 号机组蒸汽发生器传热管进行了涡流探伤检查。

经确认，3 号机组 U 型弯管区域传热管泄漏的原因是因平面流体弹性不稳定性而导致严重的局部管间磨损和管板磨损。

管间磨损的原因：

(1) 设计时对蒸汽发生器空隙率和流速的预测不保守，在将方形节距变为三角形节距时没有转换相关程序中的管道间隙流速。

(2) 制造工艺使用了更精确的公差，使得传热管与防振杆接触不充分，导致传热管与构件之间的摩擦力和传热管硬度降低，振动增加。

(3) 传热管间距过近也可能是管间磨损的一个原因。

2 号机组蒸汽发生器传热管管壁磨损 90%的机械原因是挡杆长度直径比的增加导致挡杆因流体而振动，挡杆磨损影响了两个机组的 10 根传热管。现用的挡杆与供应方以前设计的相比，长度较长，直径稍短，不足以防止挡杆在流体影响下而过度振动(设计不合理)。因挡杆与蒸汽发生器内部传热管之间的振动碰撞导致传热管磨损。振动源是流体弹性不稳定性，挡杆的移动导致磨损。

5.14.2 核电厂瞬态

2012 年 1 月 31 日，3 号机组发生蒸汽发生器传热管破裂事件。事件序列如下：

15:05	核电厂接收到放射性泄漏报警信号后，根据核电厂相关程序，3 号机组进入非正常运行模式(S023-13-14)，冷却剂向蒸汽发生器泄漏，泄漏率超过 5 加仑/d
15:49	泄漏率达到 82 加仑/d
16:10	泄漏率已达到 30 加仑/h，根据核电厂相关程序，反应堆进入快速降功率模式(S023-13-28)，并通知 NRC 现场监督员
16:30	根据核电厂相关程序，反应堆开始快速降功率
17:31	反应堆降功率至 35%时，手动停堆(全部控制棒插入堆芯)
17:38	反应堆进入蒸汽发生器传热管破裂模式(S023-12-4)
18:00	传热管破裂的蒸汽发生器被隔离。随后堆芯余热被排出，并进入冷停堆状态。

5.14.3 环境影响

最终 0.000 452 mrem 的放射性物质进入大气，但其远远低于法规要求，即排到环境中的放射量最多不超过 100 mrem/a。

2013 年 6 月 7 日，南加州爱迪生电力公司(SCE)宣布永久退役圣奥诺弗雷核电厂 2、3 号机组。按照退役计划，将在 2013 年 7 月之后卸除所有燃料。

5.14.4 经验教训

圣奥诺弗雷核电厂蒸汽发生器传热管破裂是由于设计时裕量考虑不够，最终在高速流体的作用下导致传热管泄漏，虽没有造成严重后果，但是我们仍从这次事件中学到以下重要的经验教训：

(1) 设计蒸汽发生器时模型选择一定要合理，并考虑足够的裕量，并用不同的模型进行独立验证，确保足够的设计裕量。

(2) 当发生重要事件时，核安全监管当局应采取积极有效的应对措施，包括成立事件调查小组等，以确保核安全监管的有效性和高效性。

(3) 核安全监管当局作为独立的核安全监管部门，还应当具备独立验算的能力，特别是在查找事件原因时会起到非常重要的作用。

5.15 多起蒸汽发生器传热管破裂事件的总结

本节将要讨论 14 起蒸汽发生器传热管破裂事件的泄漏率、降质机理、破口尺寸、破口位置、压力源和影响因素等相关信息，总结于表 5-1。这些事件每 2 到 3 年会发生一起，并还可能发生。最大泄漏率的范围从 425 L/min(112 加仑/min)到 2 900 L/min(760 加仑/min)，最大泄漏率不超过 380 L/min(100 加仑/min)的一般低于反应堆冷却剂系统的正常上充流量(依据反应堆设计)，USNRC 认为这是传热管缺陷而不是传热管破裂。单根传热管破裂的泄漏率最多为 3 800 L/min(1 000 加仑/min)左右。

表 5-1 传热管破裂相关泄漏率、降质机理、破口尺寸、破口位置和压力源等信息对比

日期	核电厂	反应堆供应商或蒸汽发生器型号	最大泄漏率(GPM)	降质机理	破口尺寸	破口位置	压力源和影响因素
1975-02-26	波因特滩	W-44	125	耗蚀	2 个相邻的破裂的凸起，每个长、宽大约为 20 mm	管板稍靠上，在热端侧外面的行	大的垢污，清洗失效
1976-09-15	萨里	W-51	330	PWSCC	114.3 mm 长轴向裂缝	U 型管的上端第 1 行第 7 列	由于支撑板变形高应力和椭圆化引起的内部运动
1979-06-25	多伊尔	ACE-44	135	PWSCC	100 mm 长轴向裂缝	U 型管的上端第 1 行第 24 列	在制造期间由于椭圆化导致高残余应力
1979-10-02	普雷里岛	W-51	336	松动零件磨损	38 mm 长轴向鱼嘴形开口	管束外表面，热侧管板上方 76 mm，第 4 行第 1 列	淤渣冲洗设备遗留在蒸汽发生器内
1982-01-25	京纳	W-51	760	松动零件磨损、侵蚀	100 mm 长轴向鱼嘴形开口	热侧管板上方 127 mm，第 42 行 55 列	宽松零件(隔板碎片)遗留在蒸汽发生器内
1984-05-16	卡尔洪堡	CE	112	ODSCC	32 mm 长轴向裂缝(小鱼嘴形开口)	在顶部水平，在热端侧竖直蝙蝠状支撑杆件之间，破口正面朝下	垂直蝙蝠形支撑杆的腐蚀导致传热管变形，在二次侧上有腐蚀杂质

续表

日期	核电厂	反应堆供应商或蒸汽发生器型号	最大泄漏率(GPM)	降质机理	破口尺寸	破口位置	压力源和影响因素
1987-07-15	北安娜	W-51	637	高周疲劳	360°圆周的破口	冷侧上第7个传热管支撑板上，第9行第51列	高频振动，凹陷，AVB支撑缺失
1989-03-07	麦克圭尔	W	500	ODSCC	在645 mm长凹槽内的95 mm长轴向裂缝，在最大点处9.5 mm宽	冷侧传热管支撑板上方711 mm，第18行第25列	长窄凹槽，可能存在杂质
1991-02-09	美滨	MHI-44	700	高周疲劳	360°圆周的破口	冷侧第6个传热管支撑板上部，第14行第45列	高频振动，AVB支撑缺失
1993-03-14	帕罗弗迪	CE-80	240	ODSCC	在250 mm长轴向裂缝内的65 mm长轴向鱼嘴形开口	热侧上08H和09H传热管支撑结构之间的自由跨度区域，第117行第144列	管与管之间裂缝组成，桥接沉积，腐蚀性二次侧水质，易受影响的材料
1996-07-23	蒂昂热	ACLF	32 t/h	存在杂质	缺陷长度为37 mm，最大开口为3 mm。在缺陷上看到一个空洞。缺陷的边缘好像是不粗糙		
2000-02-15	印第安角	W	146	PWSCC	裂纹长约为2～3 in	24号蒸汽发生器内第2排第5列传热管的U型段	
2008-02-18	费森海姆	Framatome	0.002 2	震动疲劳		3号传热管支撑板上1 mm处的108°圆周向缺陷	
2012-01-31	圣奥诺弗雷	C-E	0.5	磨损			3号机组传热管与传热管间磨损的机械方面的原因是三菱重工使用的FIT-Ⅱ模型计算蒸汽发生器时裕量考虑不够，导致在高速流体情况下，传热管磨损严重，最终导致了传热管泄漏

6 种不同的传热管降质机理造成了 14 起破裂事件:3 起是由 ODSCC 造成的,3 起是由高周疲劳造成的,2 起是由松动零件磨损造成的,3 起是由 PWSCC 造成的,2 起是由耗蚀造成的,1 起是由于存在异物造成的。

另外,西屋的蒸汽发生器由高周疲劳造成的破裂少于几年前,这是因为大多数操纵员检查蒸汽发生器时保证了 AVBs 处于正确的位置,更加认真地组装新的蒸汽发生器。但是印第安角核电厂(Indian Point)3 号机组 1988 年发生的传热管破裂事件的经验教训是即使有合适的 AVBs 支持,仍很可能出现这样的失效。并有可能出现松动零件和其他异物继续遗留在一些蒸汽发生器中和其他由于松动零件磨损造成的破裂。在特定的蒸汽发生器里已经发生了大量的一回路应力腐蚀和二回路应力腐蚀现象,这些现象有可能造成更多的传热管破裂。

破口位置一般在管板之上(4 起破裂)或在 U 型区域(8 起破裂),仅有麦克圭尔核电厂的破裂位置靠近较低支撑板。尽管帕洛弗迪核电厂 2 号机组破裂位于 U 型区域,它在 08H 和 09H 部分支撑结构之间的 117 排传热管的竖直部分。松动零件磨损造成的破裂位于管板之上,而高周疲劳造成的破裂位于上部传热管支撑板之上。这些机理造成的任何破裂都可能发生在相同的位置,仅有费森海姆核电厂的破裂是位于没有用抗振条支撑的第 12 排管子的位置,由于制造缺陷或运输时造成的偏移,抗振条可能不位于 11 排上,最终缺陷传热管就位于抗振条错位而没有支撑的区域。

由 ODSCC 造成的 3 起破裂似乎都有一些影响因素。首先,卡尔洪堡核电厂传热管承受因垂直蝙蝠形支撑杆件腐蚀产生的高应力。其次,麦克圭尔核电厂破裂的位置位于制造期间可能产生的一个长形浅槽内。最后,帕洛弗迪核电厂的破裂发生在一个带有微观结构易受影响(以及反常)的传热管内。总体来说,在所有 3 个案例中,二次侧上都存在强腐蚀性杂质。

正如本章之前的介绍,操纵员被期望做(a) 保持一回路冷却剂过冷;(b) 使反应堆冷却剂系统向有缺陷蒸汽发生器二次侧的泄漏量最小化;(c) 使受损的蒸汽发生器释放的放射性材料最小化。成功控制蒸汽发生器传热管破裂事件的关键是时间。操纵员必须及时完成的关键行动包括:

(1) 识别出蒸汽发生器传热管破裂事件正在发生;

(2) 采用上充泵和下泄管线控制稳压器水位(如果破口很小);

(3) 降功率/停堆;

(4) 隔离有缺陷的蒸汽发生器;

(5) 通过完整的蒸汽发生器的强迫流动及完整的蒸汽发生器向冷凝器和大气排放来冷却反应堆冷却剂系统;

(6) 反应堆冷却剂系统降压一般要求使用安注和稳压器喷淋或 PORVs。

需注意的是由于反应堆操纵员在授权之前接受了相关培训,通常很容易识别蒸汽发生器传热管破裂。有很多能够表明传热管已发生破裂的指标,其中,蒸汽管线辐射监测器和抽气器辐射监测器是主要的指标,并且可以用作应急操作程序入口条件,这一操作程序是当反应堆处于功率运行和系统处于适当状态时,可以用来应对瞬态的操作程序。

操纵员行动开始和完成的时间是不同的。比如:波因特滩核电厂,卡尔洪堡核电厂、帕洛弗迪核电厂和圣奥诺弗雷核电厂的操纵员花费相当长时间(分别为 28、32、57 和 85 分钟)

才意识到(或证明)蒸汽发生器传热管发生了破裂,最终导致他们较慢的降功率(最大泄漏率相当低的波因特滩核电厂是30分钟,泄漏率和初始压降更大的帕洛弗迪核电厂是13分钟),较慢的隔离有缺陷的蒸汽发生器(分别为58、40、174和175分钟)。然而,京纳,北安娜,麦克圭尔,萨里、美滨和蒂昂热核电厂的操纵员在收到第一个警报后,在很短时间内认识到蒸汽发生器传热管发生破裂。他们分别在1.5、3、4、7、8和2.5分钟开始减负荷,分别在15、18、11、18、22和22.5分钟开始隔离有缺陷的蒸汽发生器(美滨有缺陷的蒸汽发生器在15分钟时开始隔离,主蒸汽管线隔离阀很好的工作)。需注意的是反应堆在接近热备用时(多伊尔和卡尔洪堡),操纵员更难去检测蒸汽发生器传热管破裂。但是,波因特滩,卡尔洪堡,帕洛弗迪,蒂昂热和普雷里岛的操纵员能够更迅速地识别此事件。

另外,在大多数情况下,当稳压器水位明显下降时,操纵员应开始调整第二和第三上充泵至满流量,同时降低或隔离下泄流量。但多伊尔核电厂的第三上充泵直到15分钟后才启动,普雷里岛核电厂的第二和第三上充泵直到9和10分钟才开始启动,卡尔洪堡核电厂的上充泵直到18分钟才达到满流量。充足的上充流量能够防止安注启动(对于更小的破裂)并允许使用稳压器来帮助控制早期的降压。从一些案例中可以认识到:第三上充泵可能是低容量。另外,正常情况下,高压上充泵可以补充供水,但应急情况下没有能力供给大量的水。

一回路系统的冷却和降压是很重要的及时行动。反应堆冷却剂系统压力降至低于有缺陷的蒸汽发生器二次侧压力,并保持稳定(稍微低于并非低于回流,因为过低会显著影响一回路系统硼浓度),同时保持反应堆冷却剂系统充分过冷。如果反应堆冷却剂系统压力高于有缺陷的蒸汽发生器二次侧压力很长时间,将会导致蒸汽发生器二次侧满溢并向环境释放放射性。因为北安娜、萨里、普雷里岛和美滨核电厂的反应堆冷却剂系统压力分别在34、60、61和68分钟时降至有缺陷的蒸汽发生器二次侧压力以下,所以没有出现有缺陷的蒸汽发生器满溢问题。而波因特滩,京纳和卡尔洪堡核电厂的反应堆冷却剂系统压力却在相当长的时间里(分别大约7小时,3小时和未知多少小时)明显高于有缺陷的蒸汽发生器二次侧压力,最终导致缺陷的蒸汽发生器满溢。麦克圭尔核电厂的降压同样经过很长时间(10小时47分钟),但缺陷的蒸汽发生器没有满溢主要是因为通过冷凝器将该蒸汽发生器中的蒸汽排放至大气,从而控制了缺陷蒸汽发生器的水位。

尽管这些行动很及时,并且在所有案例中反应堆适当的冷却并且放射性释放量低于法规限值,但我们会发现操纵员有时被不合理的应急操作程序(例如帕洛弗迪核电厂)或有缺陷的设备(比如美滨核电厂)所限制。操纵员受反应堆工况所限制,不允许快速使用应急操作程序。需加强以下两方面培训:(a) 关于蒸汽发生器传热管破裂的操纵员持续的培训;(b) 关于基于指示识别事件的培训。根据相关程序采取相应的行动,程序之间的差异需要提前考虑。

第六章　蒸汽发生器传热管破裂事故分析

6.1　SGTR 事故的机理和现象

核电厂蒸汽发生器传热管破裂(SGTR)事故是指由于蒸汽发生器传热管破裂造成的冷却剂丧失速率超过冷却剂补给系统正常补水能力的冷却剂装量减少事故。

SGTR 的主要特征是：

(1) 主系统冷却剂通过破口进入破损 SG 二次侧，稳压器压力和水位下降，上充泵流量增加；

(2) 破损 SG 二次侧压力和水位增加，蒸汽流量和给水流量失配；

(3) 冷凝器排汽和破损 SG 排污取样系统辐射水平增加。

在 SGTR 事故过程中，一回路放射性物质可通过 SG 的释放阀和安全阀直接排放环境，这意味着核电厂同时失去两道安全屏障(冷却剂压力边界和安全壳)的完整性，是一种放射性释放较为严重的事故。

SGTR 事故不仅后果严重，也要求操纵员立刻干预，若操纵员处理不及时或不当，极易造成破损 SG 满溢，美国 Ginna 核电厂 1982 年发生 SGTR 时即出现 SG 满溢现象。一旦出现 SG 满溢，则可能导致事故升级，因为满溢将使：

(1) 排放到环境的放射性物质大大增加；

(2) 使主蒸汽管道充水，从而危及其完整性；

(3) 水从 SG 的释放阀及安全阀排出时，易导致这些阀门卡开，Ginna 核电厂的 SGTR 即曾因 SG 满溢而导致某些蒸汽管道支撑超过许用应力，且导致安全阀部分卡开。

一旦因破损 SG 满溢而导致 SG 释放阀或安全阀卡开，甚至主蒸汽管道破裂，则由于冷却剂丧失到安全壳外，可能会因换料水箱存水用尽，而安全壳地坑无水，不能实现再循环长期冷却，导致严重事故。

由于满溢的严重威胁，因而对 SGTR 的干预应兼顾两个方面，既要防止系统水量过多而引起的满溢，也要防止系统水量过少而导致堆芯损坏，这使得 SGTR 干预的应急操作规程较为复杂。

SGTR 是出现频率较高的极限事故，核电史上已发生了多次，其处理状况多数还不够理想。国外研究结果表明，SGTR 导致严重事故的概率较大，德国早期风险研究给出的 SGTR 事故导致的熔堆频率为 1×10^{-6}/(堆·年)，占各种初因事故的首位。所以预防和缓解 SGTR 的工作必须予以重视。

6.2 SGTR事故分析计算方法

针对SGTR的工况分类，各国执行的标准不太一致。比如：法国将SGTR事故定义为设计基准事故中的Ⅲ类工况，而美国早期进行SGTR计算时，则按照设计基准事故的Ⅳ类工况。我国按照设计基准事故中的Ⅲ类工况进行计算。

在SGTR事故分析中，应从LOCA危及堆芯、放射性释放及破损SG满溢的可能性三方面来考察其潜在的危险性。但是，从一回路装量减少和堆芯淹没的立场来看，SGTR事故已经被小破口失水事故所覆盖。因此，SGTR事故分析重点是放射性后果分析。放射性后果分析是以一回路到二回路的质能传递和到环境的质能释放为基础，通常分两步进行，第一步是进行带放射性的物质释放到环境的质量和能量计算，通常采用系统分析程序，如RETRAN程序进行；第二步再计算释放到环境的放射性剂量，采用专用放射性分析程序。

在质能释放分析中，是以获得最大的一回路到二回路的泄漏和最大二回路到环境的释放为出发点，即假设更早满溢是保守的，所以不确定性的主要保守假设如下：

(1) 单根传热管双端断裂，破损传热管可以从集总传热管中分离出来，单独模拟，用Moody模型计算喷放量，喷放系数取1.0；

(2) 假定停堆同时失去厂外电源，主泵不运行；

(3) 对于安注系统、辅助给水系统，不设单一故障，全容量投入运行；

(4) 以稳压器低压为停堆信号，取低设置值，停堆后主给水延迟终止，辅助给水偏早投入，以稳压器低-低压为安注启动信号，取高设置值，小的延迟时间；

(5) 反应堆初始运行于102%额定功率，稳压器压力取正偏差，SG二次侧压力取负偏差；

(6) 考虑SG释放阀的作用，设定值取负偏差，在条件满足低压，水位较高时，考虑稳压器加热的投入。

SGTR事故的验收准则通常为，对于法系新建核电厂要求假设事故发生后30分钟内操纵员不动作，破损SG不满溢，但可放宽要求，加上操纵员动作，在破损SG隔离（一次侧向二次侧，二次侧向环境的排放均终止）前不满溢。要求论证操纵员反应时间的合理性和可行性（模拟器论证），并要求主蒸汽管道的动力学分析，证明可承受满溢。

6.3 典型核电厂SGTR的事故分析结果

蒸汽发生器传热管破裂是指蒸汽发生器传热管的破口导致一次侧到二次侧冷却剂系统泄漏超过反应堆冷却剂系统的正常上充流量。在蒸汽发生器传热管破裂事故中，操纵员旨在安全地将反应堆冷却剂系统置于冷停堆状态，同时减少放射性物质释放至环境和保持堆芯充分冷却。本节的分析是基于一系列预期的操纵员行动，中断通过破损蒸汽发生器传热管的破口泄漏。操纵员应当减小反应堆冷却剂系统压力，使其低于受到影响的蒸汽发生器，然后持续冷却反应堆冷却剂系统，直到余热排出系统投入运行。

本节对蒸汽发生器传热管破裂叠加蒸汽管线失效也进行了评估。该事故介绍了由于破口和应急堆芯冷却系统失效，引起缺陷蒸汽发生器二次侧损坏，换料水池的冷却水由于没有安全壳地坑循环水的积累而最终耗尽，造成堆芯融化的可能性。如果反应堆冷却剂系统没有及时冷却，在换料水池耗尽前不能阻止堆芯沸腾，随即发生堆芯裸露和堆芯损坏。对于多达 15 根传热管破裂叠加蒸汽管线破口事故，操纵员的及时动作可以保证核电厂处于长期冷停堆状态。

6.3.1 美国 SURRY 核电厂

Surry 核电厂是一个三环路，热功率为 2 441 MW，西屋设计的压水堆。计算中使用 RELAP5 模型模拟反应堆压力容器的热工水力参数、三个一回路冷却剂环路的管道系统、稳压器、三台蒸汽发生器和二回路系统的选定部分。此模型包括 208 个热工水力控制单元，209 个接头连接控制单元和 245 个热结构。

在传热管破裂事故中，单根传热管双端断裂假设发生在传热管一次侧入口的管壁之上。相应的破口面积为 6.09 cm^2。

蒸汽发生器传热管破裂事故叠加蒸汽管线破口事故与传热管双端破裂事故破口的假设发生在相同的位置，但蒸汽管线的双端破裂假设导致二次侧最大破口面积为 0.13 m^2。由于二次侧蒸汽管线设置了限流器，这是最大的破口面积。

程序中建立了操纵员动作模型，用来模拟可调节流量的应急冷却系统注入、冷却反应堆冷却剂系统以及投入余热排出系统。在蒸汽发生器传热管破裂叠加蒸汽管线破口事故中，这些动作对中止传热管破裂事故中的泄漏、阻止反应堆冷却剂系统内的沸腾和堆芯的长期裸露是十分必要的。

反应堆压力容器的节块划分如图 6-1 所示，堆芯轴向被划分为 10 个单元体。上封头也被划分为死控制体来模拟空泡效应，在事故中考虑非均相效应。

一次侧冷却剂环路 C 的节块如图 6-2 所示，除压力容器和相关的波纹管外，Surry 核电厂一次侧冷却剂环路 A(节块编号 2××)和 B(节块编号 3××)模型中包含相似的节块和数量。流体单元体和热结构用来代表一次侧冷却剂环路管道系统、稳压器和波纹管及蒸汽发生器。应急堆芯冷却系统包含 3 个安注箱，2 列安注系统(2 台高压安注泵和 2 台低压安注泵)。分析假定两列安注系统可用。蒸汽发生器主给水、辅助给水系统和相关管线也包含在二次侧系统模型内。辅助给水在二次侧低水位时自动启动。假定所有热结构的外表面是绝热的。

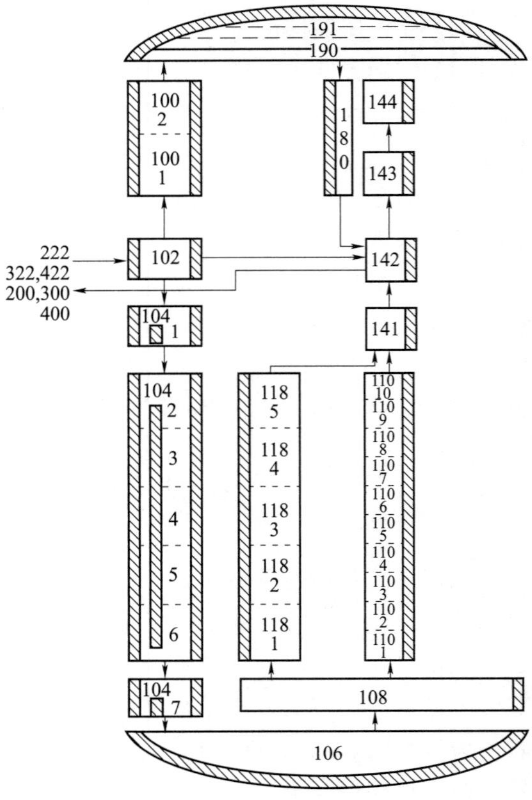

图 6-1 SURRY 反应堆压力容器节点

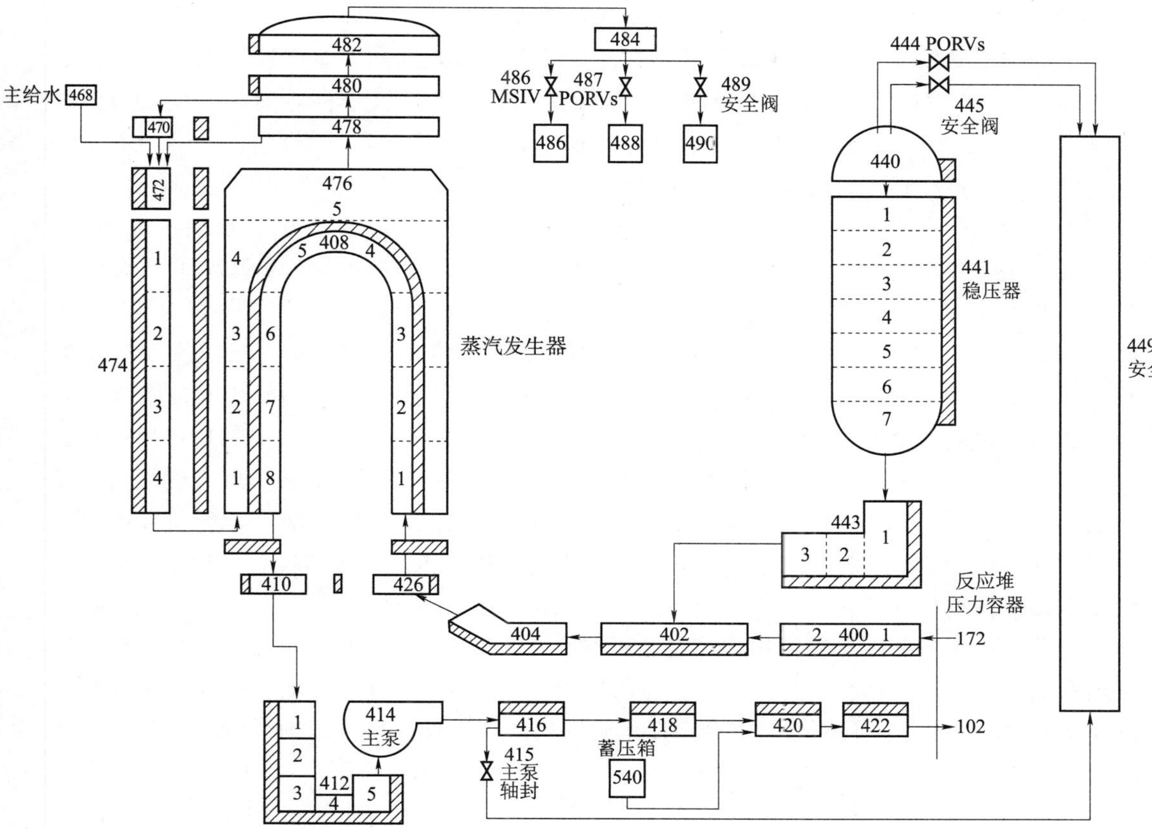

图 6-2 SURRY 的一次侧冷却剂环路 C 的节块图

图 6-2 中，一个单独阀门用来代表连接到稳压器的两个稳压器卸压阀(PORVs)。类似地，另一个单独阀门用来代表所有三个稳压器安全卸压阀。在整个瞬态期间，假设有足够的通风和电力允许 PORVs 阀门运行，其动作可信。

为了分析传热管破裂事故，在环路 C 蒸汽发生器的 408-1 控制体和二次侧 476-1 控制体的连接处建立了破口模型，如图 6-2 所示。叠加蒸汽管线破裂事故，模拟蒸汽管线破口在 482 单元体和大气的连接处。

余热排出系统(RHR)也使用 RELAP5/MOD3 控制系统逻辑建模。RHR 系统的所有系列都进行建模，并模化在环路 B 和 C。RELAP5 中的控制系统从热管段中抽取水，用 RHR 系统冷却水，然后将更冷的水注入反应堆冷却剂泵的排放管道中。设计数据是用来估算 RHR 系统热排出能力的关键参数。

6.3.1.1 蒸汽发生器传热管双端破裂的 RELAP5 仿真结果

本节描述了蒸汽发生器传热管双端破裂事故的 RELAP5 仿真结果。分析包括余热排出系统的动作。

瞬态以传热管破裂开始，图 6-3 是使用 RELAP5 计算的反应堆冷却剂系统压力结果，在约 272 秒反应堆停堆。反应堆冷却剂系统的冷却剂丧失引起 RELAP5 计算的稳压器水位在最初 300 秒下降，如图 6-4 所示。在最初压力下降过程中，安注信号触发高压安注系统，大约 300 秒后注入稳压器。高压安注系统的启动在 800 到 1 200 秒时将反应堆冷却剂系统重新增压到约 14.5 MPa，如图 6-3 所示，使用完整的蒸汽发生器对反应堆冷却剂系统的冷却，在 1 200 秒后减小反应堆冷却剂系统压力。RELAP5 计算高压安注系统和破口的流量，如图 6-5 所示。最初高压安注系统流量超过泄漏量，随着高压安注泵在 800 到 1 200 秒间隔将反应堆冷却剂系统重新增压至高压安注系统与破口流量相匹配，然后开始下降。高压安注流量在 2 800 秒进行节流以防稳压器的过量装载并对反应堆冷却剂系统增压。由于持续的一次侧到二次侧破口流量和一次侧到二次侧系统的热传递引起了二次侧卸压阀在事故早期开启，并不期望出现这种工况。完好蒸汽发生器的二次侧 PORVs 在 1 200 秒时开启，加速反应堆冷却剂系统的冷却。图 6-6 给出了完好和受损蒸汽发生器的压力以及完好蒸汽发生器在事故 1 200 秒时的卸压。为了通过二次侧卸压阀加强卸压和中断放射性物质的释放，在事故 2 400 秒时启动了稳压器喷淋。图 6-3 喷淋的启动对卸压速率有一个显著的增加，有效的中止泄漏流量，结果是反应堆冷却剂系统压力降至受损蒸汽发生器的压力以下。图 6-7 显示受损蒸汽发生器的压力减小，最后反应堆冷却剂系统压力在 3 000 秒时减小到低于受损蒸汽发生器的压力，中止了破口流量。放射性物质通过受损蒸汽发生器卸压阀的任何泄漏约在 3 000 秒中止。如图 6-8 所示。在事故的其他时间，稳压器喷淋伴随着下泄流量和高压安注用来控制稳压器水位和加速反应堆冷却剂系统卸压直到余热排出系统投入运行。图 6-9 中，RHR 系统在 14 000 秒启动，这时反应堆冷却剂系统温度降到 177 ℃，压力降到 3.2 MPa 以下，RHR 系统的启动加快反应堆冷却剂系统的冷却直到建立冷停堆模式，长期移出衰变热。

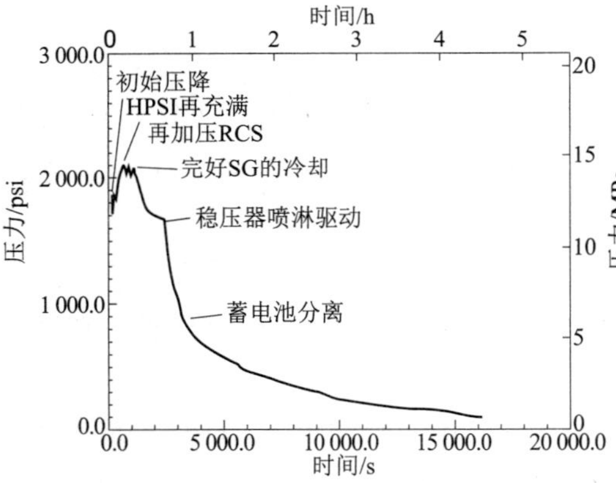

图 6-3　稳压器压力-时间曲线(SGTR)

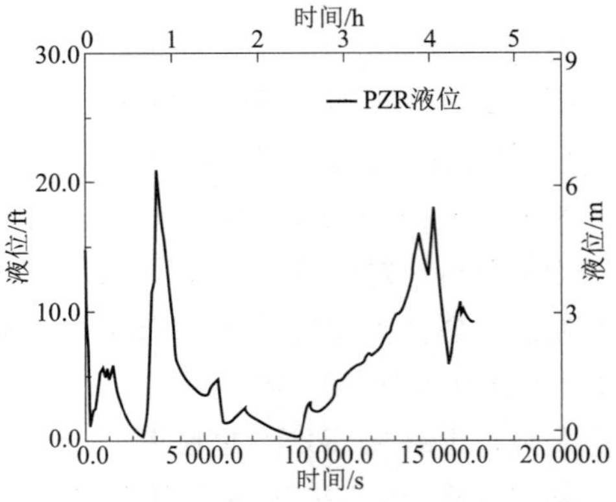

图 6-4　稳压器液位-时间曲线(SGTR)

图 6-10 到图 6-14 给出了传热管破裂事故的其余参数曲线。图 6-10 给出受损蒸汽发生器二次侧的宽量程和窄量程水位，显示了蒸汽发生器传热管双端破裂事故的水位增长特性。图 6-11 给出 RHR 系统的入口和出口温度，余热排出系统在 14 000 秒启动。图 6-12 给出稳压器喷淋流速，下泄流量在图 6-13 中给出，在 3 000～9 000 秒间隔内稳压器流量减小和下泄流增加，防止稳压器的过载和冷却。需要说明的是下泄流在事故中控制稳压器水位，一旦反应堆冷却剂系统压力降到受损蒸汽发生器的压力以下，受损蒸汽发生器成为反应堆冷却

剂系统的一个水源。见图 6-5，约在 3 800 秒后进入事故。图 6-14 给出反应堆冷却剂的泵转速，表明没有达到跳泵的条件。正常喷射是有效的，而且反应堆冷却剂系统的冷却是非常有效的。关键事故序列和关键参数假设列在表 6-1 中。

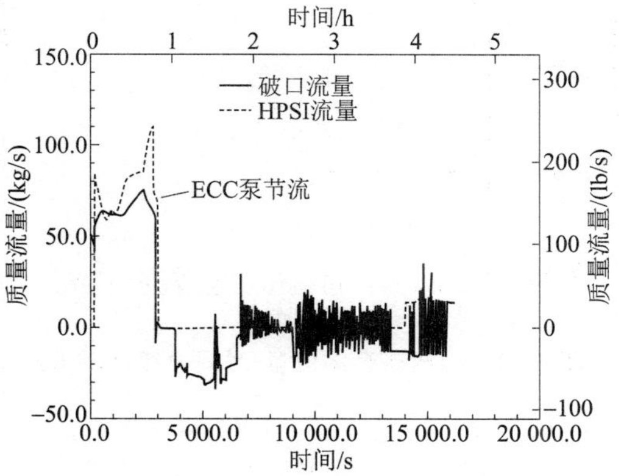

图 6-5　破口流量和高压安注流量-时间曲线(SGTR)

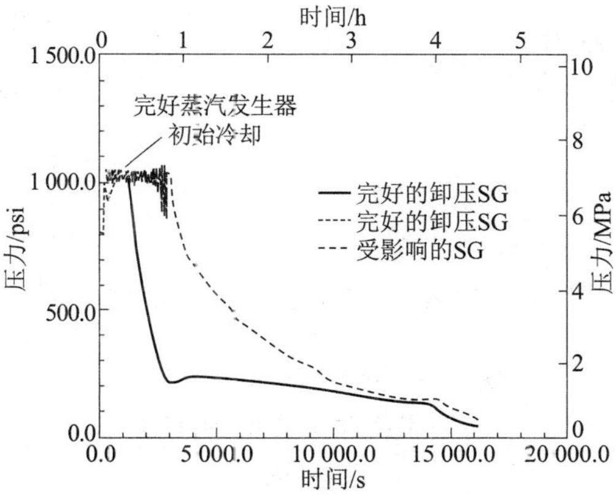

图 6-6　蒸汽发生器二次侧压力-时间曲线(SGTR)

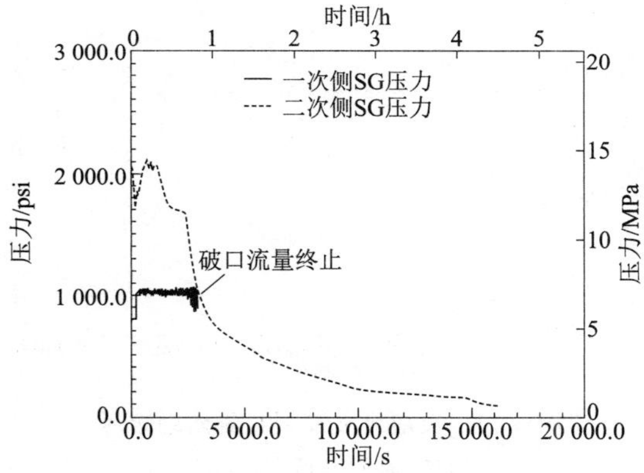

图 6-7　一次侧和二次侧蒸汽发生器压力-时间曲线(SGTR)

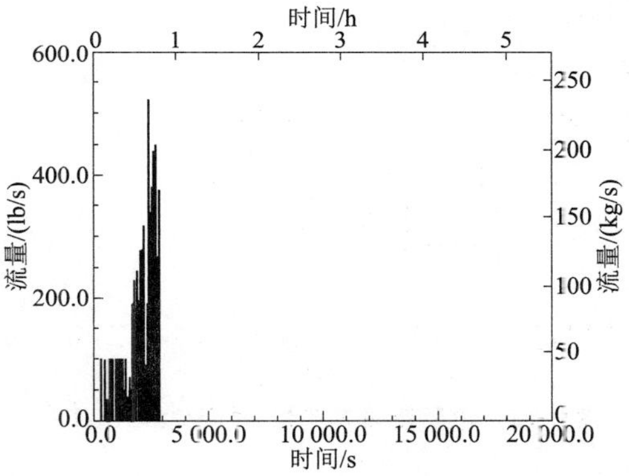

图 6-8　二次侧减压阀流量-时间曲线(SGTR)

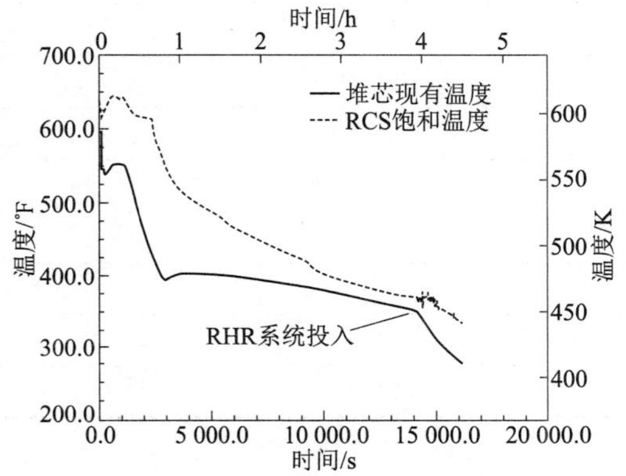

图 6-9　反应堆冷却剂系统温度-时间曲线(SGTR)

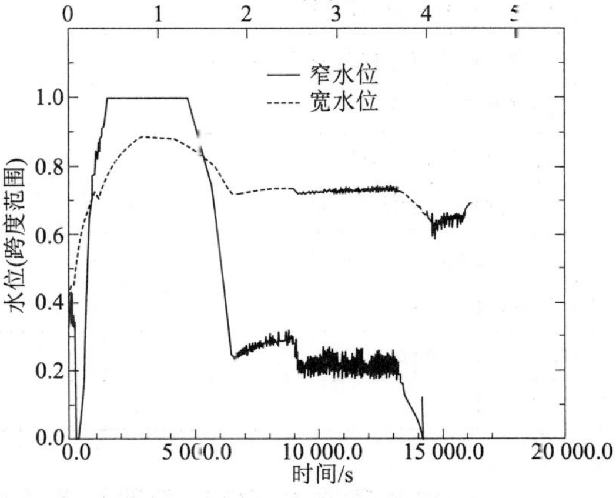

图 6-10　失效蒸汽发生器宽到窄量程的水位-时间曲线(SGTR)

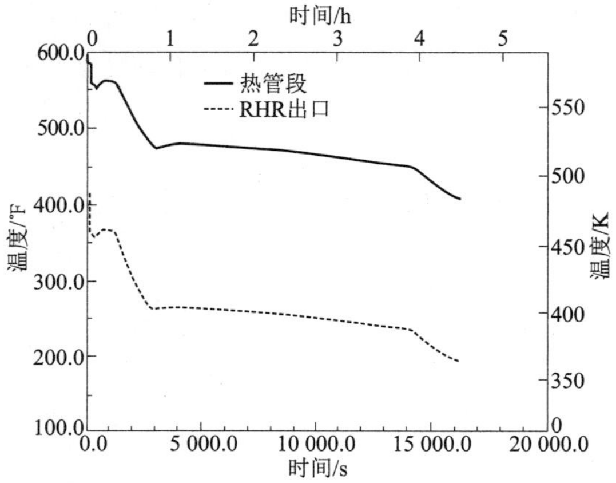

图 6-11　余热排出系统出口和入口温度-时间曲线(SGTR)

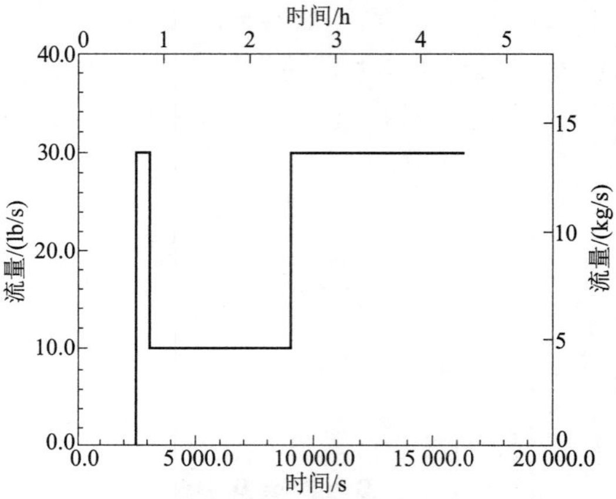

图 6-12　稳压器喷淋流量-时间曲线(SGTR)

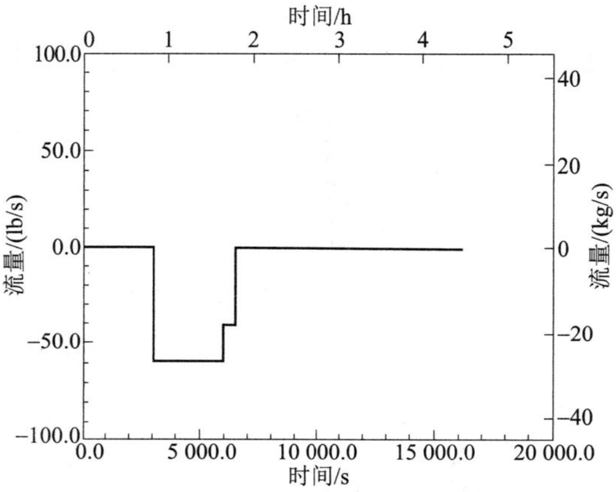

图 6-13　稳压器喷淋流量-时间曲线(SGTR)

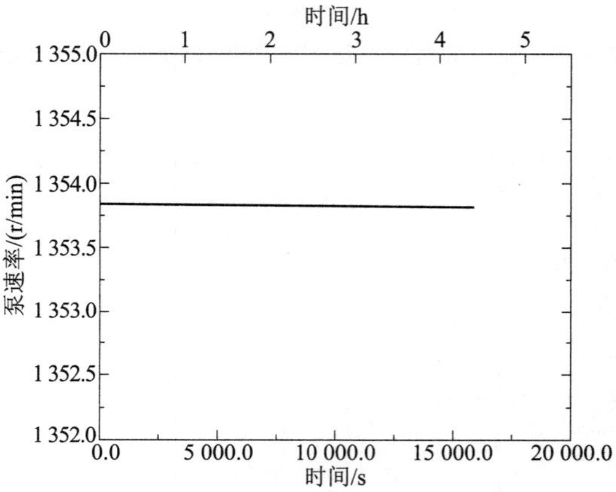

图 6-14　反应堆冷却剂系统降功率时泵速-时间曲线(SGTR)

表 6-1　蒸汽发生器传热管双端断裂:事故序列和关键参数假设

蒸汽发生器传热管破口面积(双端断裂)/cm^2	0.69
反应堆冷却剂泵停机时间/s	272
二次侧冷却使用空气抽吸泵的时间/s	1 200
稳压器喷淋启动时间/s	2 400
高压安注第一次启动时间/s	2 800
减压时的破口流量中止时间/s	3 000
二次侧减压阀流量中止时间/s	3 000
蓄电池隔离时间/s	3 600
RHR 具备投运条件件的时刻/s	14 000
RHR 投运时间/s	14 000

6.3.1.2　一根蒸汽发生器传热管破裂叠加蒸汽管线失效的 RELAP5 仿真结果

本节讨论单根蒸汽发生器传热管破裂叠加蒸汽管线失效的 RELAP5 仿真结果。图 6-15

给出 RELAP5 计算单根双端断裂的传热管破裂同时蒸汽管线失效的稳压器压力曲线。蒸汽管线失效在前 100 秒内引起快速降压。由于二次侧破口导致反应堆冷却剂系统热量的过量排出，从而引起稳压器在 100 秒内迅速排空，如图 6-16 所示。图 6-17 给出 RELAP5 计算的反应堆压力容器的水位。由于稳压器的低压信号，两台高压安注泵启动。当只有一根传热管破裂时，高压安注迅速填充反应堆冷却剂系统，图 6-16 中，约 300 秒时稳压器水位显著增加。由于高压安注系统的启动和充水，反应堆冷却剂系统的过冷度没有丧失。热管段温度较好的保持在图 6-18 所示的饱和温度以下。

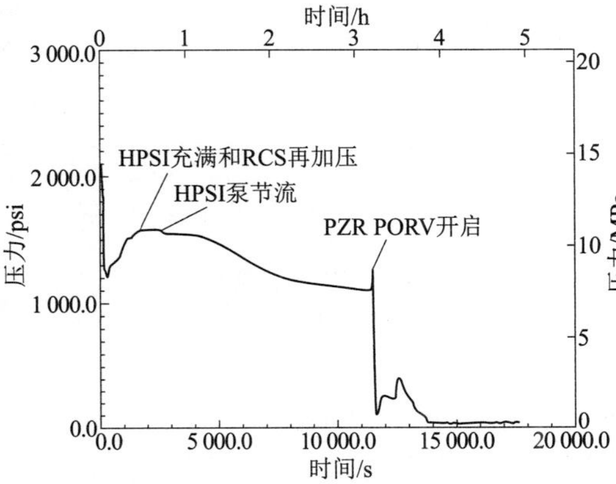

图 6-15　稳压器压力-时间曲线
（蒸汽管线失效叠加单根 SGTR）

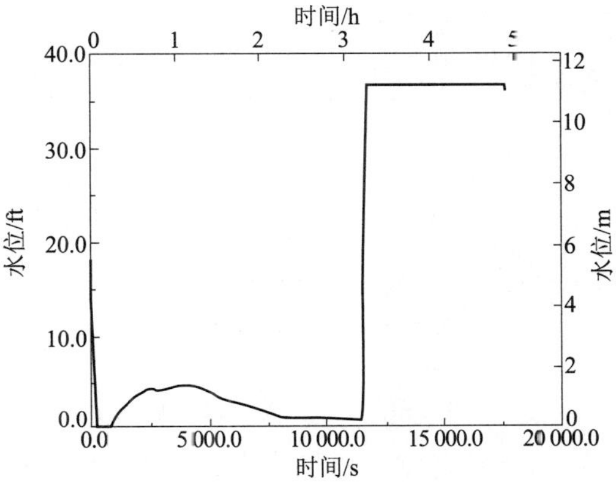

图 6-16　稳压器水位-时间曲线
（蒸汽管线失效叠加单根 SGTR）

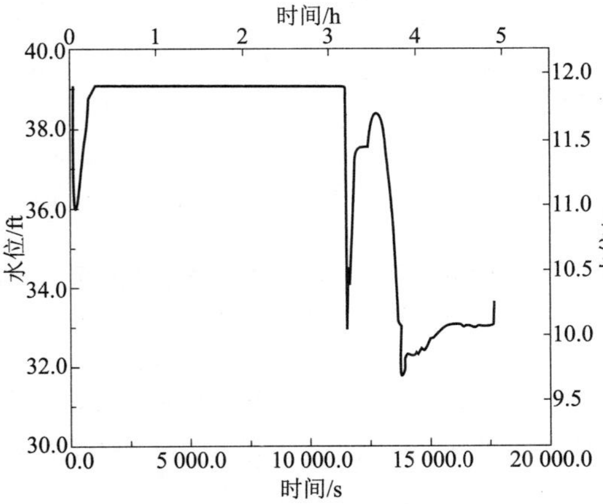

图 6-17　反应堆压力容器水位-时间曲线
（蒸汽管线失效叠加单根 SGTR）

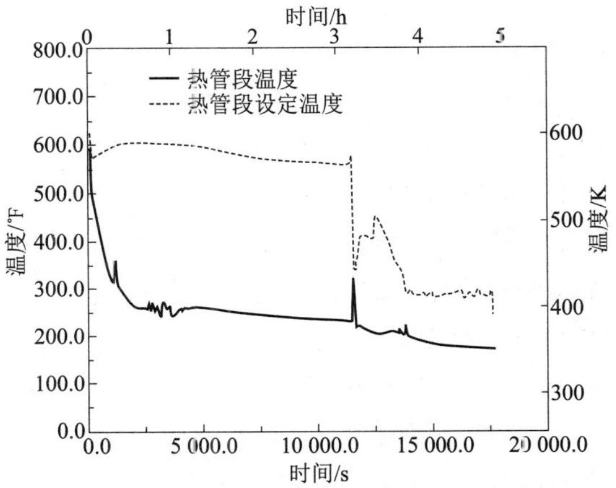

图 6-18　反应堆冷却剂系统热管段温度-时间曲线
（蒸汽管线失效叠加单根 SGTR）

随着高压安注系统的启动，稳压器中水装量的增加引起反应堆冷却剂系统压力在约 2 000 秒时恢复且稳定在 11 MPa，如图 6-15 所示。一回路最高压力由高压安注泵控制，使反应堆冷却剂系统的压力维持在 2 000 秒时的压力，安注流量接近通过失效蒸汽发生器传热管的破口流量，如图 6-19 所示。在 1 800 秒时，高压安注流量减小，减小了反应堆冷却剂系统压力，也防止了稳压器水位丧失。为了防止稳压器排水，在事故剩余时间内高压安注缓慢节流。由于反应堆冷却剂系统压力在足够时间内不能降低到 RHR 的启动压力 3.1 MPa，在换料贮水罐耗尽之前，稳压器 PORV 在 11 500 秒启动，减少反应堆冷却剂系统压力，如图 6-15 所示。图 6-20 给出完整的喷射流量曲线，使用初始喷射速率外推，换料贮水罐水量的丧失约在 19 000 秒或换料贮水罐存量在 1.45×10^{6} kg 时发生。

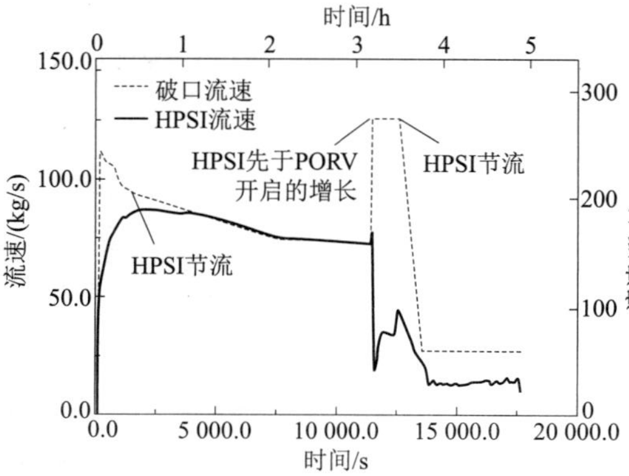

图 6-19 破口及高压安注系统流速-时间曲线（蒸汽管线失效叠加单根 SGTR）

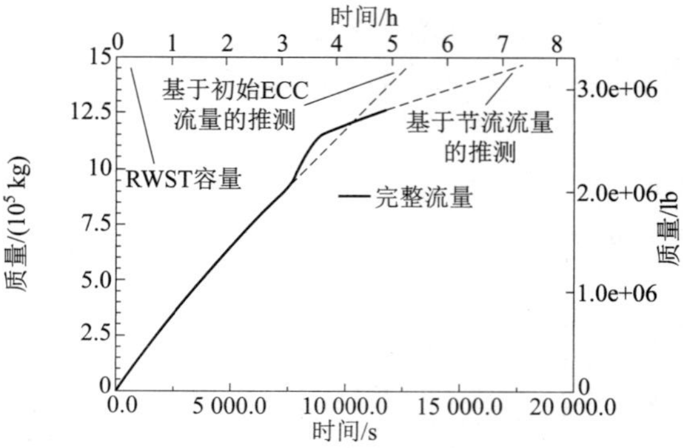

图 6-20 安注系统流量曲线（蒸汽管线失效叠加单根 SGTR）

图 6-19 给出高压安注在 PORV 开启前增加到最大值。一旦压力稳定，高压安注流量再次节流，低压安注流量中止，在事故剩余时间内维持反应堆冷却剂系统的低压。图 6-20 中基于外推法可得，最终应急堆芯冷却的节流将换料贮水罐的耗尽延迟到 26 000 秒。反应堆冷却剂系统压力和热管段温度低于 RHR 系统运行的入口条件，单列 RHR 约 13 000 秒时投入运行，如图 6-21 所示。图 6-21 给出 RHR 的入口和出口温度表明反应堆冷却剂系统热管段温度在大约 14 000 秒时减少到 100 ℃以下。在事故进程中，至少一列 RHR 的运行将堆芯维持在过冷状态。伴随着蒸汽发生器传热管区的破口，反应堆冷却剂系统的液位不会下降至低于蒸汽发生器破口的标高。至少一列 RHR 系统的连续运行对维持堆芯在较长时间的过冷状态是必不可少的。

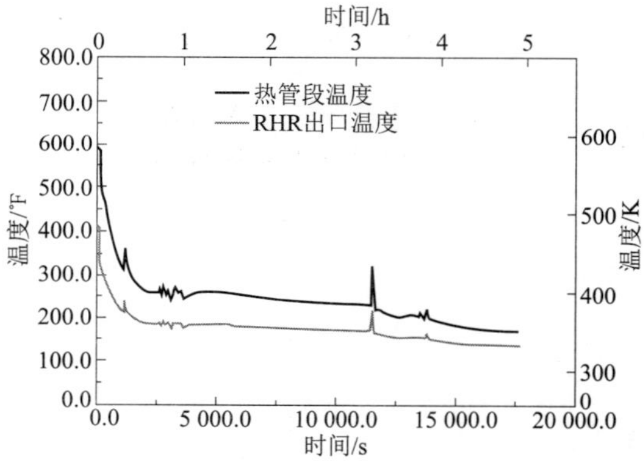

图 6-21 余热排出系统入口和出口温度-时间曲线（单根 SGTR 叠加蒸汽管线失效）

图 6-22 给出受损蒸汽发生器的二次侧压力，事故中一次侧和二次侧系统间产生巨大压差。图 6-23 给出破损蒸汽管线的蒸汽流速。图 6-24 给出稳压器 PORV 的流速，在 11 500 秒时开启。图 6-25 给出反应堆冷却剂泵泵速曲线，事故 200 秒时手动停堆。引起反应堆冷却剂泵跳泵。反应堆冷却剂系统压力减少到 9.4 MPa 以下。图 6-26 给出事故中完好蒸汽发生器的压力。为了辅助反应堆冷却剂系统冷却，在 1 800 秒时 PORVs 的二次侧蒸汽排放阀开启。二次侧蒸汽排放瞬态流速在图 6-27 中显示。表 6-2 给出蒸汽管线失效叠加传热管破裂事故的事故序列和关键参数的假设。

该事故中重要的是：(1) 高压安注泵的节流和低压安注流量的终止；(2) 开启至少一个稳

压器的 PORVs;(3) 至少配置一列 RHR 系统将反应堆冷却剂系统冷却低于 100 ℃,并长期排出衰变热。反应堆冷却剂系统温度低于 100 ℃能防止由于反应堆冷却剂系统压力发生非预期变化而产生的沸腾,允许过渡到半回路(mid-loop)运行瞬态。在反应堆冷却剂系统压力降低到中压安注启动压力 4.1 MPa 以下之前,假定隔离中压安注箱。

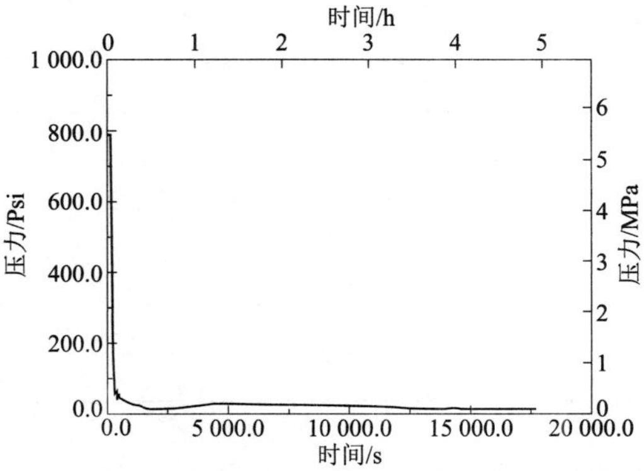

图 6-22　失效的蒸汽发生器二次侧压力-时间曲线
（单根 SGTR 叠加蒸汽管线失效）

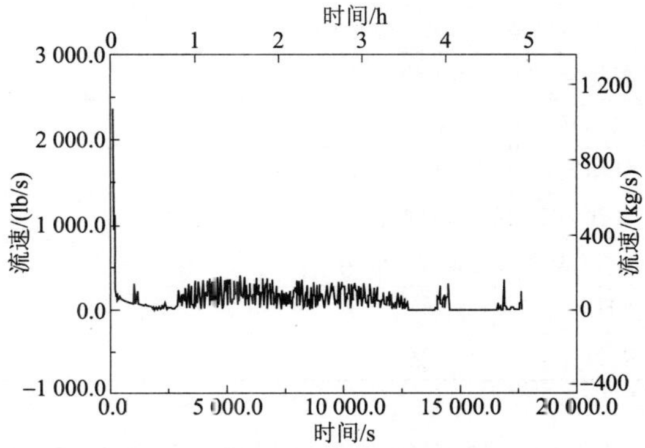

图 6-23　失效的蒸汽管线破口流速-时间曲线
（单根 SGTR 叠加蒸汽管线失效）

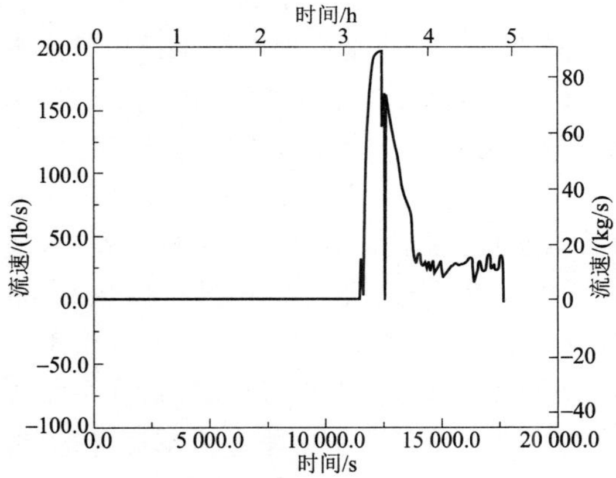

图 6-24　稳压器 PORV 流速-时间曲线
（单根 SGTR 叠加蒸汽管线失效）

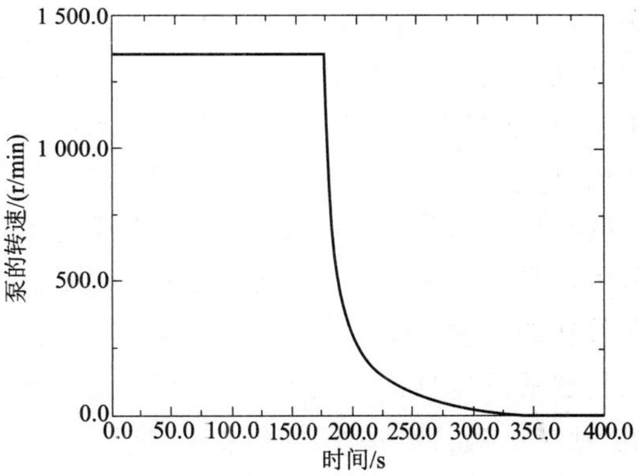

图 6-25　反应堆冷却剂泵转速-时间曲线
（单根 SGTR 叠加蒸汽管线失效）

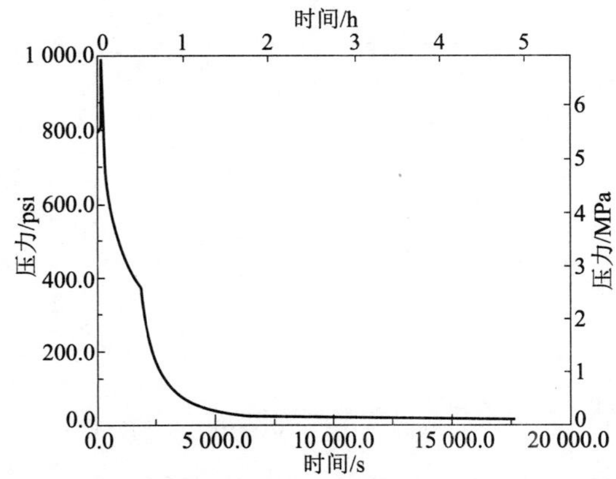

图 6-26　完好的蒸汽发生器压力-时间曲线
（单根 SGTR 叠加蒸汽管线失效）

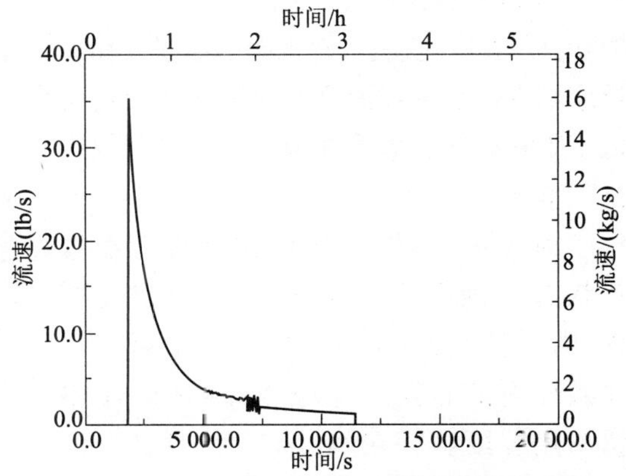

图 6-27　蒸汽发生器蒸汽下泄流速-时间曲线
（单根 SGTR 叠加蒸汽管线失效）

表 6-2 一根蒸汽发生器传热管破裂叠加蒸汽管线失效:事故序列和关键参数的假设

蒸汽管线破口尺寸/m^2	0.13
蒸汽发生器传热管破口尺寸/cm^2	0.69
反应堆冷却剂泵停机时间/s	200
破裂的蒸汽发生器中止时辅助给水系统投入/s	300
二次侧冷却使用空气抽吸泵的时间/s	1800
稳压器 PORV 开启/s	11 500
高压安注第一次启动时间/s	1 800
低压安注中止时间/s	1 800
安注箱驱动隔离时间/s	1 800
RHR 具备投运条件的时刻/s	12 000
RHR 投运时间/s	13 000
换料水箱(RWST)耗尽时间/s	26 000

6.3.1.3 15 根蒸汽发生器传热管破裂叠加蒸汽管线失效的 RELAP5 仿真结果

对于 15 根蒸汽发生器传热管破裂叠加蒸汽管线失效的分析表明:即使在这些极端失效情况下,有效的操纵员动作、应急堆芯冷却注入和启动 RHR 系统将使堆芯处于长期冷却状态。超过 15 根传热管失效的系统响应使反应堆冷却剂系统过冷度在换料贮水罐耗尽前不能恢复。超过 15 根传热管失效叠加蒸汽管线失效的恢复需要补给换料贮水罐。图 6-28 给出 15 根蒸汽发生器传热管失效反应堆冷却剂系统的压力响应。由于多重管道破口尺寸与蒸汽管线失效耦合,反应堆冷却剂系统快速卸压。图 6-29 给出由于高压和低压安注系统启动的稳压器水位曲线。图 6-30 给出反应堆压力容器水位,在事故早期水装量快速丧失,随后由于高压和低压安注系统的启动而恢复。反应堆冷却剂系统的过冷度在图 6-31 中给出,事故在约 1 000 秒或更早时进入冷停堆的温度条件,例如热管段温度低于 177 ℃。由于存在足够的反应堆冷却剂系统过冷度,高压或低压安注在 2 500 秒左右进行节流,如图 6-32 所示,延缓了换料贮存水罐的耗尽,进入停堆冷却状态。图 6-33 给出应急堆芯冷却注射流量,由于安注流量的必要节流延缓了换料贮存水的耗尽时间。

3 000 秒时 RHR 系统动作表明在事故 1 小时内反应堆冷却剂系统热管段温度冷却到低于 100 ℃,如图 6-31 所示。图 6-33 表明,大约 6 600 秒时耗尽换料贮存水罐的装量。由于反应堆冷却剂系统温度在事故 1 小时内降低于 100 ℃以下,换料贮存水罐的装量丧失已不重要。

为证明一列 RHR 能维持堆芯在过冷状态伴随着全部应急堆芯冷却的丧失,瞬态持续约 10 000 秒。由于高压安注系统提供的额外冷却丧失,图 6-31 中给出热管段温度在约 6 500 秒时丧失安注的时候提升。然而,当一列 RHR 运行,反应堆冷却剂系统温度在事故中保

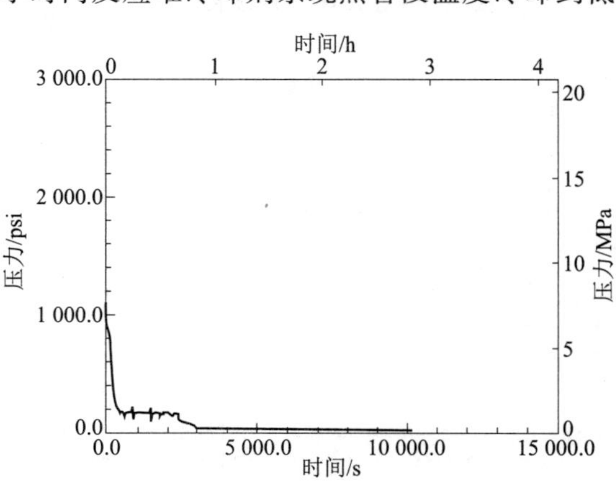

图 6-28 稳压器压力-时间曲线
(15 根蒸汽发生器传热管破裂)

持低于 100 ℃。因此，在丧失或中断所有应急堆芯冷却时，一列 RHR 能够阻止反应堆冷却剂系统的沸腾。长期衰变热的排出是由两列 RHR 中的至少一列运行来保证。RHR 入口和出口温度在图 6-34 中列出。

表 6-3 给出了事故的主要序列和假设。

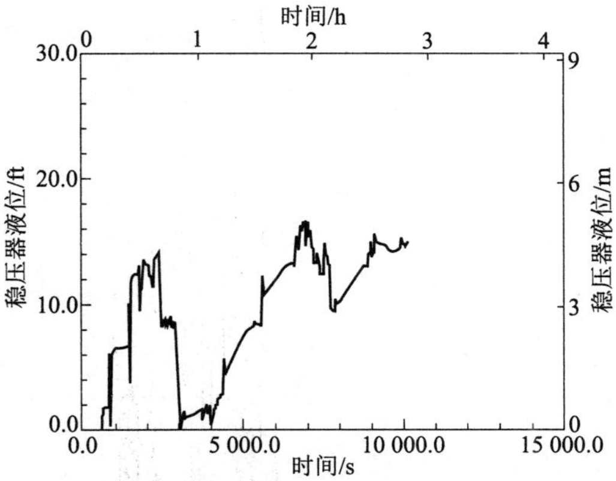

图 6-29　稳压器液位-时间曲线
（15 根蒸汽发生器传热管破裂）

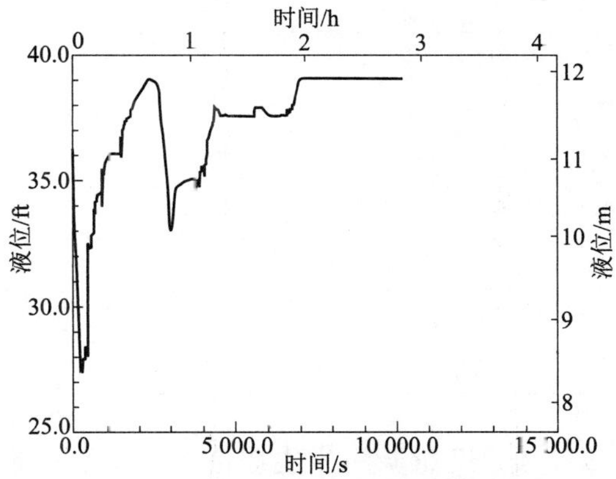

图 6-30　反应堆压力容器液位-时间曲线
（15 根蒸汽发生器传热管破裂）

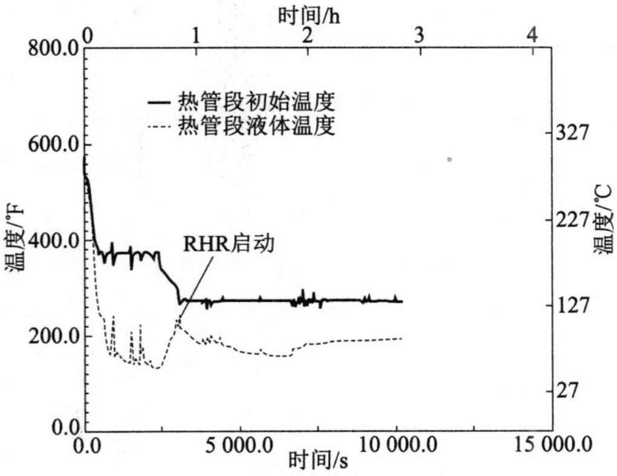

图 6-31　热管段温度-时间曲线
（15 根蒸汽发生器传热管破裂）

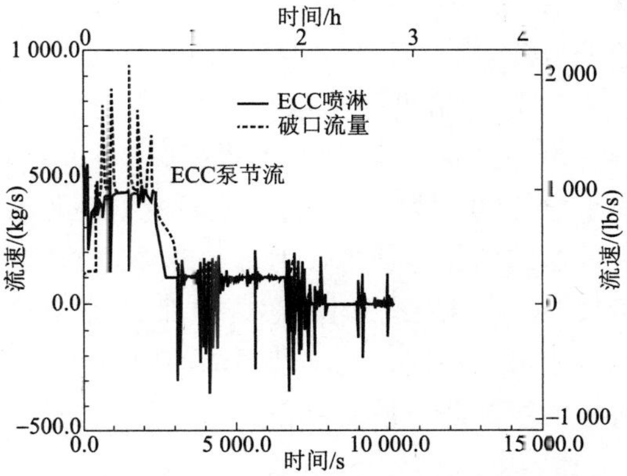

图 6-32　破口和应急堆芯冷却安注系统流量曲线
（15 根蒸汽发生器传热管破裂）

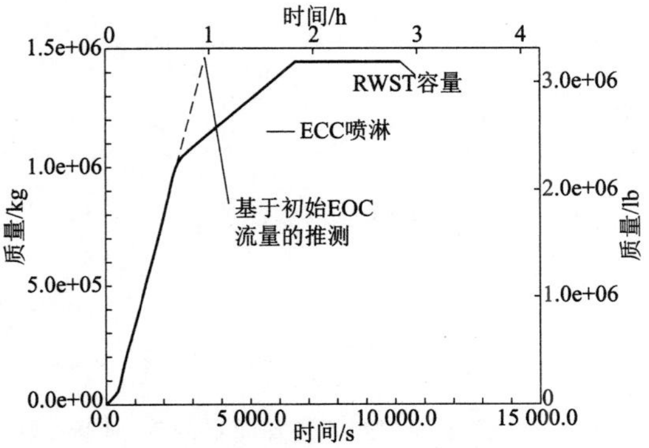

图 6-33　安注系统流量曲线
（15 根蒸汽发生器传热管破裂）

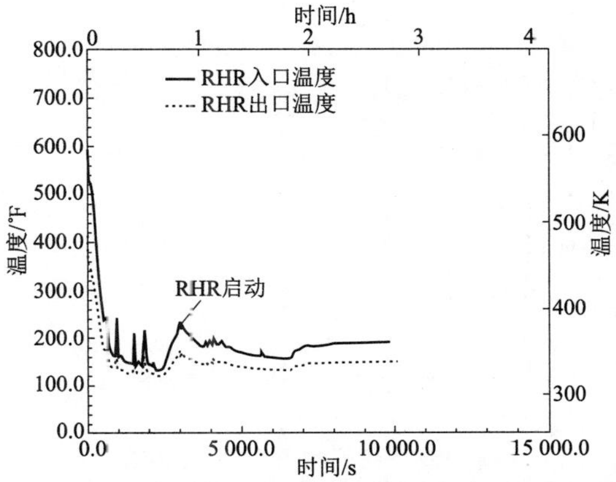

图 6-34　余热排出系统入口和出口温度-时间曲线
（15 根蒸汽发生器传热管破裂）

表 6-3　15 根传热管破损叠加蒸汽管线失效:事故序列和关键参数假设

蒸汽管线破口尺寸/m^2	0.13
蒸汽发生器传热管破口尺寸(双端断裂)/cm^2	91.34
破裂的蒸汽发生器辅助给水中止时间/s	300
反应堆冷却剂泵停机时间/s	200
二次侧冷却开始时间/s	1 800
高压安注第一次启动时间/s	2 400
低压安注中止时间/s	2 400
安注箱动作	没有隔离
RHR 具备投运条件的时刻/s	1 000
RHR 投运时间/s	3 000
RWST 耗尽时间/s	6 600

6.3.1.4　15 根蒸汽发生器传热管破裂,操纵员未采取行动导致蒸汽管线失效的 RELAP5 仿真结果

15 根蒸汽发生器传热管破裂叠加蒸汽管线失效,操纵员未采取行动的分析给出在堆芯裸露时刻操纵员没有采取行动的后果。与以上分析不同的是,既没有假设应急堆芯冷却安注的节流,也没有可信的 RHR 系统动作。

图 6-35 给出稳压器的压力曲线。图 6-36 给出反应堆冷却剂系统的过冷度,由于应急堆芯冷却没有节流,换料贮水罐在 3 500 秒时耗尽(如图 6-37 所示),导致反应堆冷却剂系统在事故 4 000 秒时丧失过冷。没有应急堆芯冷却,堆芯衰变热使堆芯上部液体蒸发耗尽,引起堆芯的两相流使堆芯上部裸露并由蒸汽冷却。图 6-38 给出燃料棒包壳的表面温度。在事故 24 000 秒左右时堆芯开始裸露,引起燃料表面温度升高。在受损蒸汽发生器中的液体与反应堆冷却剂系统堆芯顶部的液体耗尽后,堆芯裸露。如果没有应急堆芯冷却的重启,燃料将继续加热并最终融化。

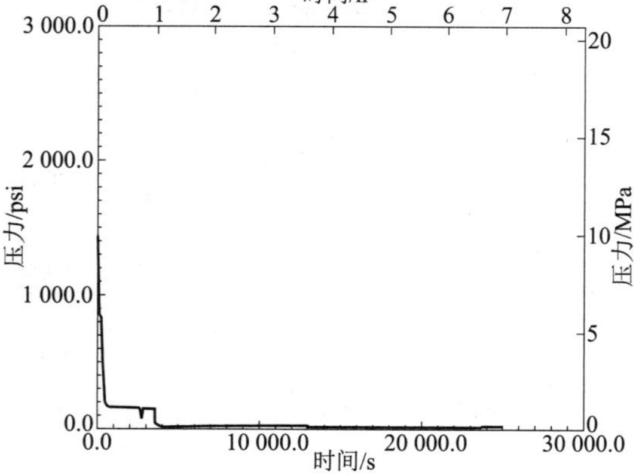

图 6-35　稳压器压力-时间曲线
(15 根蒸汽发生器传热管破裂,操纵员未采取行动)

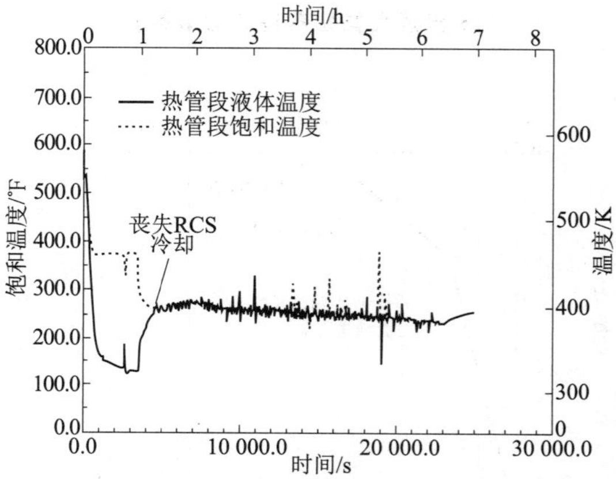

图 6-36　反应堆冷却剂系统热管段温度-时间曲线
(15 根蒸汽发生器传热管破裂,操纵员未采取行动)

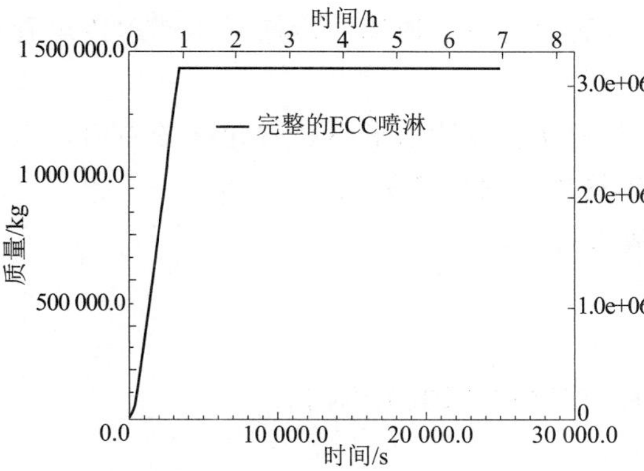

图 6-37　应急堆芯安注系统质量-时间曲线

（15 根蒸汽发生器传热管破裂，操纵员未采取行动）

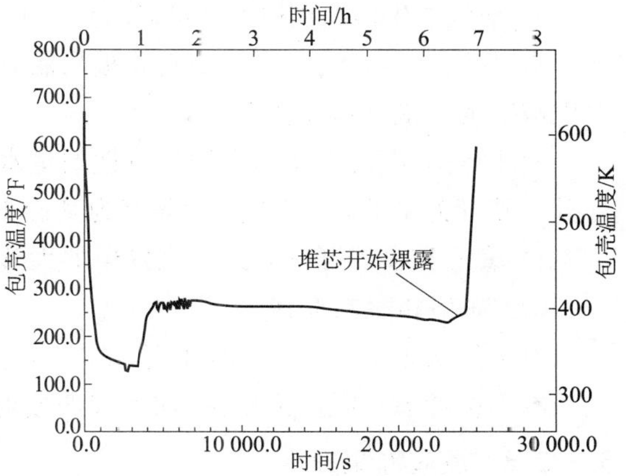

图 6-38　燃料棒包壳表面温度-时间曲线

（15 根蒸汽发生器传热管破裂，操纵员未采取行动）

分析表明，早期操纵员动作对节流应急堆芯冷却和延迟换料贮水罐的耗尽有重要作用。也就是说，操纵员必须诊断事故并对其采取适当动作，节流应急堆芯冷却和及时启动 RHR 系统。对 15 根蒸汽发生器传热管破裂叠加蒸汽管线失效事故的分析清楚地表明，操纵员必须在事故发生 1 小时内节流应急堆芯冷却注入泵，保证有充足时间启动 RHR 系统.冷却反应堆冷却剂系统低于沸点，从而防止堆芯长期裸露和融化。

6.3.2　M310 堆型核电厂

目前 M310 堆型在我国核电厂中占主流，本节分析选取宁德核电厂为例，给出 SGTR 事故分析结果。

6.3.2.1　事故起因和事故描述

（1）定义

本节分析的是蒸汽发生器一根传热管完全双端断裂的事故。

假定事故出现在功率运行时，反应堆冷却剂被裂变产物污染的程度相当于具有有限数量破损燃料棒连续运行的情况。由于该事故使放射性冷却剂从反应堆冷却剂系统向二回路系统泄漏，导致二回路系统放射性增加。如果发生该事故的同时又失去厂外电源或蒸汽向冷凝器的排放系统失效，则放射性活度将通过蒸汽发生器的安全阀和（或）大气释放阀向大气排放。应该指出，破口尺寸小于一根传热管完全双端剪切断裂的尺寸时，从一次侧经破口向二次侧的泄漏流量较小，蒸汽发生器水位上升较慢，从破口发生至排污管辐射监测器动作和到冷凝器抽气机辐射监测器动作的时间间隔增大。因此操纵员有较多时间诊断事故和采取措施隔离破损的蒸汽发生器。由于管材 Inconel 690 是高韧性材料，假设蒸汽发生器传热管完全剪切断裂偏于保守。传热管破损较可能的模式是原来未检查出的较小裂缝中有一个出现泄漏。机组在运行期间，要对蒸汽和动力转换系统的放射性活度进行连续监查，小泄漏积累的活度不允许超过技术规格书中规定的限值。下面的预防措施降低了该事故发生的可能性：

1）蒸汽发生器传热管材料为高韧性的 Inconel 690。

2）二次侧的水经过化学处理以防止腐蚀传热管。

3）蒸汽发生器的机械设计可以防止一根或多根传热管由于给水冲击而受到的外力损坏。

4）蒸汽发生器设置有7个支撑板限制震动，从而使与一根损坏的传热管相邻的传热管发生破损的可能性微乎其微。

5）监测蒸汽发生器二次侧放射性剂量水平，并确保放射性水平不超过允许的限值。以远低于破管流量的一、二次侧泄漏率为基础来确定这些放射性剂量限值。

6）蒸汽和水都可以通过蒸汽发生器大气释放阀排放。

（2）频率和限制准则

本事故属于RCC-P Ⅲ 类工况。

本分析考虑的限制准则是：向大气的放射性释放必须在限值范围内。

6.3.2.2 反应堆保护

（1）下列任何信号使反应堆紧急停堆：

1）安注信号；

2）稳压器压力低同时出现P7信号；

3）蒸汽发生器水位高高同时出现P7信号。

（2）下列信号使安注系统启动：

稳压器压力低低。

（3）下列信号使蒸汽发生器主给水终止：

1）蒸汽发生器水位高高；

2）安注信号。

（4）下列信号之一使辅助给水电动泵启动：

1）安注信号；

2）蒸汽发生器水位低低，同时正常给水流量低；

3）主给水（和启动给水）泵停止信号。

（5）下列信号使辅助给水汽动泵启动：

1）蒸汽发生器水位低低，同时正常给水流量低；

2）主冷却剂泵转速低低。

（6）反应堆紧急停堆使汽轮机自动跳闸，如果有厂外电源，蒸汽排放阀打开，允许蒸汽排放到冷凝器。如在该事故的同时失去厂外电源或蒸汽向冷凝器的排放系统失效，则蒸汽排放阀自动关闭，以保护冷凝器。

（7）操纵员应确定蒸汽发生器传热管已经破裂，并在限定的时间内识别和隔离破损的蒸汽发生器，以使二回路系统污染最小，确保故障蒸汽发生器向大气的放射性释放终止。核电厂设有足够的指示和控制手段，能够使操纵员圆满地进行这些操作。只有当一次侧和破损蒸汽发生器的压力达到平衡时破口流量才会为零。

6.3.2.3 方法和假设

（1）方法

1）计算程序

热工水力计算采用CATHARE程序。采用保守模型以便计算一次侧向二次侧的质量传递以及破损蒸汽发生器向大气的释放量。

2）反应堆初始功率

在整个功率范围内(从零负荷工况到满功率)分析蒸汽发生器传热管破裂的后果。计算分析两种工况:工况 A,初始功率等于 102%NP;工况 B,初始功率等于 5%NP。两工况的主要差别是允许信号 P7。在功率低于 10%NP 时,P7 信号禁用两个停堆信号,即蒸汽发生器水位高高停堆信号和稳压器压力低停堆信号。

(2) 主要假设

1）初因事故

所分析的情况相应于蒸汽发生器一根传热管双端剪切断裂,并允许该破损管两端无阻碍地喷放。事故分析中对于反应堆冷却剂通过破口排放的质量假设了最保守的工况。瞬态期间,计算反应堆冷却剂通过破口排放的质量的方法保证每个工况都是保守的。

2）单一故障

假设在控制室手动关闭破损蒸汽发生器的辅助给水失效,因此考虑 15 分钟后就地关闭。

3）初始条件

为了使给定的时间内排放的水质量最大,反应堆冷却剂系统和蒸汽发生器壳侧之间的压差必须最大。选取的初始条件有利于增大一、二回路的压差。主要的初始参数见表 6-4 和表 6-5。

表 6-4　蒸汽发生器传热管破裂——采用的假设值(初始功率:102%额定功率)

参　　数	采用的限值
反应堆冷却剂和安注系统	
初始反应堆功率(额定功率的%)	100+2=102
初始反应堆冷却剂平均温度/℃	310-2.2=307.8
初始反应堆冷却剂压力/MPa	15.5+0.21=15.71
稳定器压力低紧急停堆	
整定值/MPa	13.1+0.17=13.27
通道时间延迟/s	1
稳压器压力低低整定值/MPa	11.93-0.17=11.76
安注信号和 HHSI 泵启动之间的时间延迟/s	0
蒸汽系统	
初始蒸汽压力/MPa	6.39
蒸汽发生器大气释放阀整定值/MPa	7.85
给　　水	
主给水流量(额定流量的%)	100+2=102
安注信号后关闭主给水泵的延迟时间/s	7
安注信号后辅助给水注入开始的延迟时间/s	0
化学和容积控制系统	
RCV 上充流量/(m^3/h)	26.9
放射性后果	
这个工况的放射性后果比 5%额定功率情况稍好些(见表 6-5)	

表 6-5 蒸汽发生器传热管破裂——采用的假设值(初始功率:5%额定功率)

参数	采用的限值
反应堆冷却剂和安注系统	
初始反应堆功率(额定功率的%)	5
初始反应堆冷却剂平均温度/℃	292.3－2.2＝290.1
初始反应堆冷却剂压力/MPa	15.5＋0.21＝15.71
稳压器压力低紧急停堆	不考虑
稳压器压力低低整定值/MPa	11.93－0.17＝11.76
安注信号和 HHSI 泵启动之间的时间延迟/s	0
蒸汽系统	
初始蒸汽压力/MPa	7.2
蒸汽发生器大气释放阀整定压力/MPa	7.85
给水	
主给水流量(额定流量的%)	与初始功率水平相对应
安注信号后关闭主给水泵的延迟时间/s	7
安注信号后辅助给水注入开始的延迟时间/s	0
化学和容积控制系统	
RCV 上充流量/(m^3/h)	26.9
放射性后果	
事故前和事故期间 SG 中一次侧向二次侧的泄漏率/(kg/h)	72
一回路放射性活度(^{131}I 当量为 4.44 GBq/t)	峰值之后:88.7
事故前蒸汽发生器的排污流量/(t/h)	16.7

① 为了降低初始蒸汽压力,假定反应堆冷却剂初始平均温度为额定值减去最大稳态控制范围和测量误差。

② 稳压器初始压力为额定值加上最大稳态波动和测量误差,并且假定在事故发生后安注尽快投入。

③ 稳压器初始水位考虑某些不确定因素引起的升高。

④ 对满功率工况,假设初始功率为满功率加上最大稳态测量误差。

4) 功能假设

① 安注系统。安注流量为最大,相当于两台高压安注泵和两台低压安注泵运行的流量。

② 主给水。主给水流量和温度与初始功率和一回路温度相匹配。在主给水停运信号产生后,经过一保守的时间延迟后,主给水泵停运。

③ 辅助给水。假定辅助给水电动泵或辅助给水汽动泵都在启动信号发出后最短时间延迟后启动。辅助给水温度和流量取最大值以利于蒸汽发生器满水和降低蒸汽发生器一、二次侧的传热。

单一故障应用于破损蒸汽发生器的辅助给水隔离:事实上,操纵员在开始动作后 15 分钟就地隔离辅助给水。

④ 蒸汽系统。假定冷凝器不可用。两个完整蒸汽发生器的大气释放阀可用于一回路的冷却。

⑤ 化学容积控制系统(RCV)。在安注泵启动以前事故的第一阶段，RCV 系统一直试图补偿通过破口的泄漏量。保守假设 RCV 系统注入流量最大，即为轴封水与调节系统允许的最大上充流量之和，而此时下泄流量为最小。由于这限制了反应堆冷却剂系统的卸压，推迟了稳压器压力低引发的紧急停堆，因而该高估值使事故后果更保守。安注信号产生后，隔离上充流。

稳压器水位低信号产生后，隔离下泄流(流量假设为最小)。在事故后期，当两台高压安注泵停运后，操纵员手动恢复 RCV 的上充和下泄功能。操纵员可利用正常喷淋对一回路系统降压。

5) 与堆芯相关的假设

堆芯衰变热根据下列三部分贡献计算：

A 项：缓发中子的剩余裂变；

B 项：^{238}U 中子俘获产物的衰变(主要是^{239}U 和^{239}Np 的 β 和 γ 放射性)；

C 项：裂变产物(β 和 γ 放射性)和超铀元素(β、α 和中子放射性)的衰变能。

B 项和 C 项由 ORIGEN-S 程序计算，并考虑了 1.645σ 不确定性。剩余裂变能计算采用 6 组缓发中子动力学模型并假设保守的停堆裕量。

6) 控制和保护系统

① 工况 A。假设破损蒸汽发生器水位控制系统可用，于是减少主给水流量，抵消破口流量的流入。该假设防止了蒸汽发生器水位高高停堆，这推迟了反应堆停堆和操纵员的干预时间。

稳压器低压信号触发反应堆停堆，考虑最大的停堆整定值，使反应堆及早停堆。随后汽轮机跳闸。稳压器压力低低(最小值)信号触发安注信号，考虑最小时间延迟。高压安注投入，停止上充。同时停运主给水泵(经过保守的时间延迟)和启动辅助给水电动泵(无延迟)。为了使事故后果恶化，辅助给水汽动泵也在同一时间(无延迟)启动。

② 工况 B。蒸汽发生器水位自动控制失效，因此蒸汽发生器水位上升到蒸汽发生器高高水位(最大值)。然而由于 P7 允许信号的原因，并不触发反应堆停堆，而只是触发主给水泵停运。然后主给水流量低信号启动辅助给水电动泵(不考虑延迟)。为了使事故后果恶化，辅助给水汽动泵也在同一时间(无延迟)启动。稳压器压力低信号不触发反应堆停堆(P7 允许信号)。最终触发稳压器压力低低(最小值)信号导致高压安注泵启动和反应堆停堆。

7) 操纵员的动作

假设在保护动作(工况 A 为停堆，工况 B 为安注投入)后 10 分钟操纵员开始动作：依据 SOP 规程，在发生第一个保护动作之后，操纵员首先执行 DOS 规程，根据 DOS 规程，一回路操纵员进而执行 ECP3、ECPR2 规程，同时二回路操纵员执行 ECS 规程。

在发生 SGTR 事故情况下，根据事故进程，一回路操纵员的主要动作包括：关闭高压安注和一回路降压；二回路操纵员的主要动作为隔离受损蒸汽发生器和调整大气释放阀冷却一回路。在高压安注泵停止之后，通过稳压器喷淋终止一、二次泄漏。

8) 延伸运行

对更为恶劣的工况(工况 B，初始功率为 5%NP)进行了延伸运行条件下的瞬态分析，分析表明，释放到环境的水质量小于正常运行工况。因此，延伸运行工况不会导致本事故更恶劣的后果。

6.3.2.4 结果和结论

(1) 事故序列

表 6-6 和表 6-7 分别给出蒸汽发生器传热管破裂工况 A 和工况 B 的事故序列。

表 6-6 蒸汽发生器传热管破裂——事故序列(初始功率:102%额定功率)

事　　故	时间/s
SG 传热管破裂	0
稳压器低压力	536
反应堆停堆	537
安注启动	597
操纵员开始动作	1 137

表 6-7 蒸汽发生器传热管破裂——事故序列(初始功率:5%额定功率)

事　　故	时间/s
管子破裂	0
下泄隔离	118
稳压器加热器关闭	159
蒸汽发生器高高水位	426
安注	561
反应堆停堆	563
开始操作程序——受影响蒸汽发生器隔离	1 161
RCP 开始卸压和冷却(56 ℃/h)	1 179
隔离硼注射箱	2 186
受影响蒸汽发生器辅助给水隔离	2 061
泄漏终止(泄漏率小于 1 kg/s)	2 993
结束计算	5 000

(2) 瞬态结果

1) 工况 A:102% NP

① 触发反应堆保护信号以前:对破损蒸汽发生器而言,由于蒸汽发生器水位调节导致给水流量减少,因此水位保持不变。不会产生蒸汽发生器水位高高报警而导致反应堆紧急停堆。

由于电加热器和上充流量的作用,减缓了稳压器压力的下降速率。

② 触发反应堆保护信号:稳压器压力低信号触发反应堆紧急停堆,汽轮机停机。当蒸汽流量丧失时,破损蒸汽发生器水位快速上升,直至破损蒸汽发生器释放阀开启。

反应堆紧急停堆导致一回路系统卸压加快,稳压器压力低低信号产生,安注启动,主给水泵停运,辅助给水电动泵和汽动泵启动。

③ 环境释放开始:安注投入后,一回路系统压力回升,于是 SGTR 破口流量也随之增加,导致破损蒸汽发生器满水。水进入破损蒸汽发生器蒸汽管线,大量水和蒸汽从破损蒸汽发生器大气释放阀排出。

2) 工况 B:5% NP

① 触发反应堆保护信号以前，破损蒸汽发生器水位由于蒸汽发生器传热管破裂流量快速上升。由于电加热器和上充流量的作用，减缓了稳压器压力的下降速率。

② 触发反应堆保护信号。由于蒸汽发生器水位调节系统不可用，破损蒸汽发生器产生蒸汽发生器水位高高报警，于是主给水泵停运，辅助给水电动泵启动。为了使瞬态结果更加不利，辅助给水汽动泵也同时启动。因此注入破损蒸汽发生器的水量最大。

稳压器压力低低信号产生，安注启动，随后反应堆紧急停堆，上充停止。

③ 环境释放开始。安注投入后，一回路系统压力回升，于是 SGTR 破口流量也随之增加，导致破损蒸汽发生器满水。水进入破损蒸汽发生器蒸汽管线，大量水和蒸汽从破损蒸汽发生器大气释放阀排出。这导致所有 SG 卸压(没有蒸汽管线被隔离)。

④ 环境释放。从此时起，水通过破损蒸汽发生器大气释放阀连续向外排放，蒸汽流量随堆芯衰变热的下降而减小。

操纵员动作开始，假设操纵员停运破损蒸汽发生器辅助给水失败。辅助给水流量和 SGTR 破口流量导致蒸汽发生器水位上升，水释放到环境。15 分钟后，破损蒸汽发生器辅助给水就地被隔离。此时只有 SGTR 破口流量注入破损蒸汽发生器，水一直释放到 SGTR 破口流量终止。

⑤ SGTR 破口流量终止。当破损蒸汽发生器一、二次侧压力相等时，SGTR 破口流量终止。因此，操纵员干预的目的是对一回路系统降压，这需要冷却一回路以维持一回路足够的过冷度。通过完整蒸汽发生器大气释放阀保证一回路降温，其降温速率最初为 56 ℃/h，最终为 28 ℃/h。

在冷却期间，停高压安注泵，恢复上充流量，因为需要继续对一回路系统注入冷却剂以补偿 SGTR 破口流量和冷却剂的收缩。这可以维持稳压器水位和保证过冷度。尽管在瞬态终期一、二次侧压力并没有平衡，但不再有向环境的释放。事实上，SGTR 破口 1 kg/s 的小流量正好补偿破损蒸汽发生器的收缩。因此不再有向环境的释放。

SGTR 破口流量在破口出现后 1.07 小时终止，通过破口流到二回路总的一回路水的质量为 62.2 t。

⑥ 质量释放

从破损蒸汽发生器释放到环境的质量为：

水：49.3 t；

蒸汽：14.3 t。

3) 工况 A 与工况 B 的比较

工况 B (5% NP) 比工况 A 保守，当操纵员干预后，工况 B 条件更恶劣，原因是：工况 A 的破损蒸汽发生器水装量比工况 B 的小，工况 B 堆芯出口温度更高，需要冷却的时间更长。

图 6-39 至图 6-49 给出工况 A 和工况 B 下列变量的曲线：

① SGTR 破口流量；

② 一回路温度；

③ 一、二回路压力；

④ 主给水流量；

⑤ 向环境的蒸汽和液体排放量；

⑥ 破损 SG 一、二次侧压力。

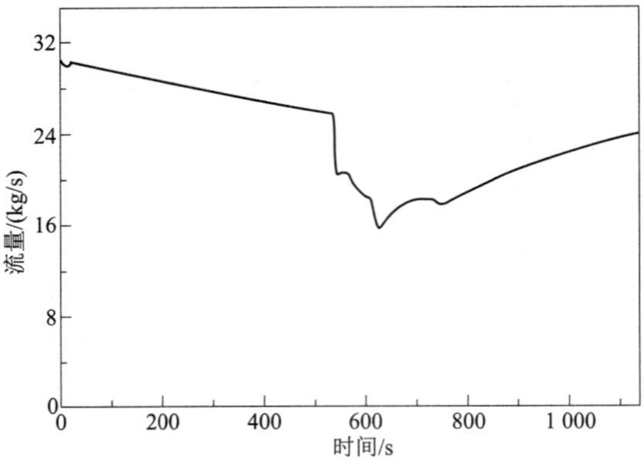

图 6-39　初始功率为 102%额定功率时 SGTR 破口流量

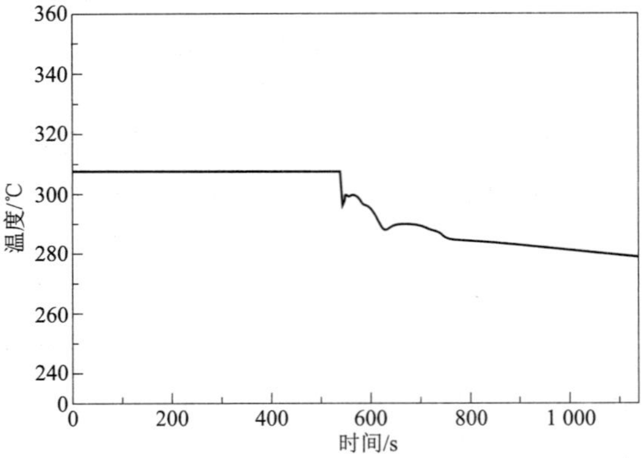

图 6-40　初始功率为 102%额定功率时一回路温度

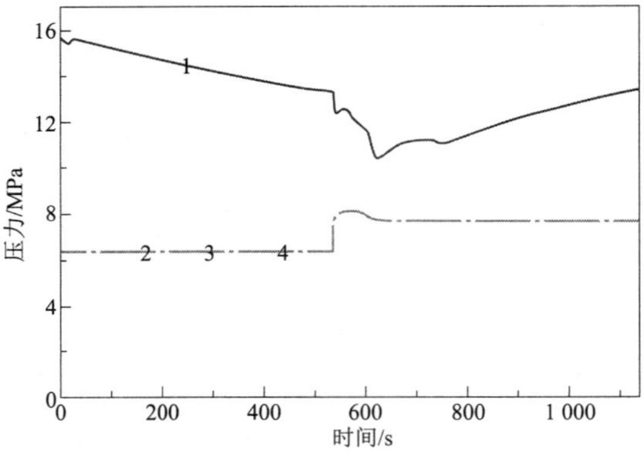

图 6-41　初始功率为 102%额定功率时一、二回路压力

1—稳压器压力；2—破损 SG；3—完好 SG1；4—完好 SG2

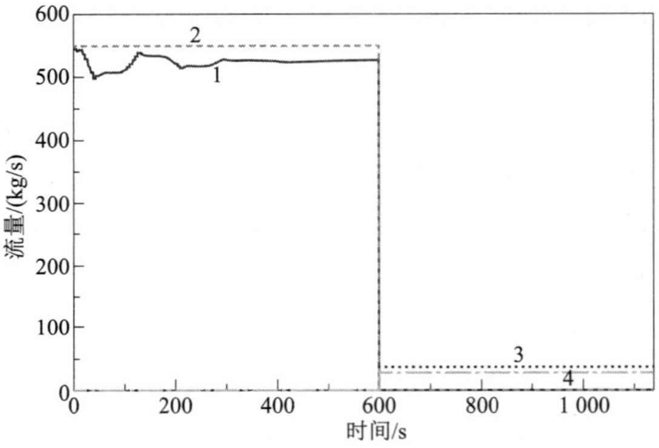

图 6-42　初始功率为 102%额定功率时给水流量

1—破损 SG 主给水；2—完好 SG 主给水；3—破损 SG 辅助给水；4—完好 SG 辅助给水

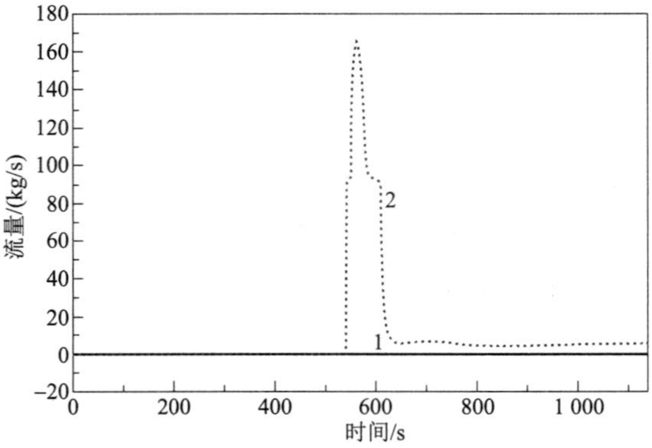

图 6-43　初始功率为 102%额定功率时向环境的蒸汽和液体排放量

1—液体；2—汽体

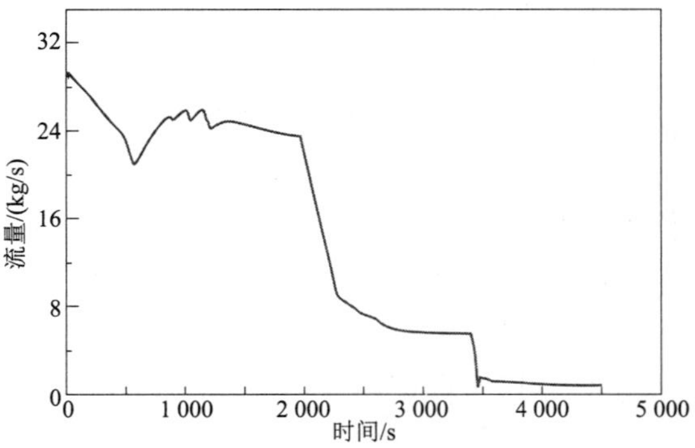

图 6-44　初始功率为 5%额定功率时 SGTR 破口流量

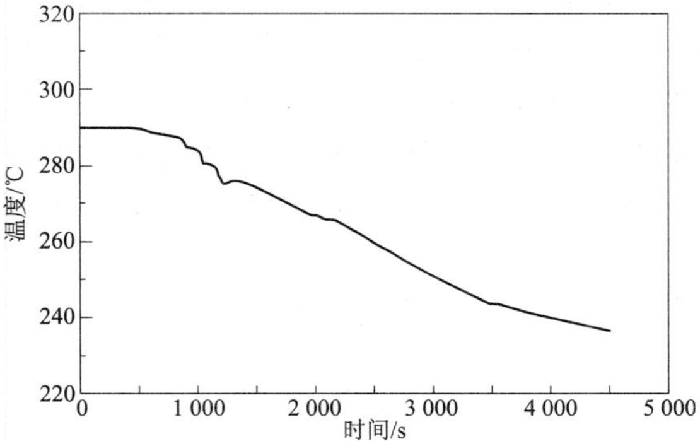

图 6-45　初始功率为 5%额定功率时一回路温度

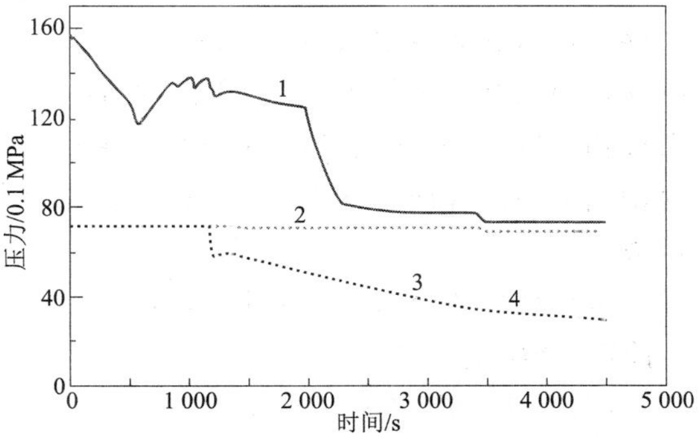

图 6-46　初始功率为 5%额定功率时一、二回路压力

1—稳压器压力；2—破损 SG；3—完好 SG1；4—完好 SG2

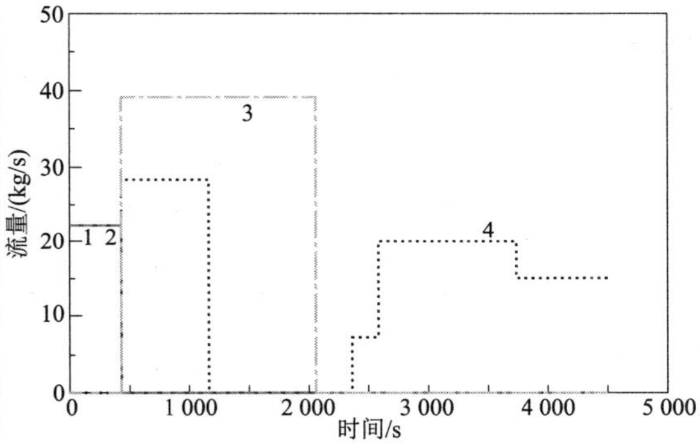

图 6-47　初始功率为 5%额定功率时给水流量

1—破损 SG 主给水；2—完好 SG 主给水；

3—破损 SG 辅助给水；4—完好 SG 辅助给水

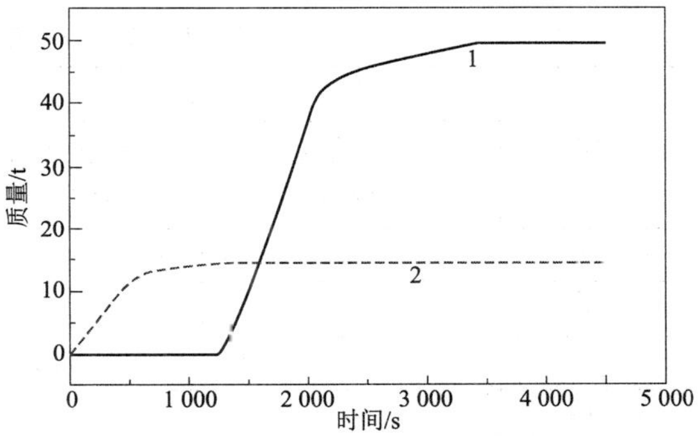

图 6-48　初始功率为 5%额定功率时向环境的蒸汽和液体排放量

1—液体；2—汽体

6.3.2.5　放射性效应和后果的分析

（1）物理模型

为了评估假想蒸汽发生器传热管破裂事故的放射性后果，假定蒸汽发生器一根传热管完全切断。由于反应堆冷却剂通过破口漏入二回路，该事故将使二回路污染增加。

稳压器低压力（工况 A）或随后的安注信号（工况 B）使反应堆自动保护停堆。反应堆紧急停堆又使汽轮机自动跳闸。

用辐射监测器来探测二回路放射性的最终增加。假定主蒸汽冷凝器不能用于蒸汽排放。

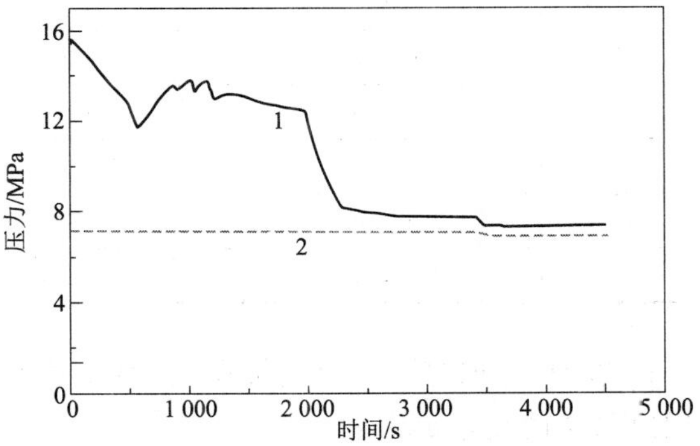

图 6-49　初始功率为 5%额定功率时破损 SG 一、二次侧压力

1—一次侧；2—二次侧

蒸汽发生器压力将迅速升高，使蒸汽以及放射性物质通过大气释放阀和主蒸汽安全阀向大气排放。破损蒸汽发生器连续向大气排放，直到二次侧蒸汽压力低于主蒸汽安全阀整定值为止。此后破损蒸汽发生器被有效隔离，不再向大气排放蒸汽或放射性物质。堆芯衰变热通过未受影响蒸汽发生器的主蒸汽安全阀以排放蒸汽的方式排出，这个过程一直延续到受控降温终止才结束。对蒸汽发生器传热管破裂事故放射性后果作分析要考虑二回路放射性物质以及经传热管破口释放的一回路放射性物质的最严重释放。进入环境的碘总量是冷却剂从一次侧向二次侧的泄漏率、堆芯破损燃料百分率以及排入环境的汽和水质量的函数。

SGTR 事故分析结果表明，从质能释放来说，工况 B 比工况 A 更恶劣。因此，只对工况 B 计算了放射性后果。

(2) 二回路裂变产物的活度

表 6-8 列出了二回路系统中同位素的浓度。假定一回路向二回路的泄漏率由三台蒸汽发生器均匀分配，由此算出事故以前二回路内各种放射性同位素的浓度。计算中取一次侧向二次侧泄漏率为 72 kg/h。

表 6-8　二回路冷却剂最大裂变产物活度

核素	稳态		瞬态后 1.5 h	
	水中的活度/(GBq/kg)	蒸汽中的活度/(GBq/kg)	水中的活度/(GBq/kg)	蒸汽中的活度/(GBq/kg)
^{85m}Kr	0	5.09E-04	0	1.13 E-03
^{85}Kr	0	8.30E-06	0	9.77 E-06
^{87}Kr	0	6.40E-04	0	1.54 E-03
^{88}Kr	0	1.17E-03	0	2.65 E-03
^{133}Xe	0	8.29E-03	0	1.57 E-02
^{135}Xe	0	3.88E-03	0	5.24 E-03
^{138}Xe	0	8.81E-04	0	2.52E-03
^{131}I	4.23E-02	4.23E-04	4.25E-01	4.25E-03
^{132}I	1.34E-02	1.34E-04	9.38E-02	9.38E-04
^{133}I	5.07E-02	5.07E-04	1.84E-01	1.84E-03
^{134}I	1.09E-03	1.09E-05	1.15E-02	1.15E-04
^{135}I	1.71E-03	1.71E-04	6.80E-02	6.80E-04
^{134}Ce	2.65E-03	6.63E-06	4.70E-01	1.18E-03
^{137}Ce	2.87E-03	7.17E-06	4.29E-01	1.07E-03

1) 在事故开始瞬间，反应堆在 5% 额定功率下运行，该工况相当于一回路冷却剂泄漏到二回路系统的流量最大。

2) 假定蒸汽发生器传热管破裂发生在瞬态引起的碘尖峰时刻。这个假设认为在氙尖峰前热停堆（功率瞬态）。

3) 在事故发生后 2 993 s，由于操纵员按规程进行干预，受影响蒸汽发生器一次侧压力和二次侧压力达到平衡。

4) 一回路水经破口泄漏总量估计为 59.94 t（见表 6-9）。

表 6-9　蒸汽发生器传热管破裂事故中采用的参数——放射性后果分析(初始功率:5%的额定功率)

时间间隔	0～RT(563 s)	RT～1 h	1～2 h	2 h～6 h	6 h～8 h
受影响 SG 的水释放量	0.05	48.347	0.81	0.00	0.00
不受影响 SG 的水释放量	0.00	0.16	0.05	0.19	0.09
受影响 SG 的蒸汽释放量	12.08	2.27	0.00	0.00	0.00
不受影响 SG 的蒸汽释放量	23.36	84.32	67.55	200.44	100.22
受影响 SG 的一回路向二回路泄漏量	14.60	45.34	1.17(3 600～5 000 s)		

表 6-4 列出了瞬态前和事故瞬态期间用于计算一回路和二回路放射性活度的各个参数初值。

(3) 向大气释放的活度

1) 假设

对于假想蒸汽发生器传热管破裂事故,为了计算释放的放射性活度,采用下列保守假设和参数:

① 假定在紧急停堆瞬间冷凝器不可用;

② 在事故开始后 2 993 s,破损蒸汽发生器一次侧压力和二次侧压力达到平衡,破损蒸汽发生器被有效隔离,此后不再有放射性从该蒸汽发生器中排出;

③ 在破裂后阻止由于连续的破口流量而导致的蒸汽发生器满水的蒸汽发生器水位调节不予考虑;

④ 假定在事故开始瞬间蒸汽发生器排污阀关闭;

⑤ 假定破损蒸汽发生器向大气排放的蒸汽量和水量分别为 14.35 t 和 48.4 t;

⑥ 从事故开始到紧急停堆这段时间,由破损蒸汽发生器产生的蒸汽污染了二回路和其他蒸汽发生器中的水;

⑦ 事故开始后 8 小时,余热排出系统(RRA)开始冷却堆芯,因而不再有蒸汽和放射性向环境释放;

⑧ 碘在蒸汽发生器中的汽水分配因子是 0.01。

2) 数学模型

惰性气体通过两条途径向大气排放:停堆前通过凝汽器真空系统(CVI)从冷凝器抽取不可凝气体的系统排放;紧急停堆后通过大气释放阀排放。

计算模型将下列空间划分为若干节点:一回路、受影响蒸汽发生器水空间、未受影响蒸汽发生器水空间等,并对各节点联立微分方程组进行数值求解。计算中考虑相关物理参数和热工水力参数在事故工况下随时间的变化。

3) 结果

表 6-10 给出蒸汽发生器传热管破裂后释放的放射性总活度。这些放射性物质直接排入大气。

表 6-10　蒸汽发生器传热管破裂释放到环境的放射性活度　GBq

核　素	0～2 h	2～8 h	0～8 h
^{85m}Kr	6.46E+02	3.04E+00	6.49E+02
^{85}Kr	5.53E+00	2.60E-02	5.55E+00

续表

核　　素	0～2 h	2～8 h	0～8 h
^{87}Kr	8.82E+02	4.16E+00	8.86E+02
^{88}Kr	1.52E+03	7.16E+00	1.53E+03
^{133m}Xe	3.05E+02	1.44E+00	3.07E+02
^{133}Xe	8.89E+03	4.19E+01	8.93E+03
^{135}Xe	2.98E+03	1.41E+01	3.00E+03
^{138}Xe	1.52E+03	7.15E+00	1.52E+03
^{131}I	3.80E+02	1.54E+00	3.82E+02
^{132}I	1.12E+02	1.26E-01	1.12E+02
^{133}I	1.55E+02	5.76E-01	1.55E+02
^{134}I	4.09E+01	1.33E-02	4.10E+01
^{135}I	6.96E+01	1.68E-01	6.98E+01

（4）放射性活度分析结果

放射性物质直接向环境释放，没有沉积、滞留或衰变，分析结果是基于最直接的泄漏路径，因此，最终的放射性活度代表了这类事故潜在累积剂量的最保守估计。释放到大气的放射性核素的活度见表 6-10。

在现实模型中，对各方位角的大气弥散系数考虑 95％的概率水平，在保守模型中考虑 99.5％的概率水平。

1）现实模型

表 6-11 中给出了非居住区边界和规划限制区外边界的有效剂量和甲状腺剂量当量。

表 6-11　蒸汽发生器传热管破裂事故后的有效剂量和甲状腺剂量当量(现实模型)　　Sv

	方向	距离/m	有效剂量	有效剂量甲状腺剂量当量
非居住区边界（0～2 h）	N～W	海域		
	WNW	1 600	1.76E-05	3.05E-04
	NW	1 240	2.96E-05	5.12E-04
	NNW	海域		
规划限制区边界（0～8 h）	N～S	海域		
	SSW	5 000	3.76E-04	6.51E-03
	SW	5 000	1.11E-05	1.92E-04
	WSW	5 000	1.25E-05	2.17E-04
	W	5 000	9.10E-06	1.57E-04
	WNW	5 000	2.24E-06	3.87E-05
	NW	5 000	2.24E-06	3.87E-05
	NNW	5 000	2.24E-06	3.87E-05

2）保守模型

表 6-12 中给出了非居住区边界和规划限制区外边界的有效剂量和甲状腺剂量当量。

表 6-12　蒸汽发生器传热管破裂事故后的有效剂量和甲状腺剂量当量(保守模型)　Sv

	方向	距离/m	有效剂量	甲状腺剂量当量
非居住区边界(0～2 h)	N～W	海域		
	WNW	1 600	3.22E-04	5.57E-03
	NW	1 240	3.73E-04	6.46E-03
	NNW	海域		
规划限制区边界(0～8 h)	N～S	海域		
	SSW	5 000	4.80E-05	8.31E-04
	SW	5 000	9.74E-05	1.68E-03
	WSW	5 000	1.04E-04	1.79E-03
	W	5 000	1.29E-04	2.23E-03
	WNW	5 000	1.01E-04	1.75E-03
	NW	5 000	8.18E-05	1.41E-03
	NNW	5 000	7.04E-05	1.22E-03

3）主控室内人员剂量

发生蒸汽发生器传热管破裂事故需要计算主控室内工作人员的有效剂量以及甲状腺剂量当量。

表 6-13 给出了蒸汽发生器传热管破裂事故对主控室内工作人员造成的有效剂量和甲状腺剂量当量。

表 6-13　蒸汽发生器传热管破裂事故对主控室内工作人员造成的放射性剂量　Sv

事故后时间	外照射剂量	内照射剂量	总有效剂量	甲状腺剂量当量
2 h	6.05E-06	5.60E-06	1.17E-05	1.90E-04
8 h	1.92E-05	2.90E-05	4.82E-05	1.00E-03
24 h	2.32E-05	5.00E-05	7.32E-05	1.80E-03
4 d	2.32E-05	5.30E-05	7.62E-05	1.90E-03
30 d	2.32E-05	5.30E-05	7.62E-05	1.90E-03

6.3.3 VVER 堆型核电厂

6.3.3.1 概述

VVER 堆型的核电厂在我国仅有一座，即田湾核电站。本节分析田湾核电站蒸汽发生器传热管破裂并随后以 60 ℃/h 速率冷却的事故。分析中考虑了三种工况，并且在各个工况的计算中都考虑了事故管理的自动动作。

在工况 1 中，分析了阻挡放射性物质向环境释放的第一道屏障(燃料芯块)和第二道屏障(燃料棒包壳)的状态。第三道屏障(一回路冷却剂边界)无需考虑，因为其失效就是假想的始发事故本身。通过本事故的验收准则来检验安全屏障的状态。

在工况 2 中，估计了事故期间破损 SG 的放射性流体最大释放量。

在工况 3 中，评价了减小破损 SG 放射性流体释放量的事故管理中的自动动作的效率。这一工况被认为是最有可能的事故序列——所有的系统与设备都按设计运行(不发生故障)。

6.3.3.2 事故序列及相关系统的动作

工况 1 情况下，在产生停堆信号时叠加了核电厂失电。在工况 2 和工况 3 中没有叠加失电。在工况 1 和工况 2 中，由第二停堆信号触发停堆，在工况 3 中由第一停堆信号触发停堆。

在工况 1 中，假设应急柴油发电机一列失效作为单一故障，一列处于维修状态。因此，在工况 1 中考虑了以下的安全系统：

(1) 2 列事故注硼系统(JDH)；

(2) 2 列高压安注系统(JND)；

(3) 2 列应急给水系统。

二回路的蒸汽排放装置(大气释放阀 BRU-A，SG 安全阀)都可以运行(冷凝气旁排 BRU-K 由于失电不可运行)。在工况 1 中，不考虑以下的正常运行系统：辅助给水泵(AFWP)、预保护系统(PP1、PP2)、稳压器喷淋和电加热器以及化容系统。

在工况 2 中，假设一列 JDH 失效作为单一故障，一列 JDH 处于维修状态。因此考虑了以下的安全系统：

(1) 2 列事故注硼系统(JDH)；

(2) 4 列高压安注系统(JND)。

在分析中没有考虑 BRU-A 的动作。考虑了稳压器电加热器(PRZ TEH)及容积和硼控系统(KBA)上充泵的运行，直到由于一回路向二回路泄漏产生 PRZ TEH 和上充泵隔离信号。假设破损 SG 的水位调节器故障，因此破损 SG 的主给水流量保持恒定，直到 SG 高水位信号使隔离阀开始关闭。

在工况 3 中，考虑了以下的安全系统：

(1) 4 列事故注硼系统(JDH)；

(2) 4 列高压安注系统(JND)。

此外，二回路的蒸汽排放装置(BRU-K、BRU-A 和 SG 安全阀)都正常运行。除了自动功率控制系统(APC)、功率调节器(PG)和预保护系统(PP)不考虑外，其他系统设备都正常运行。

6.3.3.3 验收准则

准则 1：反应堆冷却剂系统和 SG 蒸汽管道压力应小于设计值的 115%，即一回路和二回路压力不应超过 20.24 MPa 和 9.02 MPa。

准则 2：该事故不会导致更严重的事故状态(如果没有另外的故障，事故不会发展成更严重的事故)。

准则 3：在叠加能动部件单一故障或操纵员误动作的情况下，事故不会导致任何安全屏障(包括燃料包壳)的失效(DNBR 下降到准则 6 中规定的值以下则燃料棒屏障失效)。

准则 4：反应堆冷却剂系统保持在安全状态，即保持堆芯冷却状态。

准则 5：反应堆冷却剂和 SG 蒸汽管道压力保持低于考虑可能的脆性和韧性破坏的允许设计限值。

准则 6：最小 DNBR 对于给定的关系式在 95%的置信概率下不应低于 1。

准则 7：任何燃料棒轴向位置的燃料径向平均比焓超过 963 J/g UO_2(230 cal/g)，则认为超出了燃料棒损坏的最大限值。

准则 8：如果满足以下的一个或几个条件，则认为超出了燃料棒安全运行限值：燃料棒发生 DNB；任何燃料棒轴向位置的燃料径向平均比焓超过 586 J/g UO_2；其他原因导致燃料棒损坏，包括机械碰撞、肿胀或破裂。

准则 9：在不采取个人防护手段的情况下，控制区外居民所接受的辐照水平低于设计基准事故规定的限值。

6.3.3.4　计算程序

使用的计算程序为 ДИНАМИКА-97，为程序包 ТРАП-97 的一部分。

6.3.3.5　输入数据

主要的输入数据与一回路系统和设备的特性根据设计资料选取。在各个工况的计算中，根据计算目的选择初始条件与边界条件，保证能够得到最保守的结果。主要输入数据见表 6-14。

表 6-14　输入参数与初始状态

参　　数	数　　值
反应堆热功率/MW	3 120
反应堆入口的冷却剂温度/℃	293
反应堆出口的冷却剂温度/℃	326
最热通道出口的冷却剂温度/℃	347
最热燃料棒中心轴上的最高燃料温度/℃	1 830
堆芯出口的冷却剂压力/MPa	16.00
通过反应堆的冷却剂流量/(m^3/h)	80 000
稳压器水位/m	7.78
SG 二次侧水位/m	1.87
SG 初始水装量(工况 1)/t	38.4
SG 初始水装量(工况 2)/t	46.8
SG 初始水装量(工况 3)/t	46.8
SG 蒸汽母管蒸汽压力/MPa	6.38
到汽轮机的蒸汽流量/(kg/s)	1 708
SG 主给水流量/(kg/s)	427
主给水温度/℃	220
应急给水温度/℃	40
最大线功率密度/(W/cm)	448
冷却剂温度系数/(1/℃)(工况 1，工况 3)	−0.000 10
冷却剂温度系数/(1/℃)(工况 2)	70×10^{-5}
燃料温度系数/(1/℃)	−0.000 032
缓发中子有效份额/%	0.74
瞬发中子寿命/μs	32.0
在考虑最大价值的一束棒卡在堆芯上方时的紧急停堆价值/%	6.2

在工况 1 的计算中，SG 中的初始水装量假设最小值 38.4 t，堆芯参数(包括中子物理特性)的选择能够得到保守的结果。使用峰值处于堆芯中部的轴向功率分布，最大线功率密度为 448 W/cm。冷却剂温度系数假设为负的绝对值最小，这从堆芯传热的角度是最不利的情况。在瞬态过程中，堆芯入口冷却剂的温度会升高，这就可以使冷却剂温度反馈引起的反应堆功率下降的效应最小。

燃料温度系数假设为负的绝对值最大，这从堆芯传热(最小 DNBR)的角度是最不利的情况。因为在瞬态过程中，燃料的温度会降低，这就可以使燃料温度反馈引起的反应堆功率上升的效应最大。在计算中没有考虑硼酸浓度的变化，因此硼酸浓度反应性系数为零。堆芯轴向功率分布见表 6-15，这从燃料棒包壳最高温度的角度最为保守。

表 6-15　堆芯轴向功率分布

参　数	数　值									
到堆芯底部的距离/%	5	15	25	35	45	55	65	75	85	95
轴向功率分布(K_z)	0.36	0.82	1.12	1.31	1.39	1.39	1.31	1.11	0.82	0.36

在考虑最大价值的一束棒卡在堆芯上方时，假定紧急停堆价值最小，使紧急停堆时反应堆功率下降速率最小。由第二停堆信号触发停堆。落棒时间假设为最大 4 秒。

在工况 1 的计算中，假设了以下的边界条件：

(1) 在产生停堆信号的同时叠加失电(落棒前 1.9 秒)；

(2) 一列应急柴油发电机失效(单一故障)；

(3) 一列应急柴油发电机处于维修状态；

(4) 不考虑 APC、PG 和 PP 的运行。

共有 2 列 JND 泵运行(供向环路 2 和环路 3 的冷段)。在电厂失电时，JND 泵供应硼酸溶液的延时为 40 秒。JND 泵在电厂失电后向一回路供应硼酸溶液的体积流量保守地假设比表 6-16 给出的流量小 10%。

表 6-16　高压安注系统注入流量与一回路冷却剂压力的对应关系

参　数	数　值												
高压安注系统注入流量/(m^3/h)	0	24	78	125	156	183	215	219	225	234	244	253	260
一回路冷却剂压力/MPa	7.9	7.4	6.9	5.9	3.9	2.0	2.5	2.45	2.25	1.96	1.47	0.93	0.93

2 列 JDH 泵向稳压器注射。1 列 JDH 泵的硼酸溶液的流量为 4 kg/s，温度为 70 ℃。在电厂失电时，JDH 泵供应硼酸溶液的延时为 40 秒。2 列应急给水泵(EFWP)向 SG2 和 SG3 供应应急给水。电厂失电到 EFWP 供应应急给水的延时为 120 秒，水温为 40 ℃。在计算中假设操纵员开始动作的时间不早于事故发生后 1 800 秒。在工况 1 的计算中，假设在事故发生后 1 800 秒时，操纵员将 SG3 的 BRU-A 转入以 60 ℃/h 的速率冷却反应堆装置的工作模式。

在工况 2 的计算中使用的主要输入数据基本与工况 1 相同，除了以下几条：

(1) SG 的初始水装量假设为最大值 46.8 t；

(2) 冷却剂温度系数假设为负的绝对值最大，等于 70×10^{-5} 1/℃；

(3) JND 泵向一回路供应硼酸溶液的体积流量保守地假设比表 6-16 给出的流量大 10%。

在工况 3 的计算中使用的主要输入数据基本与工况 1 相同，除了以下几条：

(1) SG 的初始水装量假设为最大值 46.8 t；

(2) JND 泵向一回路供应硼酸溶液的体积流量保守地假设比表 6-16 给出的流量大 10%。

6.3.3.6　计算结果

图 6-50 至 6-67 给出了 SG 传热管断裂(工况 1)的计算结果。

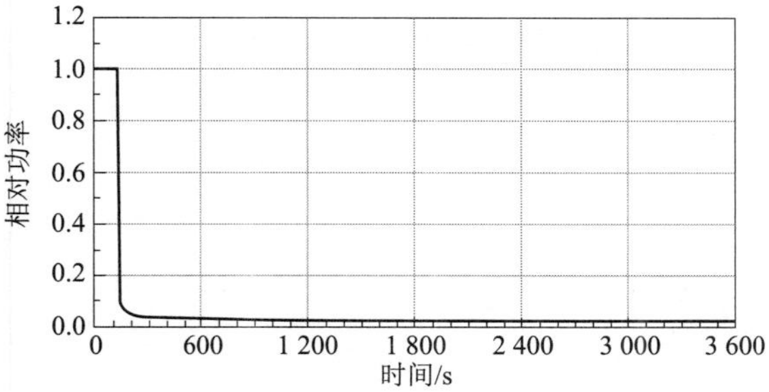

图 6-50　SG 传热管断裂(工况 1)堆芯相对功率

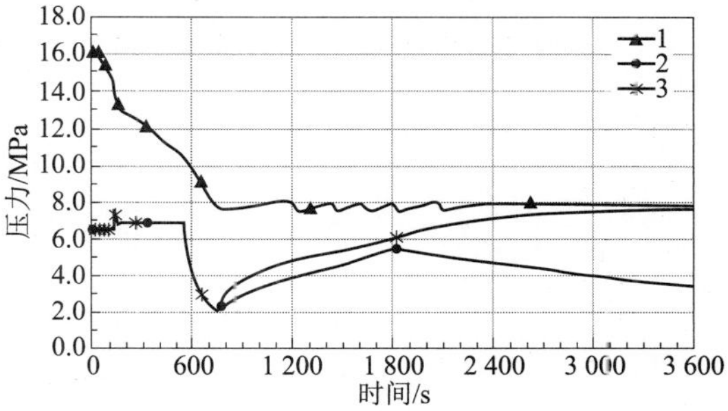

图 6-51　SG 传热管断裂(工况 1)一回路与二回路压力

1—堆芯出口压力；2—完好 SG 中的压力；3—破损 SG 中的压力

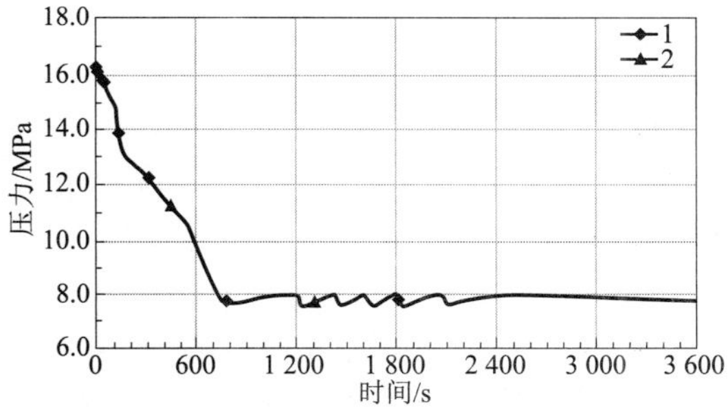

图 6-52　SG 传热管断裂(工况 1)一回路冷却剂压力

1—堆芯入口压力；2—堆芯出口压力

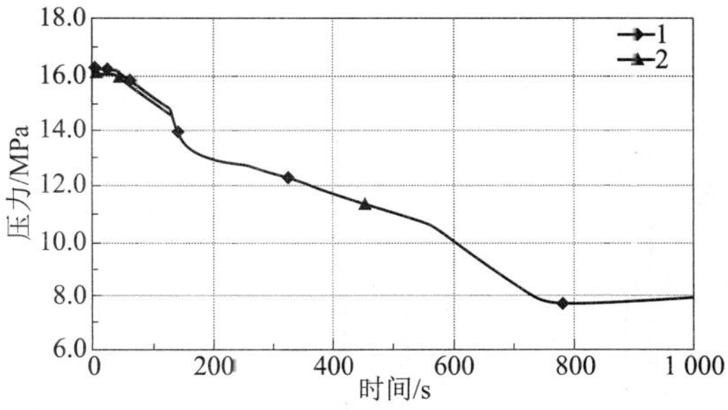

图 6-53　SG 传热管断裂(工况 1)一回路冷却剂压力

1—堆芯入口压力；2—堆芯出口压力

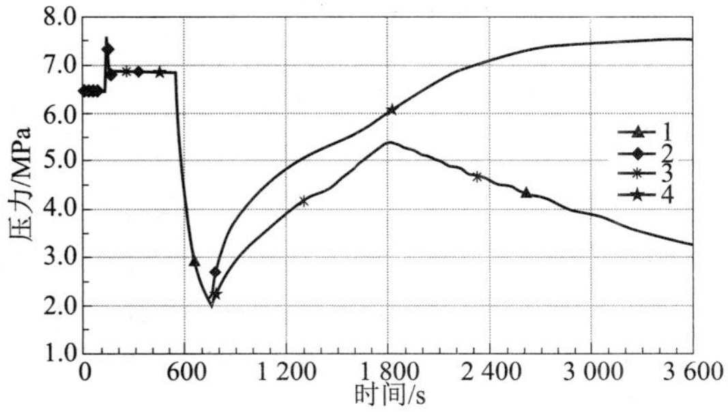

图 6-54　SG 传热管断裂(工况 1)SG 压力

1～4—SG1～4 中的压力

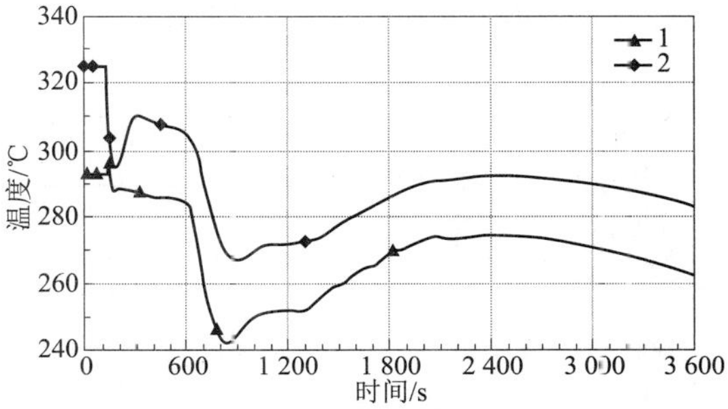

图 6-55　SG 传热管断裂(工况 1)堆芯入口/出口冷却剂温度

1—堆芯入口温度；2—堆芯出口温度

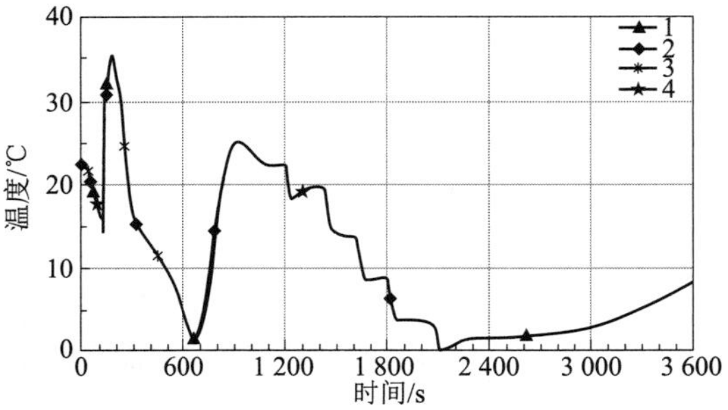

图 6-56　SG 传热管断裂(工况 1)饱和温度与环路热段温度之差

1～4—饱和温度与环路 1～4 的热段温度之差

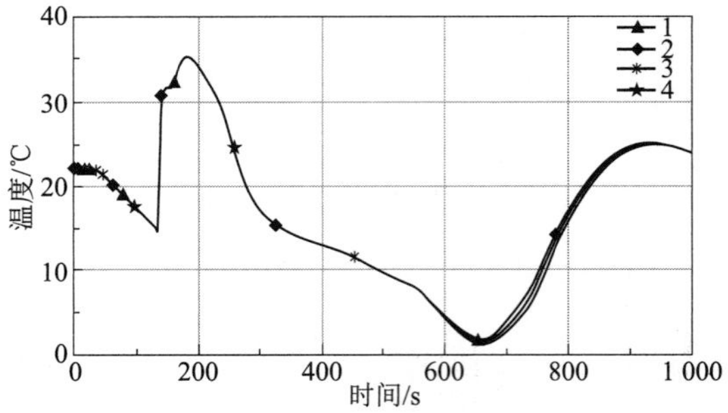

图 6-57　SG 传热管断裂(工况 1)饱和温度与环路热段温度之差

1～4—饱和温度与环路 1～4 的热段温度之差

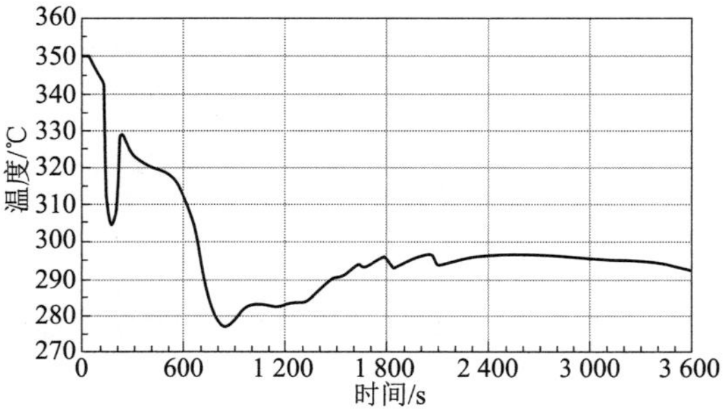

图 6-58　SG 传热管断裂(工况 1)燃料包壳最高温度

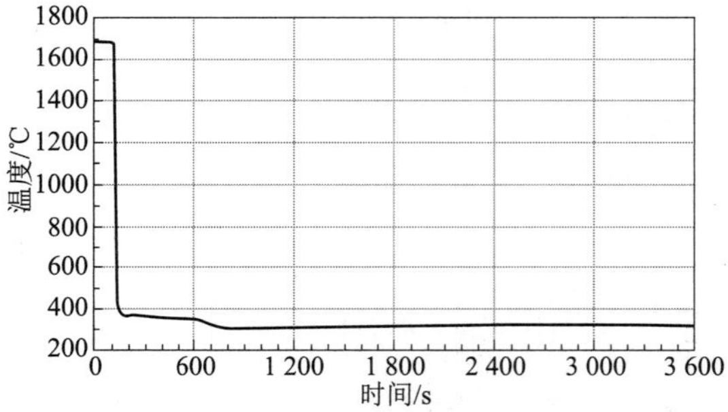

图 6-59　SG 传热管断裂(工况 1)燃料最高温度

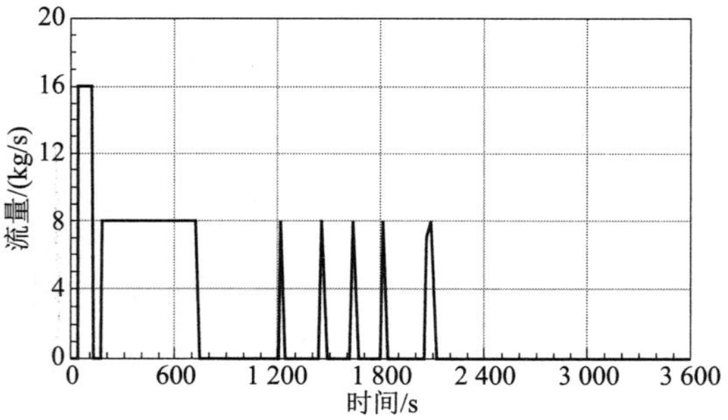

图 6-60　SG 传热管断裂(工况 1)JDH 泵向稳压器注射的流量

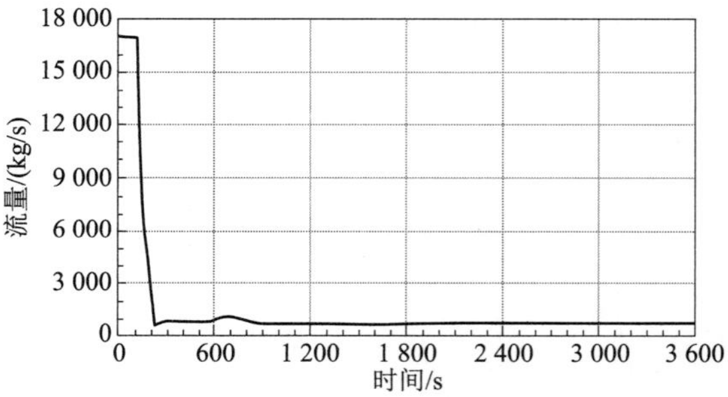

图 6-61　SG 传热管断裂(工况 1)通过反应堆的冷却剂流量

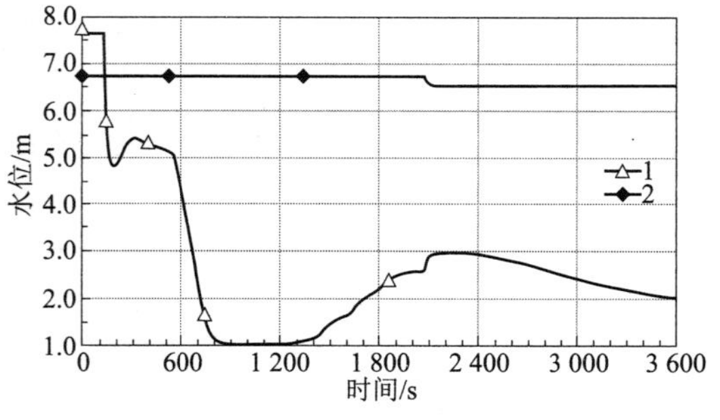

图 6-62　SG 传热管断裂(工况 1)一回路冷却剂水位

1—PRZ 水位；2—RCC 水位

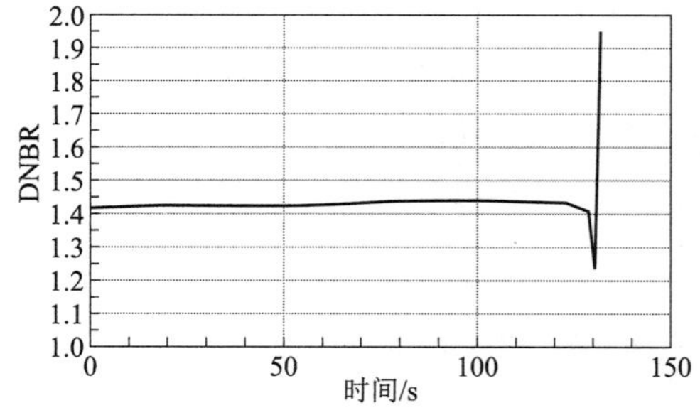

图 6-63　SG 传热管断裂(工况 1)最小 DNBR

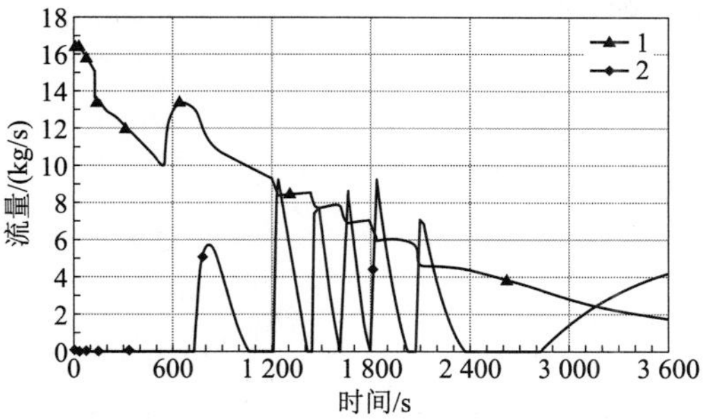

图 6-64　SG 传热管断裂(工况 1)破口流量 ECCS 流量

1—破口流量；2—ECCS 总流量

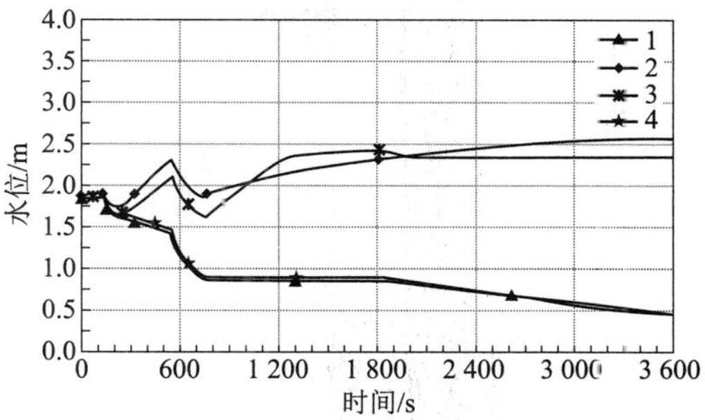

图 6-65　SG 传热管断裂(工况 1)SG 水位

1～4—SG1～4 的水位

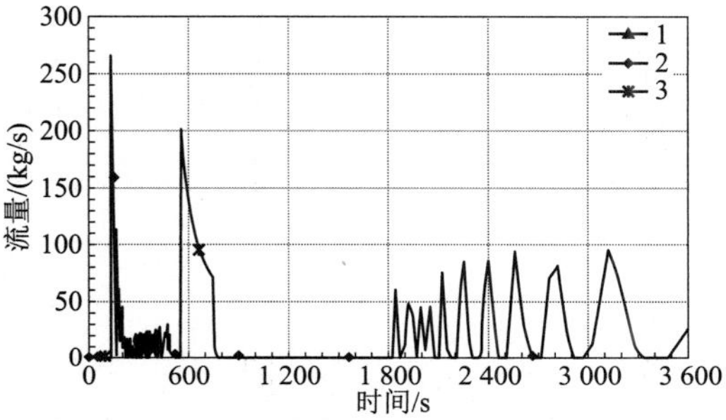

图 6-66　SG 传热管断裂(工况 1)

完好 SG 排放装置的蒸汽流量

1～3—SG1、SG3、SG4 排放装置的蒸汽流量

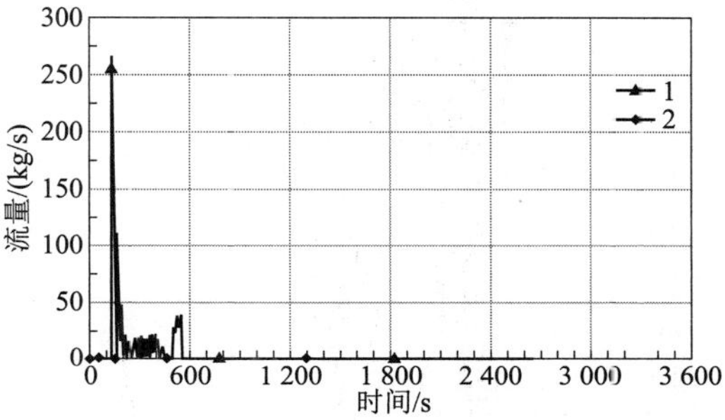

图 6-67　SG 传热管断裂(工况 1)

破损 SG 的 BRU-A 的流量

1—SG2 BRU-A 的蒸汽流量；

2—SG2 BRU-A 的汽水混合物流量

表 6-17 给出了该工况的事故序列。SG 传热管断裂引起一回路压力降低，破损 SG 的水位升高，破损 SG 的主给水流量降低。10 秒时，SG2 蒸汽管道的 γ 放射性大于 10^{-4} R/h（1 R=2.58×10^{-4} C/kg)，产生第一停堆信号，在计算中被忽略。与此同时，由于 SG2 蒸汽管道的 γ 放射性大于 10^{-4} R/h，并且安全壳压力没有超过 0.105 MPa，堆芯上方压力没有低于 7.9 MPa，因此产生 JDH 泵向稳压器注射的自动启动信号(JDH 泵向稳压器注射开始于 40 秒)，以及 KBA 泵向一回路供应硼酸溶液管道上的阀门的关闭信号。

表 6-17　工况 1 的事故序列

时刻/s	事　　故
0.0	SG2 的一根传热管断裂，发生一回路向二回路泄漏
10.0	SG2 蒸汽管道的 γ 放射性大于 10^{-4} R/h，产生第一停堆信号，被忽略
10.0	产生 JDH 泵向稳压器注射启动信号(由于 SG2 蒸汽管道的 γ 放射性大于 10^{-4} R/h，并且安全壳压力没有超过 0.105 MPa，堆芯上方压力没有低于 7.9 MPa) KBA 泵供水管道上的阀门关闭 PRZ TEH 切断，并禁止连接
40.0	JDH 泵开始向稳压器注射
128.2	堆芯出口压力下降到 14.7 MPa 且反应堆功率大于 75%产生第二停堆信号 核电失电导致：所有 RCP 组断电；汽轮机截止阀关闭；二回路给水泵断电；BRU-K 切断

续表

时刻/s	事　故
130.1	开始落棒
130.2	DG 启动，并按照启动程序连接负载
130.3	达到最小 DNBR(1.23)
132.7	BRU-A 开始打开
132.7	二回路压力达到最大(7.56 MPa)
248.2	EFWP 开始向 SG2 和 SG3 供应应急给水
491.0	SG1、SG3 和 SG4 的 BRU-A 转到维持一回路饱和温度与环路热段温度之差为 8 ℃的工作模式(由于 SG2 蒸汽管道的 γ 放射性大于 10^{-4} R/h，并且安全壳压力没有超过 0.105 MPa，一回路饱和温度与环路任一热段的温度之差下降到 10 ℃)
741.0	产生 SG2 蒸汽管道上的 MSIV 与 BRU-A 的关闭信号(由于 SG2 蒸汽管道的 γ 放射性大于 10^{-4} R/h，并且一回路饱和温度与环路任一热段的温度之差下降到 10 ℃，堆芯上方压力下降 7.9 MPa，安全壳压力没有超过 0.105 MPa) SG2 主给水与应急给水管道上的阀门关闭
745.0	2 列 JND 开始向一回路供应硼酸溶液
1 800.0	操纵员开始动作——将 SG3 的 BRU-A 转到以 60 ℃/h 的速率冷却一回路的模式
3 600.0	计算结束

由于冷却剂向破口泄漏并且 JDH 泵向稳压器注射，128.2 秒时堆芯上方压力下降到 14.7 MPa，达到停堆整定值(第二停堆信号)。根据假设，在产生第二停堆信号的同时失电，这导致：

(1) 所有 RCP 组断电；

(2) 汽轮机截止阀关闭；

(3) 二回路给水泵断开；

(4) PRZ 喷淋和电加热器切断；

(5) BRU-K 切断。

130.1 秒时开始落棒，反应堆功率下降到衰变热的水平。失电后 DG 启动，并根据启动程序连接负载。汽轮机截止阀关闭后二回路压力迅速上升，所有 SG 蒸汽管道上的 BRU-A 打开，此后运行在压力控制模式下。

248.2 秒时 EFWP 开始向 SG2 和 SG3 供应应急给水，使 SG2 和 SG3 的水位开始恢复。由于蒸汽通过 BRU-A 排放，SG1 和 SG4 中的水位持续下降(EFWP 不可用)。

491 秒时，一回路饱和温度与环路任一热段的温度之差下降到 10 ℃，SG1、SG3 和 SG4 的 BRU-A 自动转到维持一回路饱和温度与环路热段温度之差为 8 ℃ 的工作模式。

741 秒时堆芯出口压力下降到 7.9 MPa，产生 SG2 蒸汽管道上的 MSIV 与 BRU-A 的关闭信号，以及 SG2 应急给水隔离信号。745 秒时，由于一回路饱和温度与任意热段的最高温度之差低于 10 ℃且一回路冷却剂压力下降到 7.9 MPa，2 列 JND 开始向一回路供应硼酸溶液。

由于 SG1、SG3 和 SG4 的 BRU-A 关闭(一回路饱和温度与环路热段的温度之差增加到

8 ℃以上)，一回路压力开始上升。然而，JDH 泵周期性向稳压器注射限制了压力的上升，将压力维持在 7.9 MPa。因此，没有达到 SG2 蒸汽管道上安全阀的开启整定值。

根据计算假设，1 800 秒时操纵员将 SG3(EFWP 可用)的 BRU-A 转到以 60 ℃/h 的速率冷却一回路的模式。一回路与二回路的参数开始下降，反应堆转入稳定冷却状态。

图 6-68 至图 6-75 给出了 SG 传热管断裂(工况 2)的计算结果。

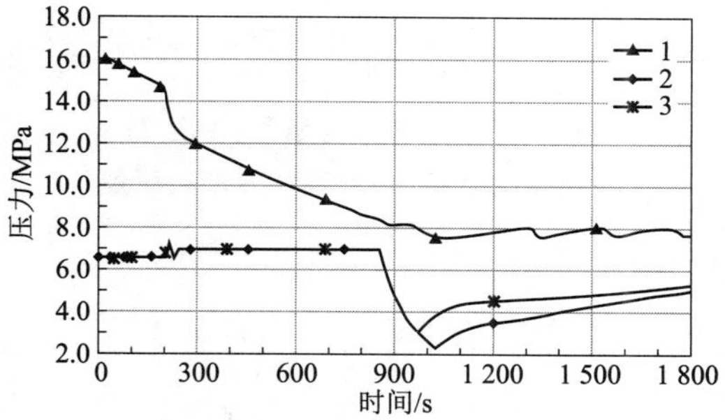

图 6-68　SG 传热管断裂(工况 2)一回路和二回路压力

1—堆芯出口压力；2—完好 SG 中的压力；

3—破损 SG 中的压力

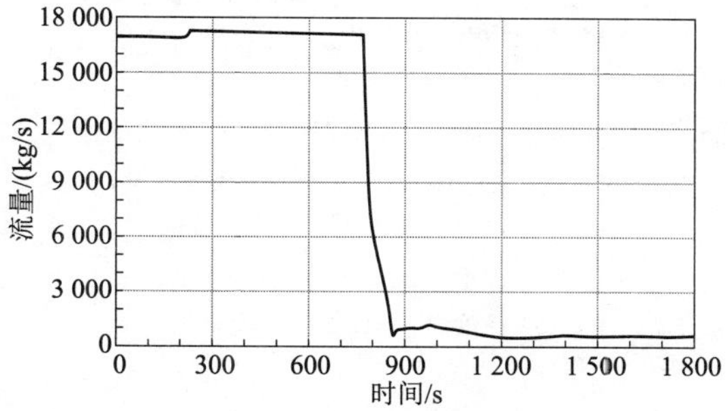

图 6-69　SG 传热管断裂(工况 2)

通过反应堆的冷却剂流量

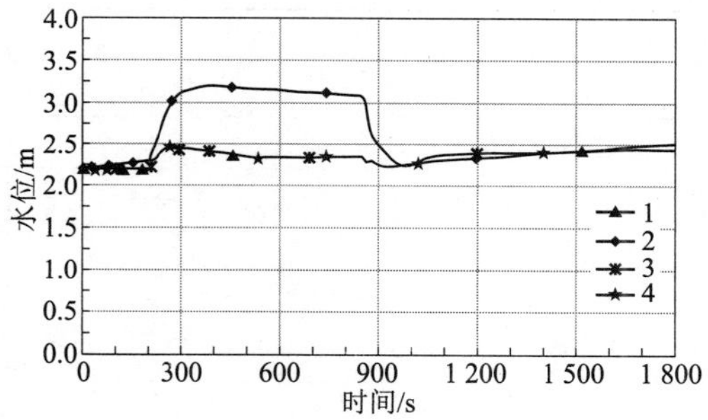

图 6-70　SG 传热管断裂(工况 2)SG 水位

1～4—SG1～4 中的水位

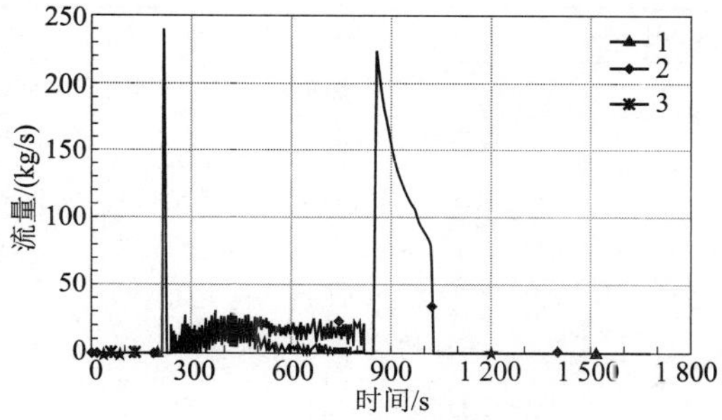

图 6-71　SG 传热管断裂(工况 2)

完好 SG 的 BRU-A 的蒸汽流量

1～3—SG1、SG3、SG4 的 BRU-A 的蒸汽流量

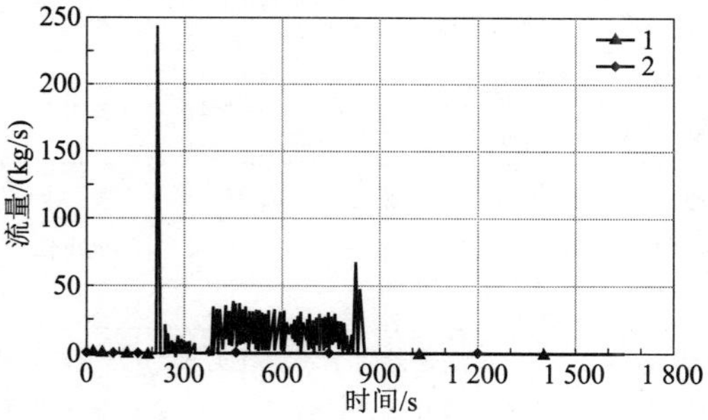

图 6-72　SG 传热管断裂(工况 2)

破损 SG 的 BRU-A 的流量

1—SG2 的 BRU-A 的蒸汽流量；

2—SG2 的 BRU-A 的汽水混合物流量

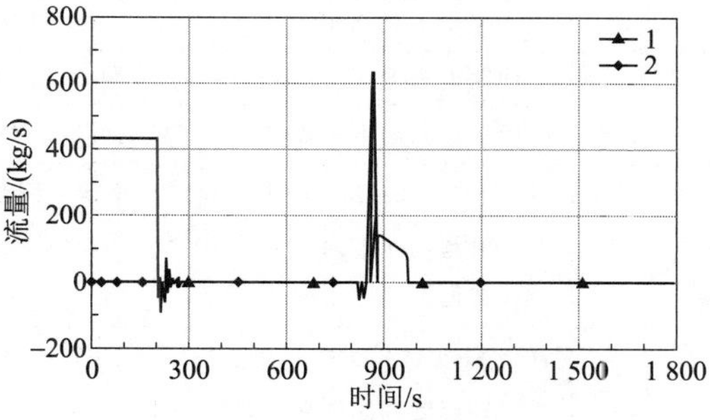

图 6-73　SG 传热管断裂(工况 2)

破损 SG 到 MSH 的流量

1—SG2 到 MSH 的蒸汽流量；

2—SG2 到 MSH 的汽水混合物流量

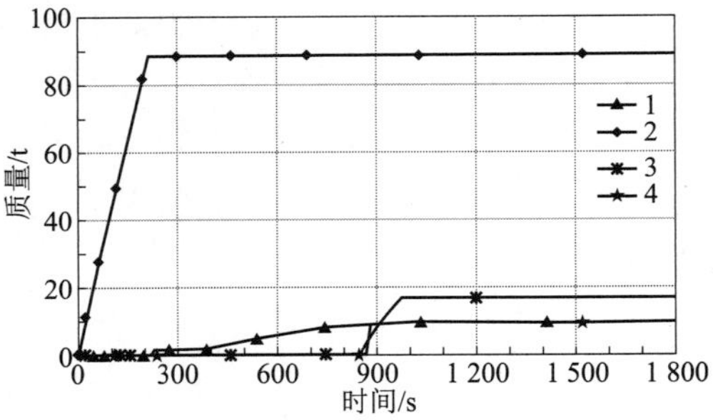

图 6-74 SG 传热管断裂(工况 2)破损 SG 释放的流体质量

1—SG2 通过其 BRU-A 释放的蒸汽质量；
2—SG2 排放到冷凝器的蒸汽质量；
3—SG2 释放到 MSH 的蒸汽质量；
4—SG2 释放到 MSH 的汽水混合物质量

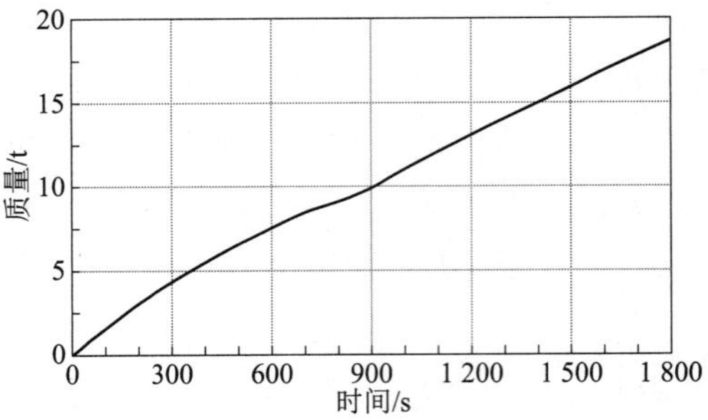

图 6-75 SG 传热管断裂(工况 2)一回路向破损 SG 泄漏的冷却剂质量

表 6-18 给出了工况 2 的事故序列。计算结果表明，事故期间破损 SG 排放了 9.12 t 汽水混合物进入主蒸汽联箱 MSH，以及 113.87 t 蒸汽(其中汽轮机截止阀关闭前 88.57 t 进入冷凝器，9.07 t 通过 SG2 的 BRU-A 排放，16.23 t 进入主蒸汽联箱)。

表 6-18 工况 2 的事故序列

时刻/s	事 故
0.0	SG2 的一根传热管断裂，发生一回路向二回路泄漏
10.0	SG2 蒸汽管道的 γ 放射性大于 10^{-4} R/h，产生第一停堆信号，被忽略
10.0	产生 JDH 泵向稳压器注射启动信号(由于 SG2 蒸汽管道的 γ 放射性大于 10^{-4} R/h，并且安全壳压力没有超过 0.105 MPa，堆芯上方压力没有低于 7.9 MPa) KBA 泵供水管道上的阀门关闭 PRZ TEH 切断，并禁止连接
40.0	2 列 JDH 泵开始向稳压器注射
197.1	堆芯出口压力下降到 14.7 MPa 且反应堆功率大于 75%Nnom 产生第二停堆信号
199.1	开始落棒
204.1	汽轮机截止阀关闭(停堆后 5 秒)
210.8	SG1～4 的蒸汽管道上的 BRU-A 开始打开
238.0	SG2 水位上升到额定水位以上 300 mm，产生 SG2 给水管道上的隔离阀关闭信号
771.0	一回路饱和温度与环路 1～4 的冷段温度之差下降到 15 ℃，导致环路 1～4 上的 RCP 组切断
823.3	一回路饱和温度与环路任一热段的温度之差下降到 10 ℃产生安全系统启动信号
823.3	SG1、SG3 和 SG4 的 BRU-A 转到维持一回路饱和温度与环路热段温度之差为 8 ℃的工作模式(由于 SG2 蒸汽管道的 γ 放射性大于 10^{-4} R/h，并且安全壳压力没有超过 0.105 MPa，一回路饱和温度与环路任一热段的温度之差下降到 10 ℃)
970.2	产生 SG2 蒸汽管道上的 MSIV 与 BRU-A 的关闭信号(由于 SG2 蒸汽管道的 γ 放射性大于 10^{-4} R/h，并且一回路饱和温度与环路任一热段的温度之差下降到 10 ℃，堆芯上方压力下降 7.9 MPa，安全壳压力没有超过 0.105 MPa) 同一信号使 SG2 主给水与应急给水管道上的阀门关闭
972.0	4 列 JND 开始向一回路供应硼酸溶液
1 800.0	计算结束

图 6-76 至 6-81 给出了 SG 传热管断裂(工况 3)的计算结果。

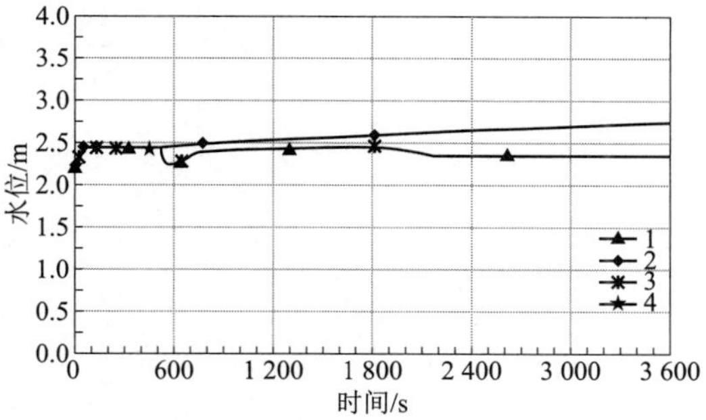

图 6-76　SG 传热管断裂(工况 3)SG 水位

1～4—SG1～4 中的水位

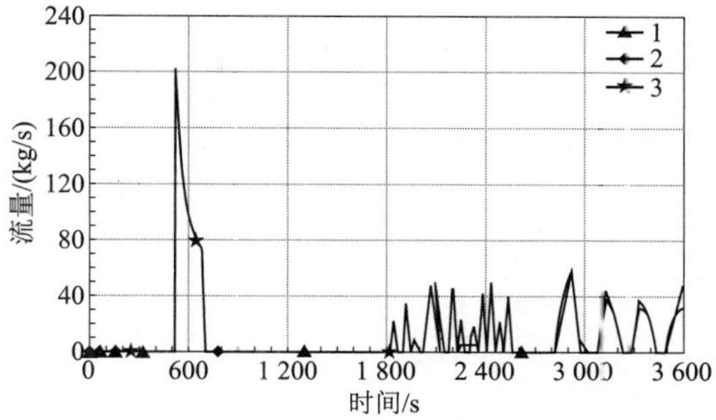

图 6-77　SG 传热管断裂(工况 3)

完好 SG 的 BRU-A 的蒸汽流量

1～3—SG1、SG3、SG4 的 BRU-A 的蒸汽流量

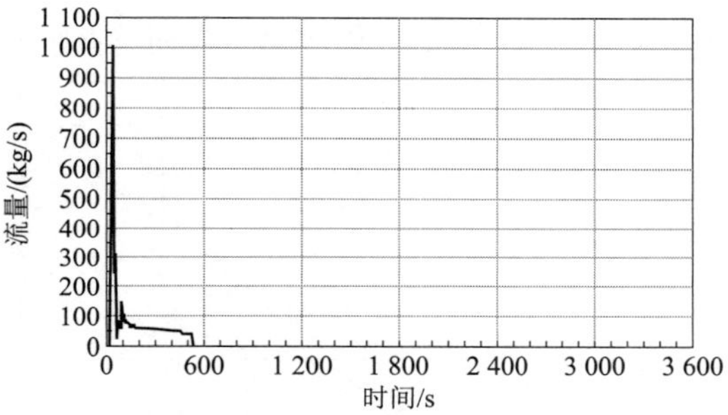

图 6-78　SG 传热管断裂(工况 3)

BRU-K 的蒸汽流量

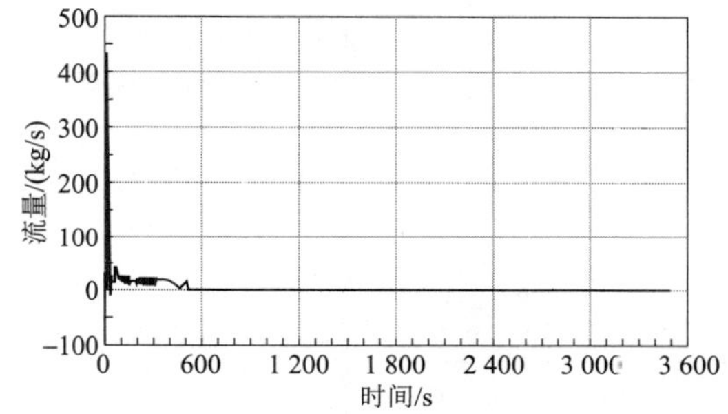

图 6-79　SG 传热管断裂(工况 3)

破损 SG 到 MSH 的蒸汽流量

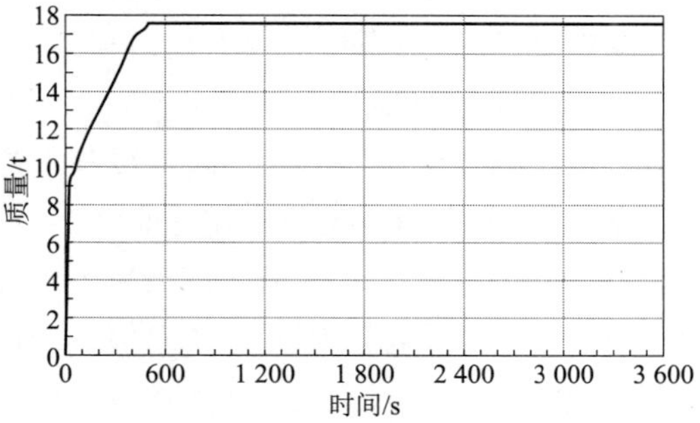

图 6-80　SG 传热管断裂(工况 3)

破损 SG 排放到冷凝器的蒸汽量

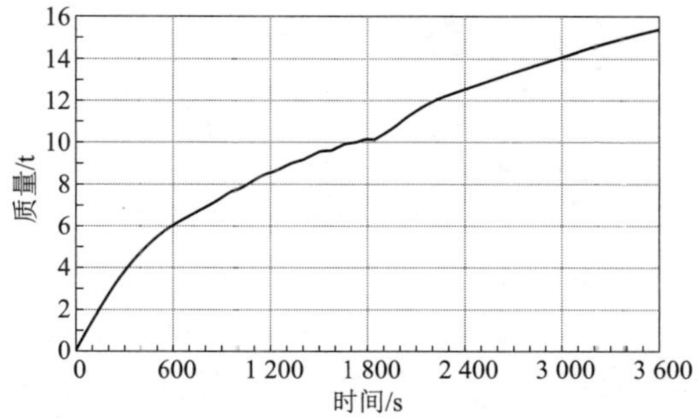

图 6-81　SG 传热管断裂(工况 3)

一回路向破损 SG 泄漏的冷却剂质量

表 6-19 给出了该工况的事故序列。在事故期间,破损的 SG2 向冷凝器排放了 17.54 t 蒸汽。SG2 没有排放汽水混合物。

表 6-19　工况 3 的事故序列

时刻/s	事　　故
0.0	SG2 的一根传热管断裂,发生一回路向二回路泄漏
10.0	SG2 蒸汽管道的 γ 放射性大于 10^{-4} R/h,触发紧急停堆

续表

时刻/s	事　故
10.0	产生 JDH 泵向稳压器注射启动信号(由于 SG2 蒸汽管道的 γ 放射性大于 10^{-4} R/h,并且安全壳压力没有超过 0.105 MPa,堆芯上方压力没有低于 7.9 MPa) KBA 泵供水管道上的阀门关闭 PRZ TEH 切断,并禁止连接
15.0	汽轮机截止阀关闭(停堆后 5 秒)
15.3～524.0	BRU-K 运行
40.0	4 列 JDH 泵开始向稳压器注射
437.0	一回路饱和温度与环路 1～4 的冷段温度之差下降到 15 ℃,导致环路 1～4 上的 RCP 组切断
507.0	一回路饱和温度与环路任一热段的温度之差下降到 10 ℃,产生安全系统启动信号
507.0	SG1、SG3 和 SG4 的 BRU-A 转到维持一回路饱和温度与环路热段温度之差为 8 ℃的工作模式(由于 SG2 蒸汽管道的 γ 放射性大于 10^{-4} R/h,并且安全壳压力没有超过 0.105 MPa,一回路饱和温度与环路任一热段的温度之差下降到 10 ℃)
507.0	产生 SG2 蒸汽管道上的 MSIV 与 BRU-A 的关闭信号(由于 SG2 蒸汽管道的 γ 放射性大于 10^{-4} R/h,并且一回路饱和温度与环路任一热段的温度之差下降到 10 ℃,堆芯上方压力下降 7.9 MPa,安全壳压力没有超过 0.105 MPa)
537.0	4 列 JND 开始向一回路供应硼酸溶液
1 800.0	操纵员开始动作——将 SG3 的 BRU-A 转到以 60 ℃/h 的速率冷却一回路的模式
3 600.0	计算结束

一回路冷却剂系统与 SG 蒸汽管道的压力不应超过设计值的 15%,即一次侧和二次侧压力分别不应超过 20.24 MPa 和 9.02 MPa。在计算中,一回路最高压力没有超过初始值,二次侧最高压力为 7.56 MPa,没有超过设计限值。因此满足验收准则 1。

计算结果表明,在叠加单一故障下,始发事故没有导致安全屏障失效(一回路冷却剂边界除外),因此满足验收准则 3。燃料棒包壳温度稳定下降,现有的系统足以排除衰变热,堆芯保持冷却状态,因此满足验收准则 4。根据验收准则 6,最小 DNBR 在 95%的概率下不应小于 1.0。在计算中所考虑的工况下,最小 DNBR 等于 1.23,没有达到 1.0 的限值。因此满足验证准则 6。任意燃料棒轴向位置的径向平均焓在事故期间没有超过初始值,因此满足准则 7。

由于最小 DNBR 为 1.23,且事故期间燃料径向平均焓没有超过初始值,因此满足准则 8。由于满足准则 1、4、6、7、8 该事故的后果得到限制,不会发展成更严重的事故,因此满足准则 2。

6.3.3.7 结论

对 SG 传热管破裂并随后以 60 ℃/h 的速率冷却进行了热工水力计算。

对三个工况进行了考虑:

(1) 工况 1,从保证安全的观点;

(2) 工况 2,估计事故期间从破损 SG 释放的最大放射性流量;

(3) 工况 3,评价了减小破损 SG 放射性流体释放量的事故管理中的自动动作的效率。

在各个工况的计算中都考虑了事故管理的自动动作。根据各个工况的计算目的选择初始条件与边界条件,保证能够得到最保守的结果。

节点划分、方法假设、关系式和差分格式的选择能确保计算结果的保守性。

工况 1 的计算结果表明,该事故所有的验收准则都能满足。因此第一道安全屏障(燃料芯块)和第二道安全屏障(燃料棒包壳)都没有损坏。第三道屏障(一回路冷却剂边界)无需考虑,因为其失效就是假想的始发事故本身。

工况 2 的计算结果表明,事故期间破损 SG 排放了 113.87 t 蒸汽(汽轮机截止阀关闭前 88.57 t 进入冷凝器,9.07 t 通过 SG2 的 BRU-A 排放,16.23 t 进入 MSH),以及 9.12 t 汽水混合物(进入 MSH)。

工况 3 的计算结果表明,在最可能的事故序列中(不发生故障),在事故管理的自动动作下,破损的 SG2 向冷凝器排放了 17.54 t 蒸汽。SG2 没有排放汽水混合物。

6.3.4 AP1000 型核电厂

本节以首座 AP1000 型三门核电厂为例,给出 SGTR 的事故分析结果。

6.3.4.1 事故起因和描述

(1) 概述

蒸汽发生器传热管破裂事故是一根传热管完全断裂。假设事故发生时处于功率运行,反应堆冷却剂含有技术规格书规定所允许的有限数量的燃料棒破损情况下连续运行产生的裂变产物。由于带有放射性的冷却剂由破口流入二次侧,这将导致二回路系统放射性增加。如果在事故期间核电厂丧失厂外电源或者冷凝器蒸汽旁排失效,放射性将通过蒸汽发生器大气释放阀或安全阀排至大气中。

在事故分析中,假设发生单根传热管完全断裂是保守的,因为蒸汽发生器传热管的材料(Alloy 690)是一种耐腐蚀的高韧性金属。蒸汽发生器传热管更有可能的破损模式是因为不明原因的一个或多个小裂缝。在核电厂运行期间,连续监测二次侧的放射性,这种泄漏引起的放射性积累不允许超过技术规格书规定的限值。

核电厂的设计为 SGTR 事故提供了自动保护措施,自动保护措施包括反应堆停堆、非能动余热排出(PRHR)热交换器投入、启动堆芯补水箱(CMT)、关闭稳压器电加热器,以及由蒸汽发生器(SG)高-3 水位信号或 SG 高水位与反应堆停堆(P-4)相符隔离化学容积控制系统(CVS)和启动给水(SFW)流量。这些保护措施可实现反应堆冷却剂系统(RCS)自动降温降压,以终止破口流量和向大气的蒸汽释放,并将 RCS 长期保持在稳定状态下。这些保护系统还可防止 SG 发生满溢,并使厂外放射性剂量在设计基准 SGTR 事故所允许的指导值范围内。SGTR 事故后操纵员操作可以更快速地缓解该事故的后果。

通过如下描述的一系列报警,操纵员可以很容易判断 SGTR 事故的发生,识别并隔离破损蒸汽发生器,并完成要求的恢复操作,以稳定核电厂状态,终止一次侧向二次侧的破口流量。恢复规程必须在一定时间范围内完成,以便在破损 SG 发生满溢之前终止向二次侧的破口流量,将厂外放射性剂量限制在可接受水平,还要求不触发自动卸压系统(ADS)。核电厂为操纵员执行这些功能提供了足够的指示和控制。

(2) SGTR 事故的事故序列

SGTR 事故的事故序列如下：

触发稳压器低压力和低水位报警信号，启动 CVS 上充流量和增大稳压器电加热器加热量，以企图维持稳压器水位和压力。在蒸汽发生器二次侧，由于一次侧向二次侧的破口流量使破损 SG 水位增加，这将导致破损 SG 的主给水流量减小。

冷凝器除气排放辐射监测仪、蒸汽发生器排污辐射监测仪和/或主蒸汽管道辐射监测仪报警，表明二回路系统放射性水平增加。

持续的反应堆冷却剂装量流失将会导致由稳压器低-2 压力或超温 ΔT 信号触发反应堆停堆。反应堆停堆后，SGTR 使反应堆冷却剂压力和稳压器水位下降，这由于 CVS 流量补充和稳压器电加热器的运行而有所抵消。稳压器低-3 压力或稳压器低-2 水位信号将触发"S"信号，该信号将启动 CMT 和 PRHR 热交换器。"S"信号还将自动关闭正常给水和反应堆冷却剂泵，并终止稳压器电加热器的供电。启动给水流量由 SG 窄量程低水位信号启动，并控制 SG 水位在程序水位。

反应堆停堆将自动关闭汽轮机，如果厂外电源有效，蒸汽旁排阀开启允许蒸汽向冷凝器排放。在丧失厂外电源或冷凝器失效的事故工况下，蒸汽旁排阀自动关闭以保护冷凝器。SG 压力将快速上升，并使得蒸汽通过 SG 大气释放阀和/或安全阀向大气排放。

随着反应堆停堆，CMT 和 PRHR 启动，PRHR 热交换器的运行、启动给水流量、CMT 的含硼流量和 CVS 流量为吸收衰变热提供了热阱。这将减少 SG 的蒸汽产量和旁排至冷凝器的蒸汽量。在丧失厂外电源工况下，可减少向大气的蒸汽排放量。

CVS 和 CMT 流量的注入将稳定 RCS 压力和稳压器水位，RCS 压力将趋于一个平衡值，而总的注入流量和破口流量相等。

(3) SGTR 事故后自动恢复操作措施

对于极不可能的操纵员未采取恢复操作措施的工况，核电厂多个保护系统和非能动设计特性一起可以自动终止 SG 传热管泄漏和稳定 RCS。在 SGTR 事故下，CVS 注射流量和在压力控制系统有效情况下稳压器电加热器的加热将维持一次侧向二次侧的破口流量，破损 SG 二次侧水位因破口流量的积聚而升高。最终，破损 SG 水位将达到窄量程高水位和高-3 水位整定值，该整定值接近于窄量程水位范围的上限。

保护系统自动提供多个安全相关措施，以终止破口流量和蒸汽向大气的排放，并将 RCS 稳定在安全状态下。这些安全相关措施包括启动 PRHR 热交换器、关闭 CVS 泵和稳压器电加热器、关闭启动给水泵。此外，保护和安全监控系统提供一个安全相关信号，用于冗余的、非安全相关的稳压器电加热器断路器的脱扣。

PRHR 热交换器的投入将堆芯衰变热传至内置换料水箱(IRWST)，实施 RCS 降温及由此引起的降压。

关闭 CVS 泵和稳压器电加热器可减小主回路系统的压力回升。这将使得主回路系统压力与二次侧压力相平衡，从而有效地终止一次侧向二次侧的破口流量。由于 CMT 持续注入，在关闭 CVS 泵后需要提供堆芯硼化时，CVS 泵的关闭不会影响到系统的安全性。

隔离启动给水可对启动给水控制系统的失效提供保护，而失效可能会导致破损 SG 满溢。随着 PRHR 热交换器移出衰变热，经 SG 大气释放阀的蒸汽排放将终止，并且 SG 二次侧的水位保持稳定。

(4) SGTR 事故操纵员采取恢复操作措施

在 SGTR 事故下，操纵员可以诊断事故，并执行恢复操作措施，以稳定核电厂状态，终止一次侧向二次侧的泄漏，并在自动保护系统动作之前依次有序地关闭反应堆。核电厂应急操作规程给出了有关 SGTR 事故操纵员的恢复操作措施。操纵员的主要操作措施如下：

识别破损 SG：可以通过 SG 窄量程水位非预期的上升，或者由任一主蒸汽管道辐射监测仪、SG 排污管道辐射监测仪或 SG 取样的高放射性指示，识别破损的 SG。

隔离破损 SG：一旦确定破损 SG，恢复操作措施首先是隔离破损 SG 的蒸汽流量，终止该 SG 的给水流量。

利用完好 SG 或 PRHR 系统实施 RCS 降温：完成破损 SG 隔离后，尽可能快地将 RCS 降温至低于破损 SG 压力对应的饱和温度。这将为下一步使 RCS 降压至破损 SG 压力提供足够的 RCS 过冷度。

实施 RCS 降压以恢复反应堆冷却剂装量：当完成降温操作措施后，CVS 和 CMT 注入流量将使得 RCS 压力逐渐升高，直到破口流量与总的注射流量达到平衡。因此，这些流量必须终止或加以控制，以终止一次侧向二次侧的泄漏。然而，首先必须保持足够的反应堆冷却剂装量，这包括足够的 RCS 过冷度和稳压器装量，以使终止注射后保持可靠的稳压器水位指示。

由于在终止注入后一次侧的泄漏仍在继续，直到 RCS 和破损 SG 的压力相平衡泄漏才会停止。RCS 降压以使压力达到平衡后 RCS 具有足够的装量及保证稳压器水位仍在量程范围内。

停止注射流量以终止一次侧向二次侧的泄漏：在先前的操作中，建立足够的 RCS 过冷度、二次侧热阱和足够的冷却剂装量，并确认不再需要注射流量。当完成这些操作时，将停止 CMT 和 CVS 注入流量，以终止一次侧向二次侧的泄漏。注入流量停止后，一次侧向二次侧依然有泄漏，直到 RCS 和破损 SG 的压力达到平衡。通过控制 CVS 上充和下泄流量、稳压器电加热器以及利用完好 SG 或由 PRHR 热交换器移出堆芯衰变热，可防止 RCS 压力回升和再次向破损 SG 的泄漏。

随着注入流量的终止，核电厂状态逐渐稳定，并且一次侧向二次侧的泄漏终止。此时，操纵员将执行一系列操作措施，准备将核电厂降温至冷停堆状态。这些操作措施将取决于核电厂各个系统的可用性以及核电厂进一步的维修和运行计划。

6.3.4.2 效应和后果分析

SGTR 事故将导致受污染的反应堆冷却剂泄漏至二次侧，并有部分放射性释放至大气中。本分析论证 SGTR 事故引起的厂外放射性后果在可接受的限值范围内。

SGTR 事故所关注的问题之一是 SG 发生满溢的可能性，因为这可能会引起厂外放射性后果的明显增大。核电厂自动保护和非能动的设计特性一起在 SGTR 事故下自动终止破口流量，以防止发生 SG 满溢。这些措施包括启动 PRHR、隔离 CVS 流量和隔离启动给水等。

为验证核电厂设计特性能防止 SG 发生满溢的作用，进行了一个分析，不模拟预期的操纵员隔离破损 SG 并实施 RCS 降温降压等操作措施。对于 SG 满溢分析的最不利的单一故障是 SG 水位达到其名义值时启动给水调节阀失效而不能关小流量。同时，还考虑了其他能使 SG 二次侧水体积最大的保守假设，如：最高的 SG 初始水位、最低的 RCS 初始压力、丧失厂外电源、最大的CVS注射流量、最大的稳压器电加热器功率、最大的启动给水流量和最短的启动给水延迟时间。

该分析结果证明核电厂保护系统和非能动系统设计特性的有效性,并支持了SGTR事故不会引起SG满溢的结论。

为了确定事故的厂外放射性后果,进行SGTR事故分析时假设了针对厂外放射性剂量最不利的单一故障和初始条件。由于核电厂设计可防止SG满溢,因此,本分析结果代表了SGTR事故的极限的放射性后果。

对于设计基准SGTR事故,进行了热工水力分析,以确定核电厂响应、一次侧向二次侧的破口积分流量,以及由破损的和完好的SG排放至冷凝器和大气中的质量释放。随后,根据这些信息,计算释放到环境中的放射性以及导致的放射性后果。

(1) 计算机程序

应用LOFTTR2程序进行SGTR事故下核电厂响应的计算分析,直到一次侧向二次侧的破口流量终止。经过模型改进的LOFTTR2程序可模拟PRHR系统、CMT和核电厂相关的保护系统动作。

(2) 分析假设

模拟的事故是位于蒸汽发生器管板上部的传热管出口侧(冷段)单根传热管双端断裂。位于蒸汽发生器冷段侧的破口比热段侧的破口具有更大的初始破口流量。事故发生时,假定反应堆处于满功率运行状态,并且假定二次侧的初始水装量为运行名义值减去不确定误差。假定在事故发生时核电厂就丧失厂外电源,控制棒开始下落,因为反应堆冷却剂泵处于运行状态将会减小一次侧到二次侧破口流量的闪蒸,从而使厂外放射性剂量较小。同时,还假定最大的CVS注射流量和稳压器电加热器的加热功率(即使厂外电源无效),以使得破口流量达到保守的最大值。假定主蒸汽旁排系统不可用,这与丧失厂外电源的假设相一致,因为该假设将导致反应堆停堆后蒸汽经由SG二次侧的大气释放阀向大气环境排放。保守地考虑CVS和稳压器电加热器模拟,以延迟稳压器低压力“S”信号和稳压器低-2水位信号及其相关的保护系统动作。

假定最不利的单一故障为破损SG二次侧的大气释放阀失效,失效模式为阀门卡在开启位置,这将导致破损SG的不可控的降压,从而增大一次侧向二次侧的泄漏量和蒸汽向大气的排放量。

当触发稳压器低-2水位信号时,假定破损SG的大气释放阀因故障全开,这将导致最大的累计破口闪蒸流量。

随后,由主蒸汽低压力保护信号自动关闭相关的隔离阀,从而使该阀门被隔离。在本极限分析中,不模拟操纵员干预措施,核电厂保护系统提供保护。由于预期操纵员具有足够的时间来恢复事故并作为自动保护系统的补充,因此,不模拟操纵员干预是保守的。特别是,操纵员可能在SG高水位与反应堆停堆(P-4)相符关闭CVS和启动给水信号触发前,实施主回路系统降压操作措施;同样操纵员可能在自动保护信号前关闭破损SG大气释放阀的隔离阀;操纵员可以根据SG快速降压和蒸汽流量增加诊断出大气释放阀的失效,然后,可以通过控制盘关闭其隔离阀。

与丧失厂外电源假设相一致,假定主给水泵一开始就惰转,并且无启动给水,以保守地减小SG二次侧的水装量,从而使二次侧的放射性浓度和蒸汽释放量达到最大。

(3) 分析结果

该事故的事故序列详见表 6-20。SGTR 事故的系统响应如图 6-82 至图 6-93 所示。传热管破裂的同时丧失厂外电源,反应堆因失电而停堆。假定主给水泵在反应堆停堆后开始惰转,保守地假定启动给水泵启动失效。在传热管破裂后,反应堆冷却剂将从主回路系统流向破损 SG 的二次侧,反应堆冷却剂的丧失将导致稳压器水位和 RCS 压力降低,如图 6-82 和图 6-83 所示。由于稳压器水位和压力降低,两台 CVS 泵将自动投入运行,以提供补水流量;同时,将开启稳压器电加热器。

表 6-20 SGTR 事故序列

事　　故	时间/s
蒸汽发生器传热管双端断裂	0
丧失厂外电源	0
反应堆停堆	0
反应堆冷却剂泵和主给水泵停运并开始惰转	0
两台 CVS 泵启动,稳压器电加热器开启	0
触发稳压器水位低-2 信号	2 577
破损 SG 二次侧的大气释放阀故障开启	2 577
CMT 开始注射,PRHR 开始运行(在最长延迟时间后)	2 594
由主蒸汽低压力信号关闭破损 SG 二次侧的大气释放阀的隔离阀	3 157
由 SG 窄量程水位高-3 整定值信号隔离 CVS	14 909
破口流量终止	33 989

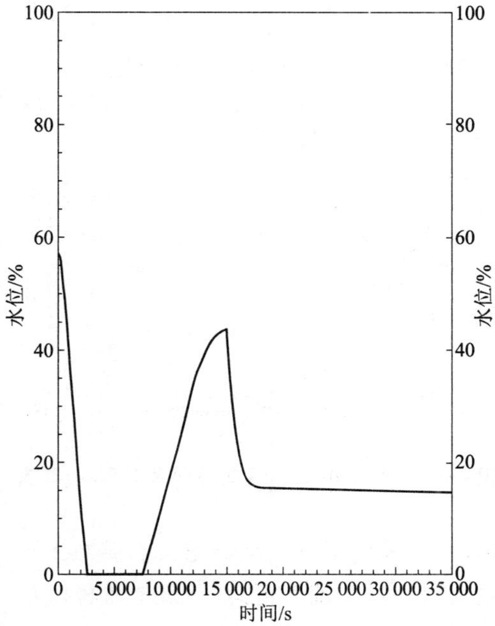

图 6-82 稳压器水位(SGTR 事故)

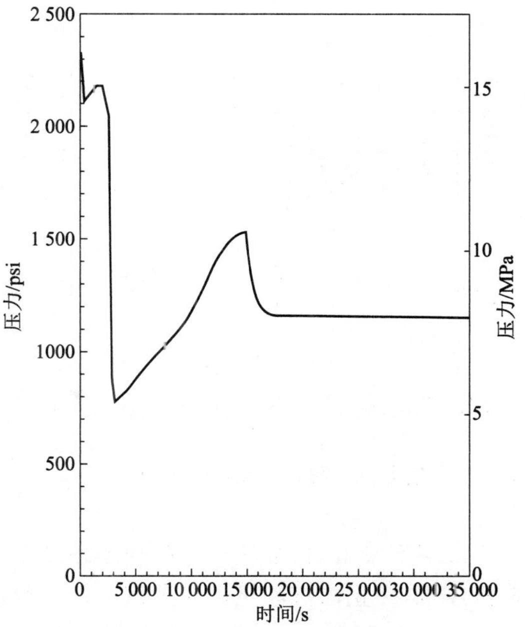

图 6-83 反应堆冷却剂系统压力(SGTR 事故)

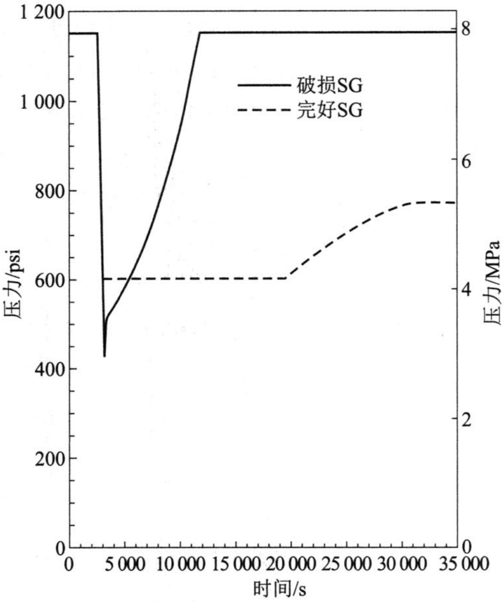

图 6-84　SG 二次侧压力(SGTR 事故)

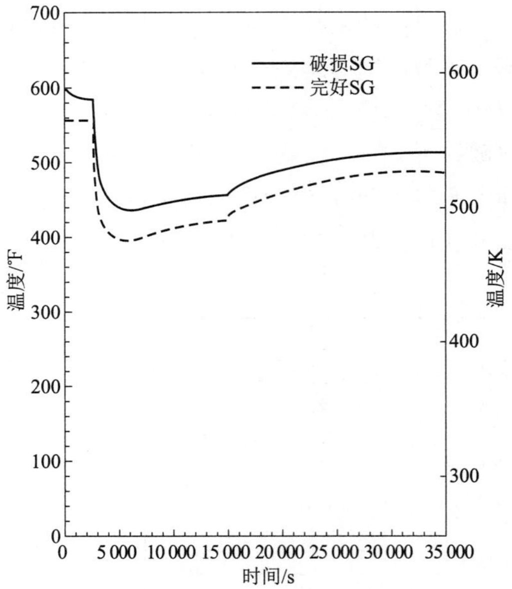

图 6-85　反应堆冷却剂系统完好环路热段和冷段温度(SGTR 事故)

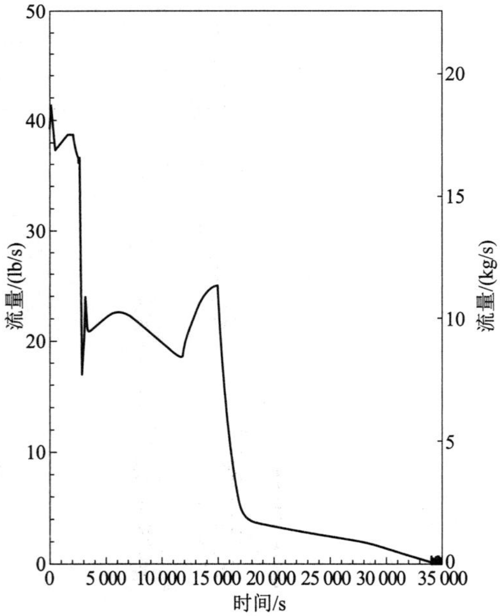

图 6-86　破口流量(SGTR 事故)

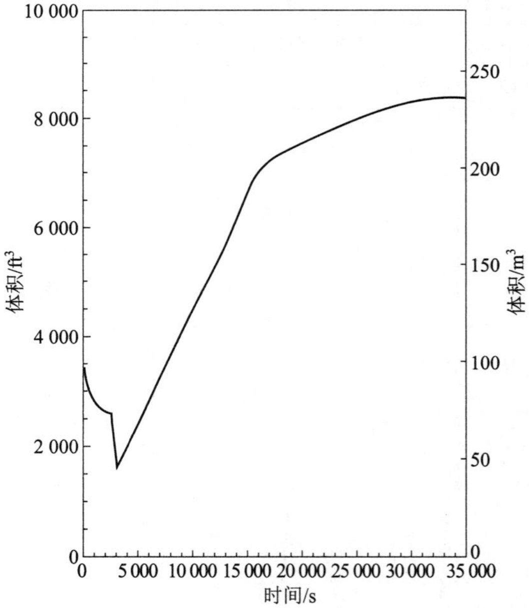

图 6-87　破损 SG 二次侧的水体积(SGTR 事故)

反应堆停堆后，堆芯功率将快速地降至衰变热水平，并使得反应堆进出口温差减小。汽轮机停机，终止向汽轮机供应蒸汽。保守地假定主蒸汽旁排系统不可运行，反应堆停堆后二次侧压力迅速升高至 SG 大气释放阀(和安全阀，如果到达其开启整定值的话)打开来排放蒸汽，如图 6-84 所示。

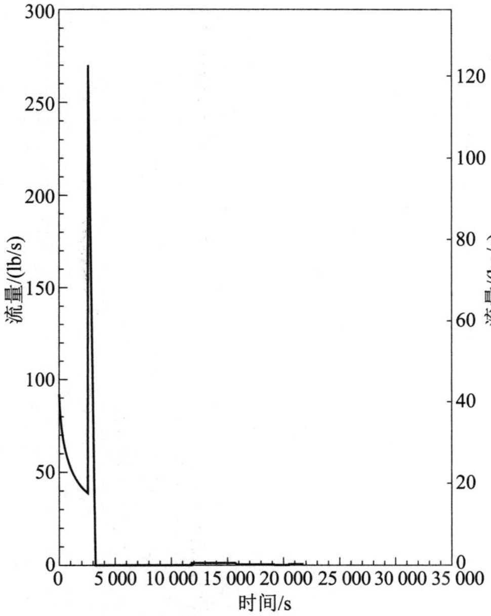

图 6-88　破损 SG 向大气排放的质量流量(SGTR 事故)

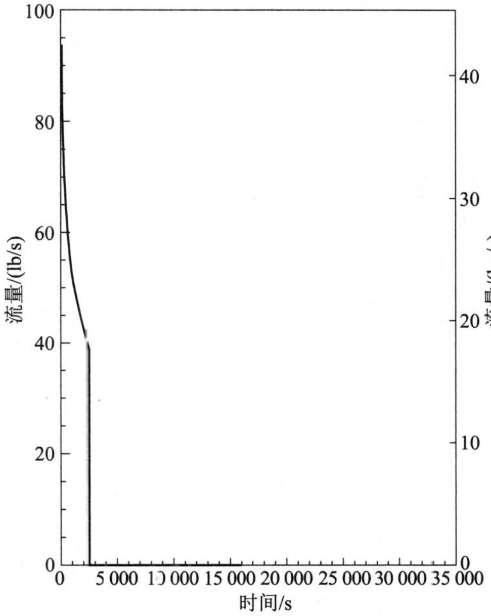

图 6-89　完好 SG 向大气排放的质量流量(SGTR 事故)

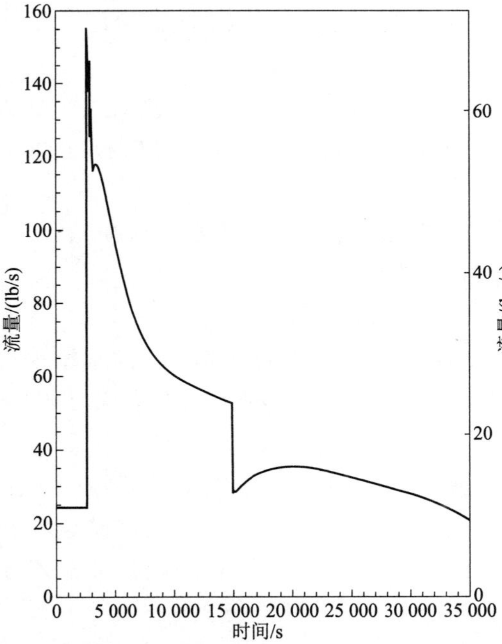

图 6-90　两条环路 CVS 和 CMT 注射总流量(SGTR 事故)

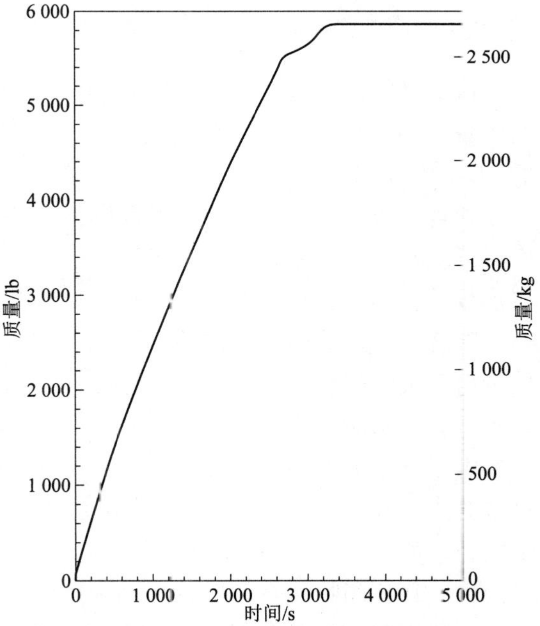

图 6-91　破口闪蒸量的积分(SGTR 事故)

稳压器电加热器的最大加热量将使主回路系统压力升高。由于破口流量使得主回路系统的装量持续减少,将会触发稳压器低-2 水位“S”信号、启动 CMT 和 PRHR 等信号。稳压器电加热器电源被切断,即使稳压器恢复水位,也不再为主回路系统提供一个附加的热源。同时假定破损 SG 的大气释放阀因故障全开。

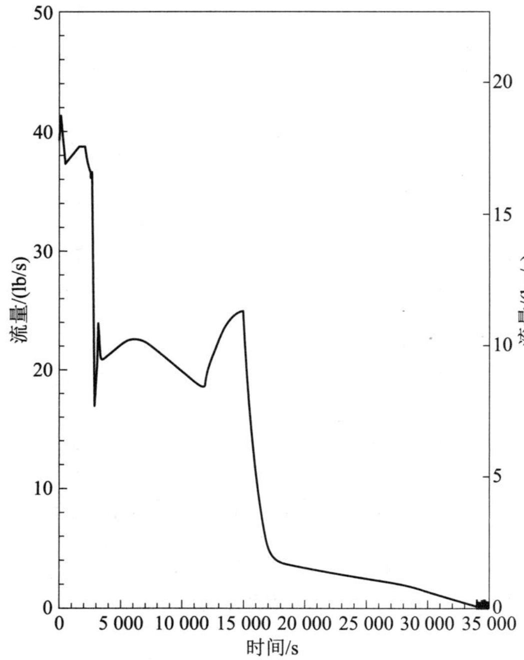

图 6-92　一、二次侧泄漏率

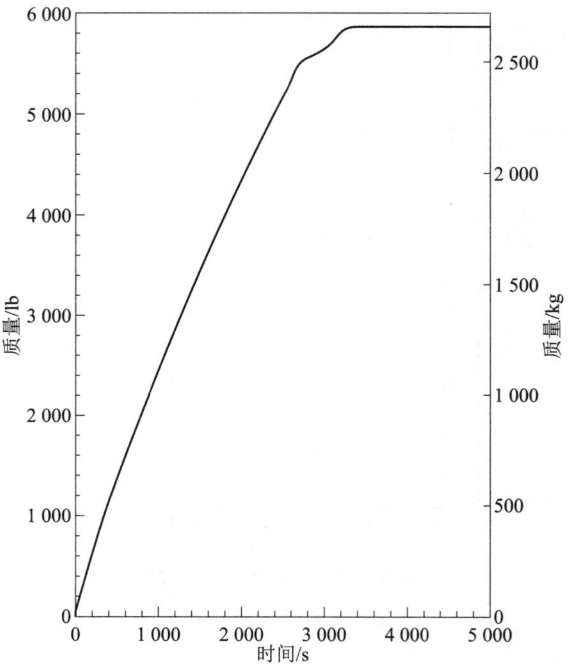

图 6-93　破口处闪蒸份额

该故障将使得完好的和破损的 SG 快速降压(如图 6-84 所示),导致一次侧向二次侧的泄漏量增大,RCS 降温。因为两台 SG 通过隔离阀开启的蒸汽管道相连接,所以完好和破损的 SG 同时降压。

随着 RCS 温度降低,稳压器水位和 RCS 压力将会降低(如图 6-82 和图 6-83 所示)。主回路系统和二回路系统将持续降压,直到二回路系统达到主蒸汽管道低压力整定值。将由该信号关闭蒸汽管道隔离阀以及完好和破损 SG 大气释放阀的隔离阀。

随着大气释放阀隔离阀的关闭,一次侧和二次侧的压力将会回升,破损 SG 的水体积和质量由于破口流量的注入而增大,直到 SG 二次侧水位达到窄量程高水位整定值关闭 CVS 泵和启动给水时为止。

由于利用 PRHR 热交换器对 RCS 持续的降温降压,以及 CVS 的隔离,主系统压力最终将会降至破损 SG 二次侧压力。破口流量将终止(如图 6-86 所示),并且系统将稳定在安全状态。如图 6-89 所示,在 PRHR 运行情况下,将无需完好环路的蒸汽排放,即非故障环路的大气释放阀将不会开启,因为 PRHR 具有足够的能力移出堆芯的衰变热。

由于平衡管的持续流量,CMT 温度将逐渐接近 RCS 温度,从而使得重力压头逐渐减小,CMT 流量将逐渐趋于零,如图 6-90 所示。CMT 保持充满状态,因此,不会触发 ADS。

破损 SG 水体积如图 6-87 所示,当破口流量终止时,破损 SG 的水体积显著小于 SG 的总容积[大于 254.85 m^3]。

设计基准 SGTR 事故将不会导致燃料损坏。在事故过程中,因为通过破损 SG 传热管的一次侧向二次侧的冷却剂泄漏,将导致反应堆冷却剂系统降压,这将使得堆芯 DNBR 值减小。与 RCS 降压事故相比较,在反应堆停堆之前,SGTR 事故引起的降压要慢得多。反应堆停堆后，堆芯 DNBR 快速升高，因此，分析结论“计算得到堆芯 DNBR 高于其限值”可以推广到 SGTR 事故分析，表明不会发生燃料损坏。

（4）质量释放

需确定 SGTR 事故下的质量释放用于评估限制区域边界和低人口区域的放射性辐照情况。由 LOFTTR2 程序的计算结果可确定从事故发生到破口流量终止期间由破损和完好 SG 释放出来的蒸汽以及泄漏至破损 SG 二次侧的冷却剂。反应堆停堆后，蒸汽将经由 SG 二次侧的大气释放阀（短时间内通过 SG 安全阀）向大气释放，该释放一直持续到达到正常余热排出系统（RNS）投入条件。SGTR 事故下的质量释放量详见表 6-21。

表 6-21　SGTR 事故质量释放结果（从事故发生到 RCS 降温至 RNS 投入条件的总质量）

	事故发生到破口流量终止/kg(lb)	破口流量终止到 RNS 投入/kg(lb)
破损 SG —排放至大气	120 288.2 (265 190)	38 101.8 (84 000)
完好 SG —排放至大气	88 904.1 (196 000)	460 396.3 (1 015 000)
破口流量	203 173.1(447 920)	0

6.3.4.3　放射性后果

假想的蒸汽发生器传热管破裂事故（SGTR）的放射性后果评价中假定：事故前反应堆在少数燃料棒包壳存在破损情况下运行，且蒸汽发生器传热管的泄漏导致二回路冷却剂中放射性的积累（见表 6-22）。传热管破裂后，通过破口进入破损 SG 的一回路冷却剂携带的所有惰性气体直接释放到环境中。进入二次冷却剂的碘和碱金属也会释放，释放份额由蒸汽发生器中反应堆冷却剂闪蒸份额和分配系数决定。除了通过破损蒸汽发生器释放的放射性外，还有通过完好蒸汽发生器释放的放射性。

表 6-22　用于计算 SGTR 事故放射性后果的参数

反应堆冷却剂碘活度 —事故叠加碘尖峰释放 —事故前碘尖峰释放	反应堆冷却剂初始碘活度浓度为平衡运行限值：1.0 Ci/g（3.700×10^4 Bq/g）剂量等效^{131}I。碘尖峰释放时，碘从燃料向冷却剂的释放速率增大 335 倍。尖峰释放持续时间 8 小时 —事故前碘尖峰释放假设事故前碘尖峰使得反应堆冷却剂活度增大到 60 Ci/g(2.220×10^6 Bq/g）剂量等效^{131}I
反应堆冷却剂惰性气体活度	280 Ci/g（1.036×10^7 Bq/g）剂量等效^{133}Xe 的限值
反应堆冷却剂碱金属活度	设计基准活度
二回路初始碘、碱金属活度	为一回路反应堆冷却剂最大平衡浓度的 10%
主冷却剂质量/kg(lb)	167 829.2　(3.7×10^5)
厂外电	反应堆停堆时失去
冷凝器	反应堆停堆时失去
反应堆停堆时间	事故开始时
蒸汽释放持续时间/h	15.94

续表

破损环路的 SG 参数	
—初始二回路水装量/kg(lb)	52 616.7(1.16×10^5)
—一、二次侧的泄漏率	见图 6-92
—破口处闪蒸份额/kg(lb)	见图 6-93
—蒸汽释放量/kg(lb)	见表 6-21
—碘分配系数	10^{-2}(a)
—碱金属分配系数	10^{-3}(b)
完好环路的 SG 参数	
—初始二回路水装量/kg(lb)	10 432.6(2.30×10^4)
—一、二次侧的泄漏率/(kg/h) (lb/h)	23.66(52.16(b))
—蒸汽释放量	见表 6-21
—碘分配系数	1.0×10^{-2}(a)
—碱金属分配系数	3.0×10^{-3}(a)

(a) 泄漏液闪蒸时采用闪蒸份额计算；

(b) 等效于密度为 999.6 kg/m^3(62.4 lb/ft^3)下的冷流体，泄漏率为 0.57 m^3/d (150 加仑/d)。

(1) 源项

蒸汽发生器传热管破裂事故释放到环境中的主要放射性核素为惰性气体、气载形式的碱金属和碘。

本分析一共考虑了两种不同的反应堆冷却剂碘源项，并都考虑碘尖峰现象。第一种工况是假设初始碘浓度达到了正常运行时碘浓度最大平衡限值，并认为碘尖峰发生在事故开始时，这导致反应堆冷却剂中碘浓度增加。

第二种工况是假设碘尖峰先于事故发生，导致的碘最大浓度出现在事故发生时。假定反应堆主冷却剂中惰性气体浓度达到平衡运行限值对应的值，碱金属活度浓度达到设计基准的燃料棒包壳破损水平 0.25%对应的值。二回路冷却剂中碘和碱金属活度浓度为反应堆冷却剂最大平衡活度的 10%。

(2) 释放途径

只要向环境排放途径存在，泄漏进入完好 SG 和通过破口进入破损 SG 的反应堆冷却剂里的放射性惰性气体立即向环境释放。模拟了碘和碱金属释放的三种模式：完好环路的蒸发，考虑碘和碱金属分配效应(以技术规格书允许的最大泄漏率从一次侧至二次侧的持续泄漏)；通过破损环路的反应堆冷却剂的闪蒸释放，不考虑水洗效应(保守假设破口位于传热管顶部)；破损环路的蒸发，考虑碘和碱金属的分配效应(模拟了由于破口流量导致的二次侧活度增加)。在释放到环境之前考虑放射性核素的衰变。一旦释放到环境中，则不考虑放射性核素的衰变和在厂外扩散过程中地面沉降引起的碘耗蚀。

(3) 分析中的假设和参数

在分析过程中用到的假设和参数在表 6-22 中给出。

(4) 保守性假设

在分析中采用了许多重要的保守假设，例如：

反应堆冷却剂的源项是基于保守假设计算得到的(见表 6-21)，然而，预期燃料破损水平远小于此水平。

保守选择的气象条件在事故发生后出现的可能性很小。

(5) 剂量结果

根据表6-21的假设条件,计算得到SGTR事故叠加碘尖峰释放造成的有效剂量:在极限的2 h时间间隔内(0～2 h),非居住区边界的有效剂量为0.6 rem(0.006 Sv);在规划限制区外边界的有效剂量为0.5 rem(0.005 Sv)。这些值满足10 CFR 50.34中规定的限值25 rem(0.250 Sv)的一小部分的要求。根据标准审查大纲的定义,"一小部分"就是不大于限值的10%。

对于SGTR事故前碘尖峰释放工况,在极限的2 h时间间隔内(0～2 h),非居住区边界处有效剂量为1.3 rem(0.013 Sv);规划限制区外边界处有效剂量为0.6 rem(0.006 Sv)。这些值在10 CFR 50.34限值范围内。

发生SGTR事故时,可能恰好发生全厂断电,会使乏燃料池冷却系统丧失冷却能力,导致乏燃料池水沸腾,池水中的一部分放射性碘会释放到环境。在30天内对乏燃料池失去冷却事故进行评价得到以下结论:前2 h内,乏燃料池水不会沸腾,对非居住区边界的剂量没有贡献;30天内对规划限制区外边界有效剂量的贡献小于0.01 rem(0.1 mSv)。将这个值与SGTR事故规划限制区外边界有效剂量相加,总剂量结果仍在上述的限值之内。

6.3.4.4 结论

SGTR事故分析结果表明:满溢保护逻辑和非能动系统设计特性可为防止SG满溢提供保护。在SGTR事故下,操纵员可识别和隔离破损SG,实施必要的操作措施,并在SG发生满溢或ADS动作之前终止一次侧向二次侧的破口流量。即使假定操纵员不干预,核电厂保护系统和非能动设计特性会触发自动的响应措施,可终止SG传热管的泄漏,并将RCS稳定在安全状态,同时防止SG发生满溢和ADS动作。

最极限事故工况厂外放射性剂量后果分析结果在其可接受剂量水平限值范围内。

6.3.5 EPR型核电厂

本节以我国的台山核电厂为例,国内首台EPR堆型核电厂,给出其SGTR的事故分析结果。

6.3.5.1 蒸汽发生器一根传热管破裂

蒸汽发生器传热管破裂(SGTR)事故定义为一根或多根蒸汽发生器传热管双端断裂,本节描述蒸汽发生器一根传热管双端断裂。这类事故的主要后果是存在二次侧污染和放射性物质可能向环境排放。二次侧污染是因反应堆冷却剂经破裂管道泄漏至二次侧造成的。由于在有限数量燃料棒破损下的连续运行,反应堆冷却剂受腐蚀和裂变产物影响,具有一定放射性。受影响的蒸汽发生器最先被污染。原则上,放射性物质可通过大气旁排系统(VDA)或主蒸汽安全阀以蒸汽或液体的形态排放至大气中。

(1) 事故序列和输入参数

输入数据和代表性热工水力参数见表6-23。

表 6-23 设计基准事故“蒸汽发生器传热管破裂事故”的输入数据

参　　数	数　　值
泄漏至 SG 二次侧的反应堆冷却剂质量/Mg	148
释放至环境中的二回路蒸汽量/Mg	SG 1:241 SG 2:62 SG 3:84 SG 4:241
蒸汽夹带因子	0.25%
气载碘混合物的成分	90%气溶胶 10%元素碘
释放持续时间/h	4.7

该假想事故是初始满功率运行状态下单根蒸汽发生器传热管完全断裂。假设受影响 SG 的辅助给水系统发生单一故障，并假定未受影响蒸汽发生器的应急柴油发电机(EDG)系列进行预防性维修。

事故后 3.2 h，RCP 达到 RHR 条件时，打开受影响蒸汽发生器 VDA 实现 RCP 最终卸压。在这一假设情况下，初始事故发生约 4.7 h 后 RHR 条件得到满足。

保守假定无论释放的蒸汽量多少，泄漏的一回路冷却剂中所包含的所有惰性气体都通过 VDA 直接释放至大气中。实际上包括经凝汽器真空(CVI)系统由烟囱排放的所有惰性气体。

瞬态期间，大约 148 Mg 的一回路冷却剂经破口流至受影响的 SG 二次侧。与破口流量相比，受影响 SG 内的正常运行泄漏率可忽略不计。受影响 SG 的水装量(每台 SG 最初约为 66 Mg)最低降至约 32 Mg，在瞬态结束时达到 118 Mg，蒸汽发生器未发生溢满现象。

保守考虑计算 SG 液相的放射性浓度时，不考虑经 SG 排污管线和主蒸汽夹带释放的非挥发性放射性核素。此外，不考虑事故期间的放射性衰变。SG3 的二次侧污染在整个事故期间不断增加。瞬态接近结束时，放射性浓度相当于受影响 SG 中每千克 SG 水含约 1.3 kg 一回路冷却剂。

整个事故期间，大约 84 Mg 的蒸汽从受影响 SG 排放至大气中。非挥发性核素的释放量通过蒸汽发生器液相的放射性浓度、释放蒸汽的流量和保守假设蒸汽湿度为 0.25%的乘积计算得出。

尽管释放至环境中的放射性物质主要来自受影响的 SG，但同时也考虑未受影响 SG 的放射性释放。未受影响 SG 的污染主要为三部分：

1) 正常运行工况下一回路至二回路泄漏率为 1.1×10^{-3} kg/s(约 4 kg/h)时的蒸汽发生器初始放射性浓度；

2) 事故期间假设恒定的一回路至二回路泄漏造成二回路进一步污染；

3) 经二回路从受影响 SG 迁移至未受影响 SG 的放射性造成的污染，计算假定蒸汽液滴夹带率为 0.25%。

未受影响的 SG1 和 SG4 的二次侧污染在整个事故期间不断增加。瞬态接近结束时，SG1 和 SG4 的放射性浓度相当于每千克 SG 水约含 6.2×10^{-4} kg 一回路冷却剂。由于二次侧水装量持续下降，SG2 的放射性浓度显著增加。

假设在 SG2 蒸干时，其二次侧的全部放射性物质释放到环境。发生蒸干现象后，SG2 进一步排放蒸汽，假定一回路泄漏至二回路的冷却剂全部释放到环境。

整个事故期间，大约 544 Mg 的蒸汽从未受影响的 SG 排放至大气中，非挥发性核素所释放的放射性物质通过蒸汽发生器液相的放射性浓度、释放蒸汽的流量和保守假设温度 0.25%的乘积计算得出。

(2) 源项

表 6-24 给出了释放至环境中的核素放射性活度。假设所释放的碘中 90%以气溶胶形式存在，10%自发转化为元素碘。释放点位于 29.3 m 高度之上的主蒸汽释放阀。对于实际上经 CVI 系统由烟囱排放的惰性气体而言，这一高度值是保守的。

表 6-24　设计基准事故“蒸汽发生器传热管破裂事故”下释放到环境中的放射性活度

核　　素	放射性活度/Bq	
	0～2 h	0～4.7 h
^{41}Ar	8.5E+10	1.5E+11
^{51}Cr	1.2E+09	4.4E+09
^{54}Mn	1.3E+08	4.7E+08
^{59}Fe	1.2E+09	4.5E+09
^{58}Co	7.8E+09	3.0E+10
^{60}Co	1.9E+08	7.3E+08
^{63}Ni	9.8E+07	3.8E+08
^{85}Kr	3.0E+11	5.4E+11
^{85m}Kr	2.0E+12	3.7E+12
^{87}Kr	1.5E+12	2.8E+12
^{88}Kr	4.2E+12	7.7E+12
^{89}Sr	5.1E+07	1.9E+08
^{90}Sr	5.7E+06	2.2E+07
^{91}Sr	9.8E+05	2.2E+06
^{92}Sr	4.8E+05	1.1E+06
^{90}Y	2.0E+04	4.7E+04
^{91}Y	2.5E+05	5.5E+05
^{95}Zr	2.9E+05	6.5E+05
^{95}Nb	2.9E+05	6.5E+05
^{99}Mo	3.4E+08	7.6E+08
^{99m}Tc	2.9E+08	6.5E+08
^{103}Ru	2.8E+05	6.1E+05
^{106}Ru	1.2E+05	2.9E+05
^{110m}Ag	5.1E+08	1.9E+09
^{122}Sb	3.2E+08	1.2E+09
^{124}Sb	1.2E+08	4.6E+08

续表

核素	放射性活度/Bq	
	0～2 h	0～4.7 h
^{125}Sb	3.6E+07	1.2E+08
^{131}Te	4.5E+06	1.1E+07
^{131m}Te	1.7E+07	3.7E+07
^{132}Te	1.3E+08	2.8E+08
^{134}Te	1.9E+07	4.4E+07
^{131}I	1.2E+10	4.3E+10
^{132}I	2.5E+09	8.9E+09
^{133}I	7.2E+09	2.5E+10
^{134}I	2.0E+09	7.3E+09
^{135}I	4.0E+09	1.4E+10
^{131m}Xe	2.5E+11	4.5E+11
^{133}Xe	3.4E+13	6.2E+13
^{133m}Xe	9.5E+11	1.7E+12
^{135}Xe	3.6E+12	6.4E+12
^{138}Xe	1.2E+12	2.3E+12
^{134}Cs	3.0E+10	1.1E+11
^{136}Cs	3.6E+09	1.3E+10
^{137}Cs	1.4E+10	5.0E+10
^{138}Cs	3.7E+08	1.1E+09
^{140}Ba	1.8E+06	4.1E+06
^{140}La	2.7E+05	5.9E+05
^{141}Ce	2.8E+05	6.1E+05
^{143}Ce	2.3E+05	5.2E+05
^{144}Ce	2.2E+05	4.8E+05
^{143}Pr	2.7E+05	5.9E+05
^{144}Pr	8.0E+03	1.9E+04

(3) 放射性后果

蒸汽发生器一根传热管破裂事故在非居住区边界和规划限制区边界的放射性后果见表 6-25，有效剂量的最大值为 5.58×10^{-4} Sv，甲状腺剂量当量的最大值为 7.84×10^{-4} Sv，均远小于法规限值。

表 6-25　蒸汽发生器一根传热管破裂事故的放射性后果

方向	非居住区边界		规划限制区边界	
	有效剂量	甲状腺剂量	有效剂量	甲状腺剂量
S	2.23E-04	3.13E-04	2.16E-05	3.87E-05
SSW	2.99E-04	4.21E-04	3.26E-05	5.85E-05

续表

方向	非居住区边界		规划限制区边界	
	有效剂量	甲状腺剂量	有效剂量	甲状腺剂量
SW	3.65E-04	5.12E-04	4.34E-05	7.79E-05
WSW	4.11E-04	5.78E-04	5.28E-05	9.43E-05
W	2.36E-04	3.32E-04	2.65E-05	4.71E-05
WNW	1.68E-04	2.35E-04	1.56E-05	2.78E-05
NW	1.07E-04	1.50E-04	7.17E-06	1.29E-05
NNW	8.21E-05	1.15E-04	4.28E-06	7.74E-06
N	6.96E-05	9.77E-05	3.98E-06	7.16E-06
NNE	2.50E-04	3.52E-04	3.01E-05	5.36E-05
NE	5.58E-04	7.84E-04	7.16E-05	1.28E-04
ENE	4.44E-04	6.24E-04	5.51E-05	9.83E-05
E	1.48E-04	2.08E-04	1.22E-05	2.19E-05
ESE	7.08E-05	9.94E-05	3.50E-06	6.33E-06
SE	8.83E-05	1.24E-04	5.31E-06	9.53E-06
SSE	9.76E-05	1.37E-04	7.67E-06	1.37E-05

6.3.5.2 蒸汽发生器两根传热管破裂

SGTR 事故定义为一根或多根蒸汽发生器传热管双端断裂。在本小节中，假想事故是同一蒸汽发生器中两根传热管完全断裂。

（1）事故序列和输入参数

输入数据和代表性热工水力参数见表 6-26。

表 6-26 设计基准事故“蒸汽发生器两根传热管破裂事故”下计算释放至核电厂环境中的放射性的输入参数

参 数	数 值
泄漏至 SG 二次侧的反应堆冷却剂质量/Mg	185
释放至环境中的二回路蒸汽量/Mg	SG 1：241 SG 2：73 SG 3：97 SG 4：241
蒸汽夹带因子	0.25%
气载碘混合物的成分	90%气溶胶 10%元素碘
释放持续时间/h	4.9

假想事故为同一蒸汽发生器中两根传热管完全断裂。针对初始满功率运行分析这一事故。

假设受影响蒸汽发生器的辅助给水系统系列发生单一故障，并且用于未受影响蒸汽发生器的 EDG 系列进行预防性维修。

3.1 h 后，在达到 RHR 条件时，打开受影响蒸汽发生器 VDA 实现 RCP 最终卸压。在这一场景下，初始事故发生约 4.9 h 后 RHR 条件得到满足。

保守地假设，无论释放的蒸汽量多少，泄漏的一回路冷却剂中所包含的所有惰性气体都通过 VDA 直接释放至大气中。这实际上包括经 CVI 系统由烟囱排放的所有惰性气体。

瞬态期间，大约 185 Mg 的一回路冷却剂经破口流至受影响 SG 的二次侧。与破口流量相比，受影响 SG 内的正常运行泄漏率可忽略不计。

受影响 SG 的装水量（每台 SG 最初约 66 Mg）最低降至约 42 Mg，在瞬态结束时达到 146 Mg，蒸汽发生器未发生溢满现象。

保守考虑计算 SG 液相的放射性浓度时，经 SG 排污管线或主蒸汽夹带释放的非挥发性放射性核素不考虑在内。此外，对事故期间的放射性衰变不予考虑。SG3 的二次侧污染在整个事故期间不断增加。瞬态接近结束时，受影响 SG 的放射性浓度相当于每千克 SG 水约含 1.3 kg 一回路冷却剂。

整个事故期间，大约 97 Mg 的蒸汽从受影响的 SG 排放至大气中。非挥发性核素所释放的放射性通过蒸汽发生器液相的放射性浓度、释放蒸汽的流量和保守假设湿度 0.25%的乘积计算得出。

尽管释放至环境中的放射性主要来自受影响的 SG，但同时也考虑未受影响 SG 的放射性释放。未受影响 SG 的污染主要为三部分：

1）正常运行工况下一回路至二回路泄漏率为 1.1×10^{-3} kg/s（约 4 kg/h）时的蒸汽发生器初始放射性浓度；

2）事故期间假设恒定的一回路至二回路泄漏造成的进一步污染；

3）经二回路从受影响 SG 迁移至未受影响 SG 的放射性造成的污染，考虑假想蒸汽液滴夹带率为 0.25%。

未受影响的 SG1 和 SG4 二次侧污染在整个事故期间不断增加。瞬态接近结束时，SG1 和 SG4 的放射性浓度相当于每千克 SG 水含约 5×10^{-4} kg 一回路冷却剂。由于水装量不断下降，SG2 的放射性浓度显著增加。

假设在 SG2 蒸干时，其二次侧放射性活度全部释放。发生蒸干现象后，SG2 内一回路至二回路的泄漏均随蒸汽一同释放至环境中。

整个事故期间，大约 555 Mg 的蒸汽从未受影响的 SG 排放至大气中。非挥发性核素所释放的放射性通过蒸汽发生器液相的放射性浓度、释放蒸汽的流量和保守假设湿度 0.25%的乘积计算得出。

（2）源项

表 6-27 给出了释放至环境中的放射性活度。放射性物质主要来自于受影响 SG，假设所释放的碘中 90%以气溶胶形式存在，10%自发转化为元素碘。释放点位于 29.3 m 高度之上的主蒸汽释放阀。对于实际上经 CVI 系统由烟囱排放的惰性气体而言，这一高度值是保守的。

表 6-27　设计基准事故“蒸汽发生器两根传热管破裂事故”下释放到环境中的放射性活度

核　素	放射性活度/Bq	
	0～2 h	0～4.9 h
^{41}Ar	1.2E+11	1.9E+11
^{51}Cr	2.0E+09	6.1E+09
^{54}Mn	2.1E+08	6.4E+08
^{59}Fe	2.0E+09	6.2E+09
^{58}Co	1.4E+10	4.2E+10
^{60}Co	3.3E+08	1.0E+09
^{63}Ni	1.7E+08	5.2E+08
^{85}Kr	4.4E+11	6.8E+11
^{85m}Kr	3.0E+12	4.6E+12
^{87}Kr	2.3E+12	3.5E+12
^{88}Kr	6.3E+12	9.6E+12
^{89}Sr	8.8E+07	2.7E+08
^{90}Sr	9.9E+06	3.0E+07
^{91}Sr	1.2E+06	2.6E+06
^{92}Sr	5.8E+05	1.3E+06
^{90}Y	2.4E+04	5.7E+04
^{91}Y	3.0E+05	6.7E+05
^{95}Zr	3.5E+05	7.8E+05
^{95}Nb	3.5E+05	7.8E+05
^{99}Mo	4.1E+05	9.1E+08
^{99m}Tc	3.5E+08	7.8E+08
^{103}Ru	3.3E+05	7.4E+05
^{106}Ru	1.5E+05	3.6E+05
^{110m}Ag	8.8E+08	2.7E+09
^{122}Sb	5.5E+08	1.7E+09
^{124}Sb	2.1E+08	6.3E+08
^{125}Sb	5.8E+07	1.7E+08
^{131}Te	5.5E+06	1.3E+07
^{131m}Te	2.0E+07	4.4E+07
^{132}Te	1.5E+08	3.3E+08
^{134}Te	2.3E+07	5.3E+07
^{131}I	2.0E+10	5.9E+10
^{132}I	4.1E+09	1.2E+10
^{133}I	1.2E+10	3.4E+10
^{134}I	3.4E+09	1.0E+10

续表

核　素	放射性活度/Bq	
	0～2 h	0～4.9 h
^{135}I	6.4E+09	1.8E+10
^{131m}Xe	3.7E+11	5.7E+11
^{133}Xe	5.1E+13	7.9E+13
^{133m}Xe	1.4E+12	2.2E+12
^{135}Xe	5.3E+12	8.0E+12
^{138}Xe	1.9E+12	2.9E+12
^{134}Cs	5.0E+10	1.5E+11
^{136}Cs	5.9E+09	1.8E+10
^{137}Cs	2.3E+10	6.9E+10
^{138}Cs	5.4E+08	1.5E+09
^{140}Ba	2.2E+06	4.9E+06
^{140}La	3.2E+05	7.1E+05
^{141}Ce	3.3E+05	7.4E+05
^{143}Ce	2.8E+05	6.2E+05
^{144}Ce	2.6E+05	5.8E+05
^{143}Pr	3.2E+05	7.1E+05
^{144}Pr	9.7E+03	2.3E+04

(3) 放射性后果

蒸汽发生器两根传热管破裂事故在规划限制区和非居住区边界的放射性后果见表6-28，有效剂量的最大值为 8.81×10^{-4} Sv，甲状腺剂量当量的最大值为 1.31×10^{-3} Sv，均远小于法规剂量限值。

表 6-28　蒸汽发生器两根传热管破裂事故的放射性后果　　Sv

方向	非居住区边界		规划限制区边界	
	有效剂量	甲状腺剂量	有效剂量	甲状腺剂量
S	3.52E-04	5.22E-04	3.02E-05	5.56E-05
SSW	4.72E-04	7.00E-04	4.55E-05	8.39E-05
SW	5.75E-04	8.53E-04	6.06E-05	1.12E-04
WSW	6.49E-04	9.62E-04	7.39E-05	1.36E-04
W	3.73E-04	5.52E-04	3.72E-05	6.79E-05
WNW	2.65E-04	3.92E-04	2.18E-05	4.00E-05
NW	1.68E-04	2.49E-04	1.00E-05	1.84E-05
NNW	1.30E-04	1.92E-04	5.94E-06	1.10E-05
N	1.10E-04	1.63E-04	5.53E-06	1.02E-05
NNE	3.95E-04	5.85E-04	4.21E-05	7.71E-05

续表

方向	非居住区边界		规划限制区边界	
	有效剂量	甲状腺剂量	有效剂量	甲状腺剂量
NE	8.81E-04	1.31E-03	1.00E-04	1.84E-04
ENE	7.01E-04	1.04E-03	7.71E-05	1.41E-04
E	2.34E-04	3.46E-04	1.71E-05	3.14E-05
ESE	1.12E-04	1.65E-04	4.87E-06	9.03E-06
SE	1.39E-04	2.06E-04	7.40E-06	1.37E-05
SSE	1.54E-04	2.28E-04	1.07E-05	1.97E-05

6.4　蒸汽发生器传热管破裂事故的评估

正如上面所讨论的，蒸汽发生器传热管破裂事故是反应堆冷却剂系统和二次侧主蒸汽系统之间屏障的破裂。破口范围从单个蒸汽发生器单根传热管的一个小坑或裂纹到多根、双端剪切破裂，再到所有蒸汽发生器多重失效。

对于单根传热管的双端断裂，在没有操纵员干预下，反应堆应当在10分钟内停堆。多重失效将导致快速降压。然而，如果破口流量小于上充系统的补充容量，自动跳堆可能不会发生。在这种情况下，利用适当的非应急程序对反应堆进行可控停堆。

下面特征是单根蒸汽发生器传热管破裂事故的特性：

(1) 稳压器水位和压力降低；

(2) 容积控制水箱的水位降低；

(3) 未知的上充流量的上升和/或下泄流量的下降；

(4) 辐射监测表明空气喷射器、蒸汽发生器破裂管线、汽轮机或者附属建筑通风设备监测仪、烟囱监测仪和/或蒸汽发生器液体样本的活度增加；

(5) 蒸汽发生器二次侧水位在小破口事故中保持恒定，缓慢增加则表明一次侧到二次侧泄漏存在一个大破口；

(6) 安全壳压力和温度保持不变。

蒸汽发生器传热管破裂事故对两项安全功能提出了挑战：反应堆冷却剂系统装量控制和对放射性物质释放的安全壳隔离或预防。相应地，传热管破裂事故的目标是控制反应堆冷却剂系统装量和防止放射性物质释放。在隔离泄漏的蒸汽发生器之后，通过防止二次侧卸压阀的开启来完成。二次侧的卸压阀可通过一次侧的加热或在压力超过二次侧卸压阀限定值时，反应堆冷却剂系统一次侧到二次侧的泄漏来触发。控制反应堆冷却剂系统装量和安全壳内放射性核素的最佳响应是：通过减小反应堆冷却剂系统压力使其低于二次侧卸压阀的限定值，使反应堆冷却剂系统与二次侧系统压力差尽可能最小化，或控制反应堆冷却剂系统温度以防止由于一次侧加热导致的二次侧阀门开启。

在传热管破裂事故中，通常悬浮在反应堆冷却剂系统中的裂变产物和活化腐蚀产物将从一回路转移到二回路。蒸汽设备的通风和排气为放射性物质释放至环境提供了潜在途径。从失效的蒸汽发生器一次侧到二次侧裂变和活化腐蚀产物的释放将增加蒸汽发生器液体样本的活度水平。高放射性的报警可能发生在蒸汽发生器排污监测系统中。活化产物(大部分稀有气体)通过主蒸汽流动将被携带至蒸汽系统。非凝结气体最终通过空气排出处理器排放到环境中,同时可能触发辐射监测系统。作为失效蒸汽发生器区域的排放气体和放射性的结果,汽轮机和辅助厂房的辐射水平也可能增加,并且激活这些区域的辐射报警。

总之,蒸汽发生器传热管破裂发生后,反应堆冷却剂系统的冷却启动,一旦受影响的蒸汽发生器被隔离,预防反应堆冷却剂系统传递过量的热量而引起二次侧卸压阀开启。对于控制反应堆冷却剂系统装量连同系统压力的动作,也防止了放射性物质通过二次侧卸压阀的释放。传热管破裂事故后主要的操纵员关键动作小结如下:

(1) 确保反应堆停堆和应急堆芯冷却系统正常动作;

(2) 鉴别和隔离失效的蒸汽发生器;

(3) 确保存在安全壳隔离;

(4) 通过排放蒸汽到冷凝器或开启二次侧 PORVs 开始反应堆冷却剂系统冷却;

(5) 使用正常的稳压器或辅助喷淋进行反应堆冷却剂系统降压,直到反应堆冷却剂系统压力低于受影响的蒸汽发生器压力,如果喷淋失效可使用稳压器 PORV;

(6) 应急堆芯冷却系统的节流使最小过冷度维持在 16.7 ℃;

(7) 持续冷却直到反应堆的冷停堆状态,RHR 投入进行长期衰变热的排出。一旦反应堆冷却剂系统压力低于 3.2 MPa,温度低于 177 ℃时,RHR 系统可以投入。

6.5 SGTR 事故中操纵员动作

对蒸汽管线失效叠加蒸汽发生器传热管破裂事故的分析清楚证实:为了确保核电厂安全状态及长时间冷却,操纵员及时动作是非常必需的。此事故中有潜在的堆芯融化旁通序列,反应堆冷却剂从安全壳内流失,排除了再循环流体从反应堆冷却剂系统流出的可能性,因此余热排出系统投入运行对于防止堆芯沸腾和长期裸露是十分重要的。对蒸汽管线失效叠加传热管破裂事故的分析表明,对操纵员动作的要求不同:在美国 SURRY 核电厂的分析中,单根传热管失效事故中约需几个小时,15 根传热管失效事故中则小于 1 小时,确保堆芯安全冷却。对于单根传热管失效事故,如果操纵员没有节流高压和低压安注系统,换料水箱将在 19 000 秒时耗尽。对于 15 根传热管失效事故,换料水箱耗尽大约在 3 500 秒发生。很明显,单根传热管失效的事故中有更多的可利用时间。

在全部旁通丧失冷却剂事故序列中,操纵员不能延迟节流和冷却反应堆冷却剂系统的动作,因为延迟的操纵员干涉可能导致最终堆芯融化序列。

第五章讨论了蒸汽发生器传热管失效事件,在某些情况下,控制应急堆芯冷却系统和减小反应堆冷却剂系统压力的操纵员动作在事故发生 2～3 小时内不会发生。明显地,单根蒸汽发生器传热管的破裂事故,不考虑应急堆芯冷却系统的旁通,对叠加蒸汽管线失效的传热管破裂事故,操纵员适时动作不是最关键的。这些结论的重要性是早期操纵员干预能确保蒸汽管线失效叠加传热管破裂事故的长期冷停堆。传热管破裂事故中操纵员动作延迟,蒸汽管线失效可能导致堆芯裸露和融化。

为停止一回路至二回路的破口流量,操纵员应进行如下动作:

(1) 必须正确诊断事故,并确定是哪一个 SG 发生传热管破裂。在诊断中主要可依据:

1）SG 高水位及蒸汽/给水流量不匹配；
2）蒸汽管道 ^{16}N 放射性报警；
3）冷凝器抽气系统放射性报警；
4）SG 排污系统放射性报警；
5）根据安全参数显示系统（SPDS）报警。
（2）手动关闭破损 SG 的隔离阀，调高破损 SG 的释放阀开启设定值。
（3）利用完好 SG，实施 RCS 降温（可不必限制降温速率）。
（4）利用正常稳压器喷淋或辅助喷淋，使 RCS 降压。
（5）利用稳压器释放阀使 RCS 降压（注意在降压过程中保持热管段 20 ℉欠热度）。
（6）在稳压器水位恢复，热管段欠热度得到保持的情况下，停止或减少高压安注的注入。
（7）在有厂外电源的情况下，可不停主泵，以加速利用完好 SG 使 RCS 降温。

6.6　小　　结

对于蒸汽管线失效叠加蒸汽发生器传热管破裂以及传热管破裂事故的分析表明：压水堆冷却剂系统冷却到冷停堆的方法能够减少放射性物质释放和控制反应堆冷却剂系统装量。

蒸汽发生器传热器破裂事故的结果表明，破口流量和受影响蒸汽发生器二次侧蒸汽释放能在管道破裂初始 1 小时内中止。为了长期冷却，在破口后 4 小时左右 RHR 系统启动。

随着蒸汽管线破裂叠加传热管破裂事故，需要冷却和尽可能节流应急冷却系统流量，以防止换料水箱耗尽。由于叠加蒸汽管线损坏，传热管破裂事故导致通过二次侧耗尽了换料水箱的水（当应急堆芯冷却系统没有节流时），不可能发生安全壳地坑水通过喷射转移到换料水箱。因此，需要应用 PORV 更快地冷却反应堆冷却剂，提供及时的反应堆冷却剂系统降压。此行动加上应急堆芯冷却系统喷射的节流，延迟了换料水箱的耗尽，最大化冷却反应堆的可用时间以保证 RHR 投入。传热管破裂事故中，反应堆冷却剂系统压力只需要减小到低于受影响的蒸汽发生器释放阀设定值；在蒸汽管线破口叠加传热管破裂事故中，要求成功冷却反应堆冷却剂直到 RHR 的启动。RHR 系统的启动对于预防反应堆冷却剂系统的沸腾和保证长期冷停堆是必需的。对此事故的分析表明：及时冷却反应堆冷却剂系统和节流应急堆芯冷却系统喷淋，能够促进 RHR 系统在 4.7 小时时运行，或者在 7.2 小时耗尽换料水箱。多根蒸汽发生器传热管失效的评估，蒸汽管线失效事故表明：在极限情况下即 15 根传热管失效时，操纵员行动要求在事故初始 1 小时内保证堆芯安全冷却。传热管破裂和蒸汽管线失效事故的重点是在这类事故早期，确保堆芯长期稳态的操纵员动作。操纵员的延迟干预可能导致早期堆芯暴露和堆芯融化事故。

综上所述，蒸汽发生器传热管破裂事故（SGTR）是压水堆核电厂的设计基准事故之一，与其他设计基准事故相比，SGTR 事故有其复杂性和特殊性，包括：

（1）事故发生可能旁通安全壳；

（2）事故发生频率相对较高。

因此，针对 SGTR 事故，目前国际上先进的三代压水堆对此进行了相应的设计改进和提高。如美国西屋的 AP1000 和 AREVA 的 EPR 机组，均增加了一、二回路主要设备（蒸汽发生器、稳压器)的容量,使得一回路系统具有较高的惯性和事故响应时间。

另外,AP1000 主要利用非能动堆芯冷却系统,在减少操纵员干预的同时,利用非能动余热排出系统,化容系统上充流的隔离以及启动给水的隔离等一系列动作,可自动终止破口流量以避免 SGTR 事故期间的二回路满溢,并有效降低事故造成的放射性后果。

EPR 机组在设计中将高压安注取消,并将中压安注泵 MHSI 关闭扬程设计为低于主蒸汽安全阀 MSSV 整定值;大气旁排系统(VDA)中设计有部分冷却,使一回路快速自动降压;应急给水系统在蒸发器水位高时会自动隔离,以避免蒸发器满溢和避免事故期间 MSSV 的开启,有效降低 SGTR 事故期间放射性物质向环境的释放。

相比国际先进大型压水堆,我国自主研发的压水堆在应对和缓解 SGTR 事故方面存在一定差距,如应对 SG 破损二回路满溢和减少操纵员干预方面仍需进行相应的改进提高。表 6-29 为 CPR1000 机组与 AP1000、EPR 机组在应对和缓解 SGTR 事故方面的对比分析。

表 6-29 CPR1000、AP1000、EPR 机组 SGTR 事故对比分析

对比项	机组类型		
	CPR1000	AP1000	EPR
事故工况分类	Ⅲ类工况	Ⅳ类工况	Ⅲ类工况
事故应对措施	堆芯应急冷却系统动作: CPR1000 的安全注入系统分为高压安注子系统、低压安注子系统和中压安注子系统。SGTR 事故期间,稳压器低-低信号触发高压安注动作,将换料水箱中的硼水注入堆芯。操作人员干预后,依次停运高压安注系统的两列泵	堆芯应急冷却系统动作: 依靠非能动的设计理念,在事故期间系统能够提供 3 个安注水源,包括:2 个安注箱(ACC)、2 个堆芯补水箱(CMT)和安全壳内置换料水箱。SGTR 事故期间仅需 CMT 动作,通过堆芯补水箱下泄管线将硼水注入 RCS 系统,另外有压力平衡管线与 RCS 冷段相连。事故发生时,CMT 以再循环方式运行,来自于 RCS 冷段的水进入 CMT,而 CMT 中温度较低的水则下泄至 RCS 系统,从而改变 RCS 中的硼浓度,同时冷却剂流量增加	安全注入系统: 缓解措施与 CPR1000 相似,但具备改进措施,包括:EPR 的安全注入系统与余热排出系统合并为 RIS/RRA 系统,共 4 列,包括中压安注、安注箱和低压安注 3 个子系统。中压安注(MHSI)泵关闭扬程设计为低于主蒸汽安全阀(MSSV)整定值,以避免在 SGTR 事故时打开主蒸汽安全阀。对于某些小破口,可能会使 MHSI 无法注入,对此 EPR 在大气旁排系统(VDA)中设计有部分冷却,使一回路快速自动降压。EPR 的应急给水系统(ASG)在蒸发器水位高时会自动隔离(如果之前 ASG 已启动),以避免蒸发器满溢
二回路满溢	存在破损 SG 二回路满溢风险	非能动余热排出系统启动、化容系统上充流的隔离以及启动给水的隔离等一系列动作,可自动终止破口流量以避免 SGTR 事故期间的二回路满溢(详见 DCD 文件中有关 AP1000 二回路满溢现象分析)	通过设计改进,MHSI 关闭扬程低于 MSSV 整定值,改进 ASG 系统设计,在破损 SG 高水位时自动隔离,降低了破损 SG 满溢的风险

续表

对比项	机组类型		
	CPR1000	AP1000	EPR
操纵员干预	识别破损 SG 并隔离； 用完好 SG 尽快冷却一回路，以恢复过冷度，再利用稳压器喷淋降低一回路压力，使之与已被隔离的破损 SG 的压力相等，终止破口泄漏； 根据一回路水装量和过冷度及时停运高压安注泵，并切换至上充状态； 通过蒸发器排污系统继续使破损 SG 降压，通过完好 SG 冷却一回路，并使一回路降压，直至达到余热排出系统连接状态，实现安全停堆	识别破损 SG 并隔离； 利用完好 SG 或 PRHR 系统对 RCS 降温； 对 RCS 降压以恢复反应堆冷却剂装量； 终止一次侧向二次侧的破口流量，不触发 ADS，将核电厂降温至冷停堆	策略与 CPR1000 类似，具备一些改进措施，具体详见 EPR 相关改进项
事故分析方法	热工水力计算采用 CATHARE 程序，采用保守模型，假设事故发生时核电厂功率为 5%NP 而不是满功率，使得 SG 二回路水装量较高，同时假设 SG 水位调节系统不可用，辅助给水系统及时启动且无法正常运行	热工水力采用 LOFTTR2 程序计算，假设事故发生时核电厂为满功率运行状态，并假定二次侧初始水装量为运行名义值减去不确定误差。假定事故时丧失厂外电源，控制棒下落，主蒸汽旁排不可用，CVS 化容系统注射流量和稳压器电加热功率为最大，使得破口流量达到保守的最大值	假定约 148 Mg 的一回路冷却剂破口流至受影响的 SG 二次侧，假定无论释放多少蒸汽量，泄漏的一回路冷却剂中所包含的所有惰性气体都通过 VDA 直接释放至大气中
事故分析结果	不会导致燃料破损，事故在 1.07 小时后终止	不会导致燃料破损	不会导致燃料破损
源项比较分析	Ⅲ类工况的放射性后果能够满足 GB 6249“大事故”剂量限值要求，但该源项不够保守	先期碘峰和事故触发碘峰工况下，放射性后果无法满足 GB 6249“大事故”剂量限值要求	能够满足我国法规剂量限值要求
事故后期堆芯冷却	余热排出系统	非能动余热排出系统、正常余热排出系统	安全注入系统与余热排出系统

续表

对比项	机组类型		
	CPR1000	AP1000	EPR
相关改进项	需操纵员干预才能达到安全停堆状态	增大了一、二回路主要设备(蒸发器、稳压器)容量,从而增加了系统的惯性和响应时间;利用非能动设计理念,减少操纵员干预,同时避免SG满溢风险,降低了放射性物质向大气释放的风险	增大了一、二回路主要设备(蒸发器、稳压器)容量,从而增加了系统的惯性和响应时间;提高了对操纵员不干预时间的要求(EUR第2卷,2.1章6.7.2节);MHSI关闭扬程低于MSSV整定值;在大气旁排系统(VDA)中设计有部分冷却,使一回路快速自动降压;改进ASG系统设计,在破损SG高水位时自动隔离,降低了破损SG满溢的风险和避免了MSSV事故期间开启

第七章　蒸汽发生器传热管破损事件的风险评价

7.1 引　　言

蒸汽发生器传热管破损事件可分为自发或诱发的传热管破损。自发的蒸汽发生器传热管破损事件是指一根或多根传热管的自身破损，而不是由其他事件或正常运行参数的扰动导致的破损。与自发的蒸汽发生器传热管破损不同，诱发的传热管破损与异常运行工况相关，是基于其他事件发生的。

三项重要因素构成了运行核电厂的风险框架。这三项因素是：

（1）堆芯损伤频率；

（2）给定事故中释放到环境的放射性物质数量和类型；

（3）事故的环境后果。

无论是自发的还是诱发的传热管破损，由于事件期间放射性物质可能旁通安全壳，这将产生较大的风险。与其他的事故序列相比，安全壳旁通导致大规模放射性物质释放到环境。

典型的风险计算方法是堆芯损伤频率与厂外后果相乘。这种风险分析方法提供了由事故所导致的厂外早期潜在危害的频率。导致安全壳旁通的事故序列对于核设施的风险起重要作用。蒸汽发生器传热管破损事件与导致安全壳旁通的频率相关。

通过检查蒸汽发生器、利用概率风险分析获得蒸汽发生器传热管破损事件的风险因子。SGTR 相关的风险由少数的一些重要失效事件主导。有代表性的主要影响因素是人因失误（操纵员卸压失效）和换料水箱（RWST）水装量丧失而引起的失效。

7.2 堆芯损伤频率和风险评价

美国早期向 NRC 提交的 IPE 结果给出堆芯损伤频率的分布，如图 7-1 所示。基于美国核电厂的设计，堆芯损伤频率有一个较大的变化范围。不同的核电厂供应商、用户参数及当局的监管环境产生了多样的核电厂设计方案。这些设计的变化引起了堆芯损伤频率的大范围变化。然而，所有的设计满足美国当时的许可证要求。

表 7-1 列举了美国 18 座压水堆各自的 IPE 结果摘要、各核电厂由内部事件引起的总的堆芯损伤频率、由自发 SGTR 引起的堆芯损伤频率所占百分比、由自发 SGTR 引起的安全壳旁通所占百分比。表 7-2 给出了我国核电厂由内部事件引起的总的堆芯损伤频率、由自发 SGTR 引起的堆芯损伤频率所占百分比、由自发 SGTR 引起的安全壳旁通所占百分比。由于仅考虑自发的传热管破损，从本质上说，由传热管引起安全壳旁通所占百分比也是由 SGTR 导致总风险所占的百分比。正如表 7-1 所示，在 18 个核电厂中，由内部事件引起的堆芯损伤频率的范围是从 $3\times10^{-5}\sim3\times10^{-4}$/a。自发传热管破损引起的堆芯损伤频率的

变化范围是从0.02%~11%。在特定核电厂中,不同类型的事故序列对总的堆芯损伤频率的贡献如图7-2所示。在这个核电厂自发的SGTR在总的堆芯损伤频率所占份额约为4%。大多数堆芯损伤频率是由于支持系统的故障、失流事故及未能停堆的瞬态所导致的。

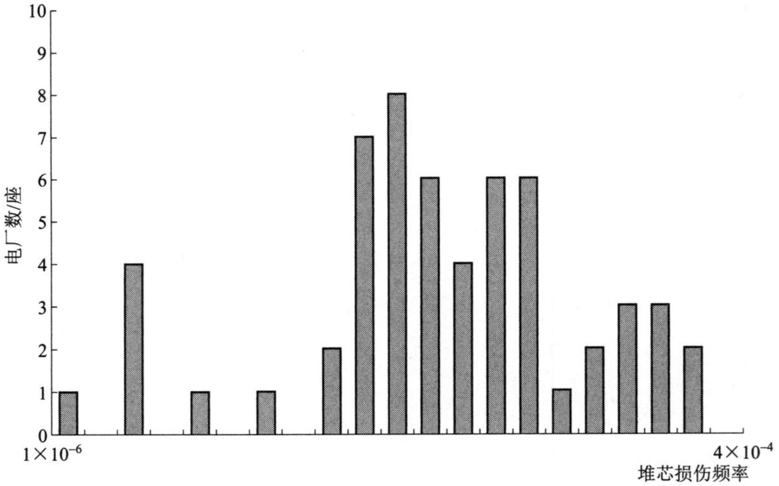

图7-1 IPE项目中向美国NRC提交的美国核电厂堆芯损伤频率的分布图

表7-1 美国压水堆堆芯损伤频率的IPE结果

美国核电厂名称	由内部事件引起的总的堆芯损伤频率	由自发SGTR引起的堆芯损伤频率所占百分比/%	由自发SGTR引起安全壳旁通所占百分比/%
Arkansas 1	5×10^{-5}	0.4	26
Callaway	4×10^{-5}	2	10
Catawba	4×10^{-5}	—	—
ComanchePeak	4×10^{-5}	6	7
Cook	6×10^{-5}	11	11
Diablo Canyon	9×10^{-5}	2	11
Farley	1×10^{-5}	0.04	9
Kew aunee	7×10^{-5}	8	99
Indian Point 2	3×10^{-5}	7	20
Indian Point 3	4×10^{-5}	5	79
McGuire	4×10^{-5}	0.02	2
Seabrook	7×10^{-7}	1	—
Sequoyah	2×10^{-4}	4	75
Surry	2×10^{-4}	5	—
South Texas	4×10^{-5}	5	22
Trojan	6×10^{-5}	2	—
Vogtle	5×10^{-5}	4	12
Watts Bar	3×10^{-4}	3	6

注:1. 所有的数据都近似到有效位。

2. 导致安全壳旁通的蒸汽发生器传热管破损份额的估计是基于IPE的结果。在某些例子中,确定这些份额比较困难,采取基于支持信息进行估计。

表 7-2　我国压水堆堆芯损伤频率的结果

核电厂名称（机组）	由内部事件引起的总的堆芯损伤频率/[1/(堆・年)]	SGTR 引起的堆芯损伤频率/[1/(堆・年)]	由自发 SGTR 引起的堆芯损伤频率所占百分比/%	由自发 SGTR 引起安全壳旁通所占百分比/%
秦山核电厂	1.04E-04	1.50E-05	14.4	67.78
秦山第二核电厂 1、2 号机组	7.68E-06	1.41E-06	18.36	93.38
秦山第二核电厂 3、4 号机组	1.80E-05	1.87E-06	10.41	94.44
秦山第三核电厂	8.40E-06	1.24E-08	0.147 6	43.82
大亚湾核电厂	2.13E-05	2.02E-06	9.48	89.38
岭澳核电厂 1、2 号机组	1.03E-05	8.63E-07	8.36	76.44
岭澳核电厂 3、4 号机组	1.53E-05	2.11E-06	13.79	89.79
田湾核电厂	1.88E-06	1.80E-08	0.96	40.36
三门、海阳核电厂 AP1000	2.41E-07	6.79E-09	2.82	99.30
台山核电厂 EPR	7.75E-07	1.63E-09	0.2	
方家山核电厂	1.17E-05	6.75E-03	10.44	91.98
红沿河核电厂 1、2、3、4 号机组	7.59E-06	1.41E-07	1.86	44.06
宁德核电厂 1、2、3、4 号机组	7.78E-06	1.63E-07	2.10	48.8
昌江核电厂	7.18E-06	1.47E-06	20.51	93.04
福清核电厂 1、2、3、4 号机组	1.18E-05	1.22E-06	10.36	92.00
阳江核电厂 1、2、3、4 号机组	1.62E-05	1.44E-06	8.89	85.21
阳江核电厂 5、6 号机组	2.31E-06	1.44E-07	6.22	59.31
防城港核电厂 1、2 号机组	1.39E-05	1.23E-06	8.84	83.11
CAP1400	1.90E-07	7.22E-09	3.8	94.26
CAP1000	1.94E-07	7.00E-09	3.6	94.09

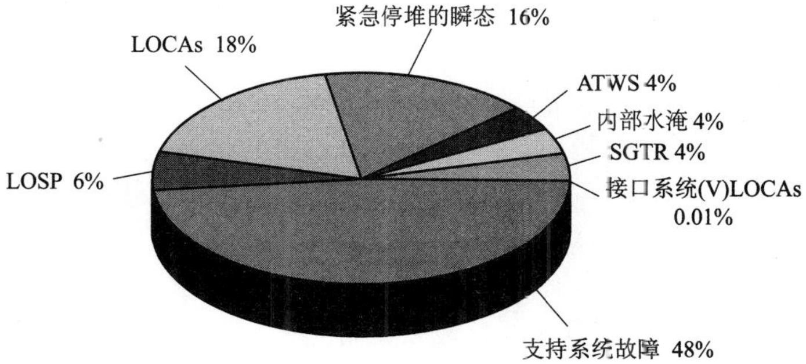

图 7-2　SGTR 对总的堆芯损伤频率贡献的典型值

Sequoyah 核电厂的 IPE 结果

然而，自发的 SGTR 对总的堆芯损伤频率的贡献不能用来确定不同蒸汽发生器的设计或降质条件的风险准则。因为 SGTR 导致安全壳旁通，造成的厂外风险比堆芯损伤频率更大。表 7-1 的数据表明在大多数压水堆中，自发的 SGTR 对总的风险贡献约在 10%之上，在某些核电厂则高达 75%～99%。

美国的冰冷式安全壳对 SGTR 可能有较低的风险份额。冰冷式安全壳比其他类型安全壳的设计压力更低。因此在导致较高堆芯熔化频率的事故期间，安全壳可能在早期失效。安全壳早期失效将增加其他堆芯熔化事故对总的堆芯损伤频率的比例，由 SGTR 导致的堆芯熔化份额将更低。但这不具有普遍性。如图 7-3 所示，对于冰冷式安全壳，SGTR 所占的安全壳旁通份额也是较大的。

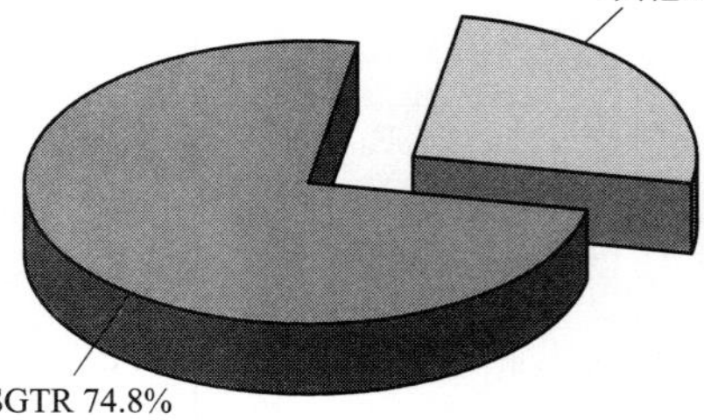

图 7-3 Sequoyah 核电厂(冰冷式安全壳) SGTR 占总的安全壳旁通的份额

美国的 IPE 计划中没有考虑诱发的 SGTR 事故，但是需作为蒸汽发生器的规则制定程序的一部分进行评估。IPE 仅考虑第五章中讨论的自发的传热管破裂，不考虑初始的传热管破损和第三章所讨论的传热管降质。

7.3 SGTR 风险贡献因素

运行核电厂的风险由一系列堆芯损坏事故组成。堆芯损坏贡献因子包括失水事故、丧失厂外电源(包括全厂断电)、瞬态、未能停堆的预期运行瞬态和 SGTR 等。本节介绍两个重要的 SGTR 贡献因子：

① 自发的 SGTR；

② 诱发的 SGTR。

自发的 SGTR 是指传热管的破损不是由其他事件或正常运行参数的扰动所引起的。诱发的 SGTR 与事件的瞬态扰动相关，是基于其他事件的瞬态条件。自发和诱发的 SGTR 风险的重要度是已发现的蒸汽发生器降质传热管数量的函数。由于诱发的多根传热管破损事件会导致更高的堆熔概率，当蒸汽发生器传热管所能承受的最高压力下降时，诱发的 SGTR 的风险将增加。

(1) 自发的 SGTR

在 20 世纪 80—90 年代，美国核电厂自发的 SGTR 事件大概每两年发生一起。这些自发的 SGTR 事件仅与西屋燃烧工程中心设计的蒸汽发生器相关。然而，B&W 核电厂也经历了初始传热管破裂和泄漏。自发的 SGTR 事件的频率估计为 2.5×10^{-2}/堆年。这个数值是破损的传热管总数量除以反应堆运行堆年计算得到的[在 IPEs 中使用的 SGTR 的频率范围是从 $1\times10^{-2}\sim3\times10^{-2}$/(堆·年)]。

由于缺乏对传热管破损起始位置的准确定位，导致了自发 SGTR 频率的不确定性。有大量的传热管存在泄漏，其中部分泄漏比较大的传热管在一些研究中被认为是破损的，而另外一些研究中则认为未泄漏。正如第五章所讨论的，美国 NRC 将 SGTR 定义为引起一回路向二回路冷却剂泄漏量超过反应堆冷却剂系统的正常上充流量(USNRC 1988a)。因此，传热管破损的条件与管道尺寸、核电厂运行工况、破损的传热管尺寸及核电厂上充系统的能力相关。

(2) 诱发的 SGTR

诱发的 SGTR 是由下列事件引起的:

① 运行瞬态;

② 稀有事件;

③ 严重事故。

这些事件引起蒸汽发生器传热管之间的压差从中等到较大的增加。对于老化或降质的传热管情况,压差从中等到较大的增加能提高蒸汽发生器传热管失效的概率。因此,诱发的 SGTR 特性与那些一段时间后降质超过阈值的传热管相关;与初始的传热管谱比较,其最大压力已经下降。传热管失效的概率是降质传热管数量的函数。如果降质传热管的数量足够多,诱发的 SGTR 可能比自发的 SGTR 事件存在更大的风险。现有记录显示还没有发生诱发的 SGTR 事件。可以通过维持蒸汽发生器传热管的机械完整性来控制诱发的 SGTR 事件。

1) 运行瞬态

运行瞬态经常发生,可能会导致蒸汽发生器传热管压降轻度或中度的增加。这些瞬态类型包括:

① 汽轮机停车;

② 丧失主给水;

③ 临时丧失厂外电源;

④ 汽轮机旁通阀开启失效;

⑤ 丧失一台反应堆冷却剂泵。

这些事件的发生频率以及通过蒸汽发生器传热管压降的上限值在表 7-3 中给出。

表 7-3 初因事件的鉴别

事件描述	传热管峰值压差	初始频率/(1/a)
反应堆冷却剂装量减少		
PORV 意外开启,导致反应堆冷却剂装量的小破口。初始频率从 Gentillon 获得(1994)	<9.7 MPa	λ=7.4E-3 σ=2.5E-3 EF=10.1
中破口或大破口失水事故,破口尺寸大于 2 英寸。初始频率从 Ericson 获得(1990)	<9.7 MPa	λ=1.5E-3 σ=3.6E-3 EF=9.7
二回路排热增加		
引起一个环路给水增加的给水系统故障。初始频率从 Gentillon 获得(1994)	<9.7 MPa	λ=5.6E-2 σ=1.2 EF=11.0
蒸汽发生器卸压阀的意外开启,导致二回路系统低压。初始频率从 Mackowiak 获得(1985),PWR 类别 29	约 12.8 MPa	λ=2.0E-2 σ=0.18 EF=31.6

续表

事件描述	传热管峰值压差	初始频率/(1/a)
主蒸汽管破裂。初始频率从 Ericson 获得(1990)	约 17.2 MPa	λ=5.0E-4 σ=1.2E-3 EF=9.7
二回路排热减少		
丧失厂外电。初始频率从 Gentillon 获得(1994)	<9.7 MPa	λ=3.5E-2 σ=0.44 EF=11.9
汽轮机停车,减少了到汽轮机的蒸汽流量。初始频率从 Gentillon 获得(1994)	<12.8 MPa	λ=0.40 σ=1.6 EF=5.3
二回路排热系统丧失交流电源。初始频率从 Mackowiak 获得(1985),PWR 类别 37	<12.8 MPa	λ=0.11 σ=0.40 EF=14.6
一环路丧失或减少正常给水流量。初始频率从 Gentillon 获得(1994)	<12.8 MPa	λ=0.43 σ=2.2 EF=5.8
给水管线破口。初始频率从 Ericson 获得(1990)	约 17.2 MPa	λ=5.0E-4 σ=1.2E-3 EF=9.7
反应堆冷却剂流量减少		
一环路丧失冷却剂流量(如反应堆冷却剂泵失效)。初始频率从 Gentillon 获得(1994)	<12.8 MPa	λ=4.2E-2 σ=0.63 EF=9.1
瞬态		
未能停堆的预期瞬态。初始频率从 Gentillon 获得(1994),所有瞬态从 Ericson 获得(1990)	约 17.2 MPa	λ=1.4E-4 σ=1.0E-3 EF=7.9

注:

a. λ 为初因事件频率;σ 为初因事件频率的标准偏差;EF 为对数正态分布的误差因子。初因事件叠加大破口和中破口初因事件。初始参数使用蒙特卡罗方法计算:大 LOCA+中 LOCA,其中大 LOCA 假设的对数正态分布(平均值 5.0E-4、标准偏差 1.2E-3),中 LOCA 假设的对数正态分布(平均值 1.0E-3、标准偏差 2.5E-3)。

b. 初因事件等于瞬态的初因事件乘以未能停堆的概率。初始参数的结果使用蒙特卡罗方法计算:*f*(瞬态)×*P*(瞬态中未能停堆的概率),其中 *f*(瞬态)假设对数正态分布(平均值 2.4,标准偏差 2.2),*P*(瞬态中未能停堆的概率)假设对数正态分布(平均值 6.0E-5,标准偏差 7.6E-5)。

c. PWR 类别 29、37 是美国核电厂堆型代码。

当蒸汽发生器传热管降质严重时,运行瞬态的风险将增大。伴随着大气释放阀、二次侧安全卸压阀的失效及开启卡涩的运行瞬态,传热管压差的增加对蒸汽发生器传热管的完整性提出挑战，并且增加了风险。

汽轮机旁通阀的开启卡涩对蒸汽发生器传热管的峰值压差的影响应结合运行瞬态来调查。类似于大气释放阀或二次侧安全卸压阀的开启滞止，汽轮机旁通阀的开启滞止或虚假开启可能导致压差陡增。某些核电厂的汽轮机旁通阀具有100%卸载能力。这些核电厂可经历更高的蒸汽发生器传热管超压。当蒸汽发生器降质严重时，具有这类单一故障的运行瞬态可能导致最大风险的SGTR事件。

2）稀有事件

稀有事件是设计基准或具有较低发生频率的其他事件，但是可能导致大量的蒸汽发生器传热管超压。这类有代表性的事件包括：

① 主给水管道破裂；

② 主蒸汽管道破裂；

③ 未能停堆的预期运行瞬态；

④ 失水事故(压降倒置)。

这些事件由于发生频率较低，比具有降质的蒸汽发生器传热管的运行瞬态的风险更小。然而，出于监管的目的，这类事件用来适当地包络更严重的事件。

3）严重事故

严重事故是发生频率非常低的事件。在一些案例中，严重事故可能导致蒸汽发生器更高的压力和温度。伴随着高温高压引起的传热管降质可能会增加传热管的失效概率。这类考虑了降质蒸汽发生器传热管的有代表性的严重事故，包括：

① 未能停堆的预期运行瞬态；

② 全厂断电；

③ 伴随大气释放阀或安全卸压阀开启卡涩的全厂断电。

在过去，严重事故的分析是假设初始的蒸汽发生器传热管保持完整，热段或波纹管的失效最先可能发生。这个结论是基于在冷管段存在的水封中，以及在蒸汽发生器入口段存在热段反向流的充分混合作用。严重事故的自然循环流动可能导致反应堆冷却剂系统失效，以及可能增加蒸汽发生器传热管的温度。

如果发生导致SGTR的严重事故，可能由下面两个原因之一引起：① 蒸汽发生器传热管的高温脆性断裂，或② 高温高压引起缺陷传热管的破裂。当传热管降质(如裂缝变大)时，SGTR发生的概率比脆性断裂的概率更大。在发生导致蒸汽发生器传热管高温高压的严重事故期间，传热管可能刚好降质到传热管破裂的程度。

7.4 SGTR失效的风险重要度

在SGTR事故过程中，失效的风险重要度被分为几个重要项。它们分别是：

(1) 快速卸压失效；

(2) 反应堆冷却剂存贮箱失效，包括①丧失压头和②耗蚀；

(3) 受损蒸汽发生器的快速隔离失效；

(4) 合理时间内，余热排出系统(RHR)的投入失效。

上面所列的主要贡献因素是SGTR概率风险分析的典型结果(在下面章节进行详细讨

论)。这些失效因子是具有代表性的。压水堆设计和应急响应规程的变化可大大影响操纵员动作,导致系统和部件的失效。

这些重要的操纵员动作和部件失效是由经典的概率风险分析得到的。利用热工水力的最佳估算方法确定预防燃料损伤所需的操纵员动作和必要的设备,也用来识别事故序列的可能范围。这个技术随后用来开发核电厂的响应模型。这些模型包含事件树、故障树或其他系统的逻辑模型。事故序列的事件树反映了那些成功和未成功预防堆芯损伤的动作结果。事故序列的事件树进行处理和定量化,用来确定导致堆芯损伤的最小失效组合。主要的失效模式被确定为高频堆芯损伤事件。

耦合之后,不同的操纵员动作和部件相关的失效概率被设置为 1 或 0,来确定不同失效模式的重要性。操纵员动作和部件按照导致事件发生的频率增加或减少分类。这个分类确定了每个操纵员动作和部件的可靠性对风险的影响。这个分类是基于最佳热工水力评估、核电厂系统的可靠性和标准运行规程。

7.5 安全壳旁通

在理解 SGTR 事件的热工水力进程及 SGTR 相关的风险时,安全壳旁通事件是非常重要的。影响安全壳旁通的重要因素是:

(1) 安全壳旁通影响用于防止堆芯损坏所需的系统数量、可靠性和类型;

(2) 伴随着多根传热管破裂事件,安全壳旁通影响堆芯损伤频率的分配;

(3) 安全壳旁通提供了放射性物质直接向环境释放的路径。

通过联合热工水力和概率风险分析的敏感性研究可以得出:当安全壳旁通后,SGTR 事件中传热管的失效数量影响其风险分布。给定数量的蒸汽发生器传热管失效对核电厂风险在纵深防御方面的影响列在表 7-4 中。

表 7-4　传热管失效数量对纵深防御的影响

传热管失效数量	对纵深防御的影响
少量	要求操纵员对一回路卸压
大于少量	核电厂自动卸压
大于 15 根	在具备余热排出系统的投入条件前,反应堆贮存水箱的水装量耗尽

表 7-4 中的信息表明:需要保证蒸汽发生器传热管的完整性来防止发生大量传热管破损的运行瞬态。如果多根传热管失效,典型的 SGTR 事故的缓解措施可能失效,安全壳旁通的 SGTR 事件可能导致堆芯损伤,并大大增加公众风险。蒸汽发生器传热管的检查程序必须保护传热管,使之不会达到传热管严重破损范围的数量。换句话说,检查和维修程序必须充分识别和纠正传热管的降质,以预防严重后果。

表 7-4 中所列的失效传热管的数量分类与特定核电厂及核电厂系统密切相关。例如少量管是指少于 4 根,大于少量是指介于 4～15 根之间,大量破损是指大于 15 根。不同核电厂的破损点是不同的,它们是 RWST 装量、蒸汽发生器传热管的尺寸和应急堆芯冷却系统流量的函数。

7.6　传热管破损的条件概率

蒸汽发生器传热管破损的条件概率是老化降质机理和降质程度的函数。传热管的热工水力条件也是非常重要的。其重要的参数是：

（1）蒸汽发生器传热管的温度；

（2）蒸汽发生器传热管之间的压差。

这些情况与瞬态和/或事故相关。

挑战蒸汽发生器传热管完整性的事故有：主蒸汽管道破裂、主给水管道破裂和未能停堆的预期运行瞬态。主蒸汽管道破裂事件是由那些导致蒸汽发生器二次侧完整性丧失的始发事件组成。这些因素包括二次侧 PORVs、汽轮机旁通阀、大气释放阀的失效等。这组简化的初因事件是通过审查一系列挑战蒸汽发生器一、二次侧压力完整性的初因事件而确定的。

简化的 SGTR 初因事件是通过评估一系列初因事件所得到的。审查的初因事件包括：① 导致反应堆冷却剂装量减少；② 导致二回路排热的增加；③ 导致二回路排热的减少；④ 导致反应堆冷却剂流量的减少；⑤ 导致瞬态。初因事件的摘要描述见表 7-3。表 7-3 也总结了预期的初因事件频率、标准偏差、对数正态分布的误差因子。它也提供了一、二回路的最大压差。这个压差用来评估给定始发事件的传热管破损的条件概率。因为一些核电厂的压力是基于最恶劣的设计基准事故设计，表 7-3 中给出的峰值压力可能需要重新进行分析。然而这些压力对初步的包络分析是足够的。

表 7-3 用来确认最有可能挑战蒸汽发生器传热管的事件（最大的初因事件发生频率和压差）。这些事件包括：① 二次侧完整性的丧失；② 没有 SCRAM 的预期运行瞬态。二次侧完整性的丧失包括主给水管道破裂和主蒸汽管道破裂。

7.6.1　初因事件

表 7-3 列出五组 SGTR 的初因事件在下面逐一进行讨论。

（1）反应堆冷却剂装量减少

这些事故的初因是冷却剂丧失的事故。初因事件的频率审查包括：伴随着中到大破口失水事故同时发生的一次侧 PORVs 的意外开启。这组初因事件的总频率是 7×10^{-3}/（堆・年）。通过蒸汽发生器的最大压降是 9.7 MPa。由于压差不大、相应的初因事件频率非常低并且传热管密集布置，这类事故可以进一步分析。

（2）二回路系统排热增加

三类事故的初因被划分为这一类。这些事故包括：一个环路给水控制丧失；蒸汽发生器卸压阀、汽轮机旁通阀或大气释放阀的意外开启；主蒸汽管线破裂。这组初因事件导致的总频率是 0.1/（堆・年）。导致过量给水丧失控制的事件影响其频率值，伴随着主蒸汽管线破口的蒸汽发生器卸压阀、大气释放阀或汽轮机旁通阀的意外开启的事件作为补充。挑战蒸汽发生器传热管的最大压力的发生频率较低。具有相似的准则和缓解措施，分析中主蒸汽管线破裂和卸压阀的意外开启归为同一组事件。

（3）二回路系统排热减少

这组事件的初因包含五个事件。仅主给水管的破口或破裂被确认对蒸汽发生器的传热管具有挑战。这类事件发生频率低，但引起了蒸汽发生器传热管的最大压降。其余的四个事件是：① 丧失厂外电；② 汽轮机停车；③ 二回路排热系统丧失电源；④ 正常给水流量丧失或减少。这类事件的频率由给水流量丧失和汽轮机停车事件主导。

(4) 反应堆冷却剂流量减少

在这类事件里仅包括一个初因事件，即一个反应堆冷却剂环路失流。它是由反应堆冷却剂泵的完全丧失引起的。发生的频率估计为 4.2×10^{-2}/(堆·年)。

(5) 瞬态

这类事件仅包括了一个事件，即伴随着未能停堆的瞬态。事件可能导致挑战蒸汽发生器传热管。最高峰值压差接近 17.2 MPa。

7.6.2 分析方法

分析方法中对诱发 SGTR 发生的频率进行了定量化。蒸汽发生器传热管失效的频率与失效条件概率和初因事件发生频率相关。传热管失效的条件概率乘以初因事件的频率即确定了每一初因事件诱发 SGTR 的频率。可以对这些贡献因子进行分类。失效的条件概率与蒸汽发生器降质传热管相关，传热管自身物理参数是核电厂系统性能的首要因素。用来确定传热管失效的条件概率方法和主要 SGTR 的事故序列在下面章节叙述。

(1) 蒸汽发生器传热管失效条件概率的评估

导致 SGTR 的概率依赖于一些传热管的条件和运行参数。在传热管失效概率的评估过程中，两个最重要的参数是：① 在初因事件起始时刻传热管保持压力的能力；② 传热管的最大压差。蒸汽发生器传热管保持压力的能力取决于传热管的各类参数如：传热管直径、材料、壁厚，传热管的降质和磨损。最开始，传热管能平均承受 60～70 MPa 的压差。如果传热管的压力降到各核电厂瞬态的预期压力范围之下，传热管就可能破损。正常运行和最小的传热管瞬态压差预期约为 9.7 MPa。传热管的最大瞬态压差可能达到 17.2 MPa。

导致 SGTR 的频率通过初因事件的频率乘以传热管破损的条件概率来确定。传热管破损频率通过下式得到：

$$\lambda_{TR}=\sum\lambda_{IE}P(TR\mid IE)P_i$$

式中：λ_{TR}——传热管破损频率；

λ_{IE}——初因事件频率；

$P(TR\mid IE)$——给定初因事件中传热管破损的条件概率；

P_i——第 i 组传热管破损的概率。

在确定传热管破损频率作为压力和传热管自身条件的函数时有非常多不确定性。先前的分析使用了不同的插值公式。这些插值公式已经过充分验证，包含了许多不确定性。在下节中总结了 NUREG-0844 的方法和线性插值。基于应力/应变及裂纹扩展失效机理的方法在 7.6.5 节讨论。

(2) NUREG-0844 的方法

在 NUREG-0844 的方法中，传热管失效的条件概率约为 0.027。这个值的计算基于 1986 年发生的压差为 17.2～17.9 MPa 的 SGTR 事件的估算时间周期。而且工业上平均导致传热管破损概率的保守估算值是 0.05。假设传热管破损概率已经充分模化为对数正态分布，在 17.2 MPa 压力下，平均值为 0.027，标准偏差 0.012，误差因子等于 2。

对于初因事件引起的超压低于 17.2 MPa 时，传热管破损概率可能低于 0.027。假设破损的传热管正常压差接近 0（在这个分析中是 10^{-4}）。为了确定传热管破损概率作为蒸汽发生器压差的函数，使用外推法进行计算。NUREG-0844 给出了传热管破损概率与压力的关系式：

$$P_{TRi}=P_{TR}(\text{在高压})\left(\frac{\Delta P_i-\Delta P_n}{\Delta P_a-\Delta P_n}\right)^2$$

式中：P_{TRi}——在第 i 个初因事件中，至少 1 根传热管破损的条件概率；

P_{TR}——在高压初因事件中，至少 1 根传热管破损的条件概率；

ΔP_i——在第 i 个初因事件中，传热管峰值压差；

ΔP_n——传热管的正常运行压差；

ΔP_a——在所有初因事件中，最大峰值压差。

蒸汽发生器传热管破管数量的分配还需要估计。NUREG-0844 给出 2～10 根传热管的破损概率是 0.5，超过 10 根传热管的破损概率是 0.01。保守地，仅一根传热管破损的概率是 0.49。此值对应的压力是 17.2 MPa。

(3) 线性插值

评估传热管破损的条件概率的第二个可能方法是：在正常运行压力和最大压力之间传热管破损概率运用线性插值。使用 NUREG-0844 的截断概率，线性插值给定的关系式是：

$$P_{TR2}=2.45\times10^{-5}(\Delta P_i)-3.44\times10^{-2}$$

式中：P_{TR2}——在第 i 个初因事件中，至少 1 根传热管破损的条件概率；

ΔP_i——在第 i 个初因事件中的最大峰值压差。

图 7-4 提供了传热管破损概率的线性和 NUREG-0844 的比较。对于相同的压力，线性插值方法提供了比 NUREG-0844 方法更高的概率。

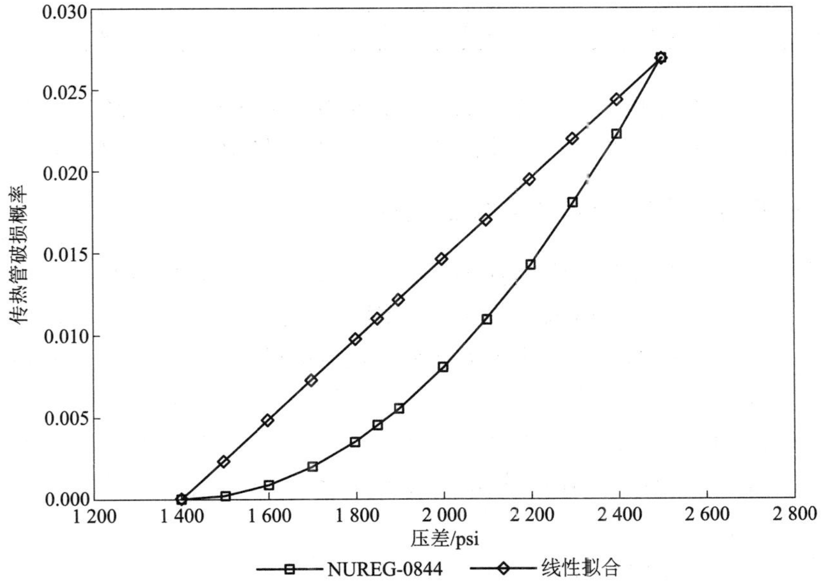

图 7-4 传热管破损概率的线性和 NUREG-0844 的比较

7.6.3 诱发 SGTR 概率的计算结果

如前所述，诱发 SGTR 的发生频率通过初因事件频率乘以 SGTR 的条件概率来确定。传热管破损的频率如下式：

$$\lambda_{TR} = \sum \lambda_{IE} P(TR \mid IE) P_i$$

初因事件的发生频率已在表 7-3 中给出和讨论。通过表 7-3 中的信息结合 NUREG-0844 的方法，在表 7-5 中给出了诱发 SGTR 的频率。需要说明的是，这些值仅考虑计算值，这是因为它们并不是基于传热管缺陷对破损概率机械量化的影响。然而在详细评估传热管降质对诱发 SGTR 的潜在影响时，确定初因事件的这个值是必要的。在 7.6.5 节提供了更详细的识别传热管降质影响的机理方法。

表 7-5 诱发 SGTR 的信息概览

初因事件的确定	不同数量传热管破损的频率			总的传热管破损频率
	1 根	2～10 根	超过 10 根	
丧失正常给水	9.5E-4	9.5E-4	2.0E-5	1.9E-3
汽轮机停车	8.7E-4	8.7E-4	1.8E-5	1.8E-3
反应堆冷却剂一个环路失流	9.3E-5	9.3E-5	2.1E-6	1.9E-4
二回路丧失备用电	2.4E-4	2.4E-4	5.0E-6	4.9E-4
二次侧安全卸压阀意外开启	4.4E-5	4.4E-5	9.0E-7	8.9E-5
蒸汽管道破裂	6.6E-6	6.6E-6	1.4E-7	1.3E-5
主给水管道破裂	6.6E-6	6.6E-6	1.4E-7	1.3E-5
导致一个环路流量增加的给水失效	2.8E-6	2.8E-6	5.6E-8	5.7E-6
未能停堆的预期瞬态	1.8E-6	1.8E-6	3.6E-8	3.6E-8
丧失厂外电	1.7E-6	1.7E-6	3.5E-8	3.4E-6
PORV 阀的意外开启	3.6E-7	3.6E-7	7.4E-9	7.3E-7
大破口或中破口失水事故	7.4E-8	7.4E-8	1.5E-9	1.5E-7

已经按照频率分类进行序列筛选。表 7-5 中列出了初因事件的确定、破损传热管的数量、第“i”组传热管破损的频率、不同初因事件对应总的传热管破损计算频率。

7.6.4 确认和选择诱发 SGTR 事件的贡献因子

表 7-5 中给出的频率值对导致诱发 SGTR 的重要贡献因子提供了有用的数据。诱发 SGTR 的贡献因子分为高频贡献因子和低频贡献因子。高频贡献因子是指挑战蒸汽发生器传热管的核电厂正常运行的失效。低频贡献因子是指挑战传热管完整性的假想事故。

(1) 诱发 SGTR 贡献因子为 10^{-3}

导致 SGTR 为 10^{-3}/(堆・年)有两个贡献因子：给水流量丧失和汽轮机停车。这两个初因事件对蒸汽发生器传热管的超压提出了类似的挑战，并且具有相同的初因事件发生频率(约为 1.5/a)。

(2) 诱发 SGTR 贡献因子为 10^{-4}

这个范围的贡献因子是反应堆主泵丧失和二回路备用电丧失。这类初因事件对蒸汽发生器传热管的超压提出了类似的挑战，并且具有相同的初因事件发生频率(约为 0.1/a)。

（3）诱发 SGTR 贡献因子为 10^{-5}

诱发 SGTR 频率为 10^{-5}/a 的初因事件有非常大的范围。两个最主要的贡献因子是：① 二回路卸压路径的意外开启，如大气释放阀、汽轮机旁通阀、PORV、蒸汽发生器的卸压阀等；② 一个环路给水减少而另一环路给水相应增加。丧失给水的初因事件比二回路卸压路径的意外开启有更高的频率。对蒸汽发生器的压力挑战不同的是，具有低频率的初因事件将引起较高的蒸汽发生器峰值压力。在这个范围内的其余初因事件有：① 丧失厂外电；② 没有 SCRAM 的预期瞬态；③ 给水管破裂；④ 主蒸汽管道破裂。由于此类事件发生期间通过传热管的压降较高，所以初因事件中的② 和④ 对传热管有很大的挑战。

（4）诱发 SGTR 贡献因子为 10^{-6}

这类事件包括两类贡献因子。这两个贡献因子是一回路 PROVs 的意外开启和部分失流事故。这些序列导致通过蒸汽发生器传热管产生反向压差。

7.6.5　诱发 SGTR 的机理

SGTR 的条件概率使用蒙特卡罗方法进行估算。蒸汽发生器传热管的失效概率使用正态或对数正态的概率函数分布进行模化，如下：

$$P_{sg} = \int f(p_i, p_{fail})\, dp_i$$

式中：P_{sg}——蒸汽发生器传热管的失效概率；

p_i——蒸汽发生器的压力；

p_{fail}——单根蒸汽发生器传热管的失效压力中值。

函数 f 由下面的正态分布表示。

$$f(p_i, p_{fail}) = \frac{1}{\sqrt{(2\pi)}\sigma_f} \exp^{\frac{-\frac{1}{2}(p_i - p_{fail})^2}{\sigma_f^2}}$$

式中：σ_f——传热管失效压力的标准偏差。

函数 f 也可由对数正态分布表示。蒙特卡罗方法的采样点在参数的不确定性分布内，以用于确定由于传热管超压及缺陷尺寸导致的平均失效概率。

给定失效蒸汽发生器传热管数量的概率通过两项式分布来估计。在总数量 N 根给定缺陷尺寸的传热管中第 n 根管的失效概率是：

$$P_{fail}(n) = \frac{N!}{n!\,(N-n)!} P_{sg}^{n} (1 - P_{sg})^{N-n}$$

小于 x 根管的失效概率由下式给出：

$$P_{fail} = \sum_{n=0}^{x} P(n)$$

两项式分布仅使用在具有相同失效概率的部件上。需要分类的缺陷和失效概率应用于具有传热管破损尺寸的蒸汽发生器模型上。

为了估算传热管破损的条件概率，考虑到降质传热管的失效压力中值的信息是可利用的。ASME 规范（第 Ⅺ 卷 章节 IWB-3640 和附录 C）和太平洋西北实验室 PNL（Pacific Northwest Laboratories）的实验工作为此提供了有用的关系式。ASME 推荐了考虑轴向裂纹对传热管破损压力影响的公式。ASME 和 PNL 模型关系式假设缺陷与传热管的材料参数无关。与应用关系式的比较表明：对于使用合金 600 的蒸汽发生器传热管材料，ASME

模型和 PNL 试验数据符合较好。试验和分析传热管破损压力的关系式在下面描述。

(1) PNL 方程式

用来评价不同破口尺寸蒸汽发生器的失效压力中值的 PNL 实验进程,能够用来评估与每一种降质机理相关的失效压力。PNL 研究了下面关系式,蒸汽发生器传热管的失效压力是传热管降质机理的函数(Kurtz 1990):

狭槽和裂缝

$$\frac{P}{P_{\mathrm{f}}}=1-\frac{a}{t}+\left(\frac{a}{t}\right)\exp\left(\frac{-0.373L}{\sqrt{Rt}}\right)$$

统一的管壁减薄

$$\frac{P}{P_{\mathrm{f}}}=\left(1-\frac{a}{t}\right)^{1-\exp\left(\frac{-0.13L}{\sqrt{R(t-a)}}\right)}$$

椭圆耗蚀

$$\frac{P}{P_{\mathrm{f}}}=\left(1-\frac{a}{t}\right)^{0.604}$$

式中:P/P_{f}——缺陷和完整传热管的压力比;

a——缺陷深度;

t——壁厚;

R——传热管内径;

L——缺陷长度。

这些关系式已考虑正常的运行温度条件。

(2) ASME 分析关系式

ASME 有一个分析关系式,用于评估轴向裂纹发生的可能性。ASME 模型推荐下面的关系式来评价蒸汽发生器管壁的轴向裂纹的破损压力。

$$\frac{\Delta PR}{t}=\left(\frac{3S_{\mathrm{m}}}{SF}\right)\left[\frac{\frac{t}{a}-1}{\frac{t}{a}-\frac{1}{m}}\right]$$

其中 m 由下式给出:

$$m=\sqrt{1+1.61\frac{L^2}{4Rt}}$$

R 是传热管半径,ΔP 是传热管的压差;上述关系式的其他参数:S_{m}是设计流动应力的限值;SF 是安全因子,在分析中设为 1。上述关系式大致等效于 PNL 的狭槽和裂缝关系式。然而,与 PNL 相应的关系式相比,ASME 关系式随着裂缝长度的变大,裂缝深处维持压力的能力有一个较快的下降。当裂缝长度变大时,两个关系式提供了相近的破口压力。

ASME 模型中的轴向裂缝关系式对于不超过传热管壁厚 75% 的裂缝是有效的。ASME 关系式仅适用于裂缝长度小于下面关系式确定的临界长度:

$$\frac{PR}{t}=\frac{3S_{\mathrm{m}}}{m}$$

如果传热管裂缝长度超过临界值,应该使用 ASME 第Ⅺ卷章节 IWB-3514.3 来计算破口压力。

(3) 材料参数的影响

由于不同加工过程导致不同的蒸汽发生器传热管材料参数，对确定压差是一项重要的因素。蒸汽发生器传热管的失效是一个弹塑性失效的过程。不同材料参数的传热管破口压力通过常态化材料的流动压力获得。流动压力介于材料的屈服强度 S_y 和材料的最终拉伸应力 S_u 之间。对于传热管合金 600 材料，流动压力通过下式给出，公式已广泛应用。

$$S_m = \frac{1}{2}[S_y + S_u]$$

(4) 蒸汽发生器传热管破损压力关系式的标准偏差

在破口压力的关系式中存在不确定性。这个不确定性包括数据离散、模型中平均破口压力的不确定性、完好传热管压力的不确定性、估算蒸汽发生器传热管压差的不确定性。

数据离散发生在平均破口压力和量化传热管破损概率的数据上。这个离散的标准偏差用正态或对数正态分布来估算失效的条件概率。比如，约 95%的数据在 20%的平均值内，标准偏差考虑 10%的数据离散。

从 PNL 试验获得的数据表明，破口压力的标准偏差占破口压力的份额较少。实验数据获得的最大值为 5%。PNL 关系式倾向于数据在 10%～15%。通过一致化评估模型和数据的变量将这个不确定性融入蒙特卡罗分析中。图 7-5 显示轴向裂缝对传热管失效概率的影响。出于论证和筛选的目的，这个图对上述 PNL 的狭槽和裂缝的关系式进行验证。基于破口压力标准偏差的独立计算应该用于实际的评价中。同时，也应对评价经验关系式的不确定性和标准偏差进行计算。

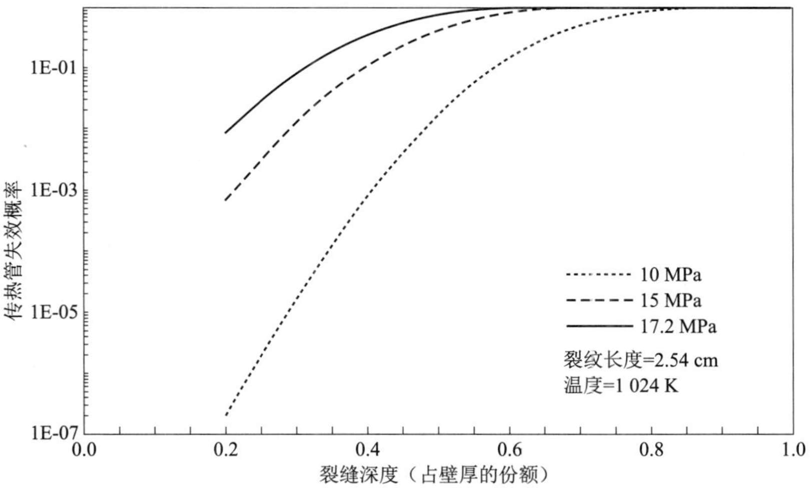

图 7-5　蒸汽发生器传热管失效概率对压力和裂缝深度的函数

(5) 蒸汽发生器传热管破损关系式中温度的影响

严重事故对蒸汽发生器传热管的温度提出挑战。此类事故增加传热管的温度至 800～900 K。当蒸汽发生器传热管降质时，事故引起的高温高压可能增加传热管的破损频率。

利用材料的屈服应力来评估传热管破口压力是温度的函数。合金 600 的屈服和拉应力与温度相关，其温度范围已扩展至 300～1 373 K。此数据用来评估材料参数对传热管破口压力的影响，通过下面关系式：

$$P(T)=P(T_{\text{ref}})\frac{S_{\text{m}}(T)}{S_{\text{m}}(T_{\text{ref}})}$$

由于轴向壁面破口不受材料参数的影响,因此认为这种外推法有效。应该利用实验评估传热管温度对缺陷传热管破口压力的影响进行分析预测。

7.6.6 诱发 SGTR 的安全壳旁通频率

诱发 SGTR 的频率是通过联合传热管破损的条件概率以及从概率风险分析中获得的堆芯熔化初因事件的频率值来确定的。图 7-6 提供了典型结果的摘要。图 7-6 中包含了单根传热管降质并具有轴向裂纹长度的结果。如图及 PNL 的数据表明:轴向裂缝显示破口压力的渐近特性。较短的蒸汽发生器传热管裂缝的长度对应传热管的失效频率更低。这个图仅用作示范,并不针对具体的某设备。

图 7-6 描述了具有单根传热管降质的蒸汽发生器由三个不同的初因事件导致堆芯损伤的诱发 SGTR 频率。这幅示意图没有考虑蒸汽发生器的缺陷分布。因此不应视作诱发 SGTR 风险的代表。图中的初因事件是:① 伴有排气阀开启延迟的汽轮机停机;② 导致 SGTR 的主蒸汽管破裂;③ 伴有大气释放阀开启延迟的全厂断电。对于较小的裂缝深度,全厂断电事件主导传热管失效的频率;在具有较深的裂缝时,伴有大气释放阀开启延迟的汽轮机停机主导传热管失效的频率。这三个事件的传热管失效频率已总结并在图 7-6 中。图示表明:当蒸汽发生器传热管降质时,诱发 SGTR 的发生频率可能会快速增加。

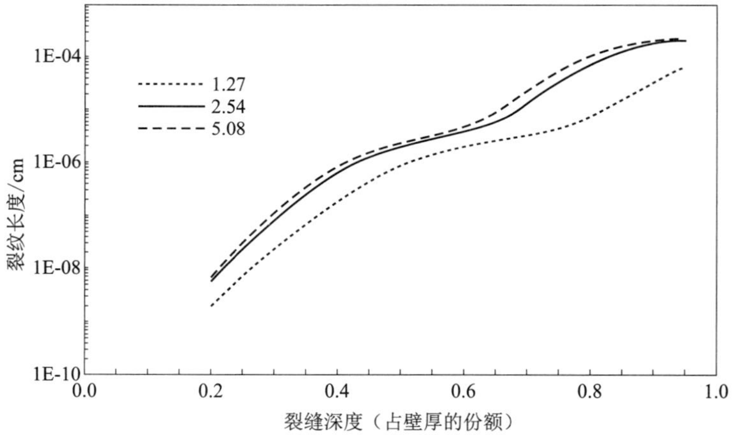

图 7-6　蒸汽发生器降质对 SGTR 导致堆芯熔化或安全壳旁通频率的影响

蒸汽发生器传热管的温度对传热管的失效概率也有很大影响。严重事故期间,蒸汽发生器的温度通过热段的自然循环反向流以及蒸汽发生器入口腔室的混合来控制。对自然循环及影响因子将在 7.7 节进行描述。

7.7 SGTR 事故中的自然循环

严重事故分析假设蒸汽发生器传热管的初始条件:在冷段存在水封,蒸汽发生器入口腔室内热段反向流进行充分混合。本节提供了由 SGTR 导致的严重事故自然循环流动的概述。

7.7.1　自然循环流动的重要性

自然循环流动的重要性是它将堆芯热量传递到反应堆冷却剂系统的其他区域。这个热量传递既减缓了堆芯加热、又延缓了堆芯损伤，并增加了反应堆冷却剂系统结构的温度（如上腔室、热段和波动管、蒸汽发生器传热管等），这可能使他们获得足够热量而导致熔化或失效。缓慢的堆芯加热为系统恢复或操纵员动作提供了额外时间，这些操作可以中断瞬态并将堆芯恢复至水淹没的冷态。

如果管道获得足够多的热量而失效（熔化或蠕变断裂），反应堆冷却剂系统的压力边界将破裂。失效将导致反应堆冷却剂系统向安全壳卸压。如果失效位置是蒸汽发生器传热管，那么安全壳旁通路径将建立。在这种情况下，从燃料释放的裂变产物通过破损的传热管流到蒸汽发生器的二次侧，然后通过大气释放阀或二回路安全卸压阀释放到环境中，旁通安全壳。这个事件序列对周围的居民有非常大的风险。

采用 U 型管设计的蒸汽发生器的压水堆具有良好的热段自然循环。除非清除水封，巴威公司设计的“candy cane”的热段和直流式蒸汽发生器禁止将蒸汽发生器作为重要热阱。热段反向流仅仅通过向热段管道的热传递驱动。相比于蒸汽发生器，管道具有非常小的传热面积和较低的传热容量。

对于热段自然循环的流动，再循环蒸汽发生器腔室的混合是可控的。它通过增加沿着热段底部从蒸汽发生器返回的蒸汽温度（同时降低密度）限制了热段的质量流量。通过减少进入传热管的热蒸汽的温度来限制蒸汽发生器的热传递。

忽略蒸汽发生器入口腔室的搅混作用，热段流动的模拟将产生比预期高的蒸汽发生器传热管的温度和热段质量流量。热段的反向流影响反应堆冷却剂系统管道结构的完整性。管道和蒸汽发生器传热管的加热可能导致这些部件的熔化和蠕变断裂失效。蒸汽发生器传热管比环路或波纹管管壁薄，一旦接触到高温蒸汽将很快被加热。假设传热管失效，冷却剂携带任何裂变产物直接释放到安全壳外（通过蒸汽管线的卸压阀）的路径就变得有效了。

7.7.2　再循环蒸汽发生器的热管段反向流动

在严重事故期间，具有 U 型管设计的蒸汽发生器的自然循环流动的模式包含在反应堆压力容器和蒸汽发生器入口腔室之间的热段反向流。反向流蒸汽的混合发生在蒸汽发生器的入口腔室。然而从小比例实验到蒸汽发生器入口腔室的全尺寸实验得到的数据表明：混合程度有不确定性。同样期盼在入口腔室内发生不混合的情况，它用来评价蒸汽发生器传热管导致的最恶劣的严重事故边界条件。当较冷的蒸汽沿着热段底部流回到反应堆压力容器时，反向流的混合就会发生。当较热的蒸汽进入蒸汽发生器的入口腔室，混合和冷却并沿着蒸汽发生器的传热管上升。混合后的蒸汽进入部分传热管，置换管道中较冷的蒸汽。被置换的蒸汽进入出口腔室，然后重新进入到其他蒸汽发生器的传热管，驱动蒸汽进入入口腔室。以此方式建立传热管之间的气体密度梯度。这个密度梯度驱动更多的混合蒸汽进入传热管，置换额外的较冷蒸汽。混合蒸汽通过蒸汽发生器部分传热管从入口腔室流到出口腔室，较冷的蒸汽通过其余传热管流回到入口腔室，这个过程持续到建立稳态流动。

考虑到图 7-7 所示的流动，将测量三个位置处的热流体温度（T_h）和冷流体温度（T_c）。这三处是：① 热段管嘴；② 蒸汽发生器和热段的接口处；③ 蒸汽发生器传热管的入口处。

在每一个位置处，较热的流体从反应堆压力容器流向蒸汽发生器的出口腔室，较冷的流体流向反应堆压力容器。

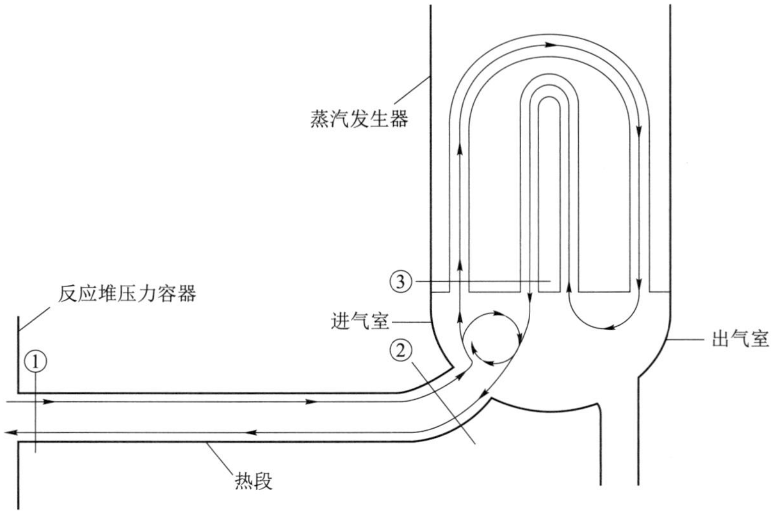

图 7-7　热段自然循环流动

从反应堆压力容器进入热段的热蒸汽沿管道顶部流向蒸汽发生器。随着气体流动，在热段管道和返回的较冷流体之间发生热交换。这两个流体之间也有部分质量传递。结果是 $T_{h,1}>T_{h,2}$。随着流体进入蒸汽发生器的入口腔室，它与入口腔室的流体和从部分蒸汽发生器传热管流出的冷流相混合。混合降低了进入蒸汽发生器传热管的蒸汽温度，并且 $T_{h,3}<T_{h,2}$。随着蒸汽流过蒸汽发生器，热量传递至传热管。当流动返回到入口腔室时，它和热段流动发生了混合。这个混合提升了流向热段蒸汽的温度，因此 $T_{c,2}>T_{c,3}$。当流体沿着热段底部进入压力容器时，上部较热流体向较冷蒸汽以及较冷蒸汽和热段管道之间发生热传递。尽管这些能量转换导致返回流的加热或冷却都还没有量化，但是热段底部的蒸汽温度可能变化不大。假设达到稳态流动时，冷却剂回路的总能量转换是热段质量流率、流动蒸汽的平均热容以及在热段管嘴反向流之间温差的乘积。西屋自然循环实验的相关分析表明：热段的质量流量是几何参数、流体密度和温差（$T_{h,1}-T_{c,1}$）的平方根的函数。因此，热段自然循环流动的热传递依赖于管口的温差，增加较冷蒸汽温度的作用将减少流量和热传递。蒸汽发生器入口腔室的混合和温度较高蒸汽发生的热传递将增加返回蒸汽的温度。

类似地，蒸汽发生器传热管的热转换是传热管的质量流率、平均蒸汽热容和温差（$T_{h,3}-T_{c,3}$）的乘积。温度的改变将影响传热管的传热。入口腔室的混合将减少 $T_{h,3}$，因此限制了蒸汽发生器的换热。

现在考虑蒸汽发生器入口腔室没有混合的工况。热段蒸汽的温度改变非常小；较冷蒸汽（在热段底部）的低温将增加反向流热传递的量。当 $T_{h,3}=T_{h,2}$，进入蒸汽发生器传热管的高温流体将导致传热管的热传递增加。缺少混合也意味着 $T_{c,2}=T_{c,3}$，导致通过热段的返回流是较冷的。因为流动是由热段内的冷、热蒸汽的温差驱动的，所以质量流量将增加。较高的质量流率将增加回路的热传递，降低堆芯的余热。较高的蒸汽发生器传热管温度也将改变热段和传热管之间的相对能量沉积，更多的能量也将传递到传热管。

裂变产物也可能受蒸汽发生器内流动的影响。蒸汽发生器传热管很大的表面积对于裂变产物的沉积是有效的。如果传热管保持冷态，沉积的核素可能保持在管壁，不会从一回路冷却剂系统释放出去。如果传热管持续加热导致裂变产物重新分布，流质流动可能简单地将悬浮的裂变产物携带至传热管的较冷部分，并且重新沉积。蒸汽发生器入口腔室的混合也可能对裂变产物有部分影响。如果气态裂变产物被管道上部的热蒸汽携带，在入口腔室较冷流体的突然冷却可能导致蒸汽的凝结，要么以现有悬浮微粒存在，要么生成新的气溶胶。对于液态裂变产物，这些裂变产物将沉积得更快，可能在入口腔室，而不在传热管部位。热段本身的反向流也可能影响裂变产物的输运。对于热段处裂变产物的沉积，若重力效应是其重要的机理，随着向蒸汽发生器流动而沉积的裂变产物将进入返回的蒸汽流，并将返回到反应堆压力容器。这种现象超出了目前一维流动计算的能力。在给定分析中可以对这种影响的程度进行计算，通过裂变产物的输运计算可以得到由重力效应引起的沉积量。

热段反向流对裂变产物的加热影响是很小的。美国 NRC 的研究评价指出：在全厂断电事故中，增加到蒸汽发生器的热量小于总热量的 1%时对裂变产物有影响。

7.7.3　冷却剂环路流动

在反应堆冷却剂泵关闭、蒸汽发生器排出反应堆冷却剂热量的瞬态期间，假设清除了环路液态水封，环路的自然循环将重新建立。这要求压力容器内冷却剂水位低于下降段。正常情况下，它在热段或波动管失效后才会发生。仅在一些异常情况下，冷却剂环路流动才会发生。对于瞬态早期伴有反应堆冷却剂泵的惰转而发生的自然循环流动，通过冷却剂环路流体流动的将是过热蒸汽。环路自然循环流动是浮力驱动的一维流动，堆芯额外的热量通过蒸汽发生器排出。然而，这种情况下通过冷却剂环路的管道进行热传递。由于已有大的蒸汽密度差以及蒸汽发生器的高度，这个流动通常足够大且足以破坏可能存在于热段或反应堆压力容器内的多维自然循环流动。

高流率和可作为热阱的大量金属结构导致了堆芯加热较慢。在锆合金熔化之前，较慢的加热将导致包壳完全氧化。燃料棒的再分布将延迟几个小时。蒸汽发生器传热管特别易于损坏，这是由于它比热段和冷段的管壁都薄。反应堆冷却剂系统任意处管道的失效都是有可能的，所有管道的加热也倾向于减少反应堆冷却剂系统裂变产物的保有量。

7.7.4　导致自然循环的序列

自然循环在所有的严重事故中并不产生重要作用。那些自然循环起重要作用的事故有一些共同特性。典型的特性包括：

(1) 反应堆冷却剂泵停运，因为反应堆冷却剂系统的强制流动排除了自然循环流动的可能；

(2) 没有应急堆芯冷却剂的注入；

(3) 系统不应有大破口。

两个导致重大自然循环流动的严重事故瞬态是：指定的 TMLB 和 S2D 序列。

TMLB 全厂断电序列传统上已被用作研究严重事故自然循环。蒸汽发生器失去给水，在事故持续期间没有可用的交流电源，堆芯经历了高压沸腾。若考虑反应堆冷却剂泵轴封的泄漏，反应堆冷却剂系统压力将依赖破口尺寸。压力仍可能通过卸压阀控制，可能接近或低于安注箱压力。

S2D 序列是没有高压安注的小破口失水事故。这个瞬态将导致堆芯在高于安注箱压力时堆芯沸腾，反应堆冷却剂的压力依赖于破口尺寸的变化。

7.8 小　结

核设施安全的风险是堆芯损伤频率乘以厂外后果。这种风险分析方法产生了由于事故导致厂外早期和潜在致命因子的频率。三个重要的因素构成了运行核电厂的风险框架。这三项因素是：

(1) 堆芯损伤频率；

(2) 给定堆熔事故中安全壳旁通的条件概率；

(3) 事故的环境后果。

核设施的风险计算通常由导致安全壳旁通的事故序列主导。SGTR 事件对安全壳旁通频率有较大的贡献。

基于本节的信息，得出如下结论：

(1) 需要控制蒸汽发生器传热管的降质，以预防压水堆风险的显著增加；

(2) 蒸汽发生器传热管破损对总的堆芯损伤频率贡献较小，但是由于安全壳旁通效应风险可能显著增加；

(3) SGTR 事故的风险主要来源于蒸汽发生器传热管降质超过阈值的高频运行瞬态和低频稀有事件；

(4) 无论是自发还是诱发的 SGTR 导致的堆芯损伤事件，其潜在的反应堆安全壳旁通造成的风险都很大。

第八章 不同国家监管实践和在役导则

8.1 传热管检查要求

传热管失效的可能性及后果可通过恰当、及时的检查而减小。一些国家的检查要求借鉴了美国的检查要求，因此本章首先针对美国蒸汽发生器传热管的检查要求进行讨论，之后就捷克、法国、德国、日本、斯洛文尼亚、西班牙、瑞典、瑞士以及我国的传热管检查要求进行讨论并总结于表 8-1。此外本章还讨论了俄罗斯所采用的检查要求以及 EPRI 的建议。

表 8-1 蒸汽发生器传热管检查指南

	基准检查	检查的传热管数量	检查间隔
美国	二次侧水质的任何主要变化之前和之后的所有传热管	第一次检查，每个机组所有蒸汽发生器传热管的 3%； 后期检查，见表 8-2	—首次检查，6～24 个月 —后续检查，12～24 个月 —如果少于 5%的被检查传热管降质且传热管无缺陷，40 个月 —如果超过 10%降质或超过 1%有缺陷，小于 20 个月
捷克	在役前所有传热管	每个蒸汽发生器必须至少 10%的传热管全长度范围上检查； 通常检查所有传热管，50%为热集流管的传热管，50%为冷集流管的传热管	—每 4 年 —每 4 年
法国	在役前所有传热管 每 10 年全部传热管（30 个月后第一次）	如果是易受影响的传热管：所有传热管的热管环形过渡段需检查，支撑板和泥渣聚集区和第一排 U 型区域采用一种适当的检查； 如果是不易受影响的传热管：传热管抽样检查； 具有先前缺陷迹象的所有在役传热管	—每次停运环形过渡段和小半径的 U 型弯曲区域 —每次其他停运支撑板和泥渣聚集区 —每两年抽样 —每次停运
德国	在役前所有传热管	每个蒸汽发生器每次检查 10%的传热管	每 4 年，所有的蒸汽发生器 每两年，一半的蒸汽发生器
日本	在役前所有传热管 抗振条的插入深度	如果无泄漏无缺陷，30% 如果有任何泄漏或缺陷，100%	如果无泄漏和缺陷，每两年 如果有泄漏或缺陷，每年

续表

	基准检查	被检查的传热管数量	检查间隔
斯洛文尼亚	在役前所有传热管	100%采用 Bobbin 探头和所有报告过的显示，环形过渡和向内弯的变形线圈	每次停堆换料
西班牙	在役前所有传热管	如果易受腐蚀的传热管：100%用 Bobbin 探头对所有缺陷显示和用 RPC 探头对环形过渡区 如果不易受腐蚀传热管：9%～20%	每次停堆换料
瑞典	在役前所有传热管	15%～17%全长度的随机取样 100%热段管板 其他挑选出的区域的 20%～100%	每年
瑞士	运行满一年后所有传热管	如果易受影响的传热管： —检查热段通过 U 型区域到冷段管板支撑板 —全检查 如果不易受影响的传热管：所有传热管的 5.5%的随机取样	每次停运 每 3 年 每 3 年

各国传热管检查的要求有所差别是因为：

(1) 不同蒸汽发生器的设计和材料以及特定的厂址受不同类型降质的影响。某些类型的降质相较于其他类型更为容易检测或产生的安全后果程度较轻。

(2) 通过检查与在役导则要求的恰当配合来维持蒸汽发生器和反应堆的安全水平。一些国家选择更多的适当的在役准则和更少的检查。另一些国家选择更少的适当的在役导则(从而在维修上节约开支)和更多的检查。一些国家在两方面较之于其他国家都更多或更少。随着问题的发展检查的频率和程度常会增长。

(3) 一些国家比其他国家愿意承受更大的风险。

不同国家关于在役准则的补充信息见 8.3 节。

8.1.1 美国传热管检查要求

美国核电厂蒸汽发生器传热管检查要求包含在核电厂技术规范内，技术规范是由核电厂准备，由 NRC 批准的。最初，这些检查要求一般遵循管理导则 RG1.83 中的指南。这些指南结构如下：引言、设备和程序、基准检查、样本选择、补充采样、检查间隔、接受限值、纠正措施。总之，蒸汽发生器的设计必须有足够途径便于检查、堵管。应在在役之前、任何二回路侧水化学变化之后对所有传热管进行基准检查。每个蒸汽发生器中至少 3%的传热管应在第一次检查中进行全长度试验，时间应在 6 个有效满功率月之后，24 个日历月之内。后续检查应不少于 12 或不超过 24 个日历月，并检查一个蒸汽发生器内所有传热管 3%的管子。之前检查发现有缺陷显示(大于 20%壁厚)的所有未进行堵管的管子应进行检查。如果任何缺陷显示大于 20%或如果之前缺陷增长大于 10%，剩余的蒸汽发生器必须进行检查。

如果超过10%的检查显示出缺陷深度大于20%或一个或多个管子必须进行堵管(大于40%)，则需对另外3%的管子进行检查。如果另外检查发现超过10%管子出现一个或多个缺陷，必须堵管，并在每个蒸汽发生器中需要检查额外的6%的管子。如果两次连续的检查结果是不超过10%的受检管子有缺陷显示(大于20%)和前次检查的缺陷(小于10%)没有进一步的扩展，检查应延长至40个月的周期。在一回路向二回路冷却剂系统的泄漏超过技术规范或各种设计基准事故(地震、丧失冷却剂、主蒸汽或给水管线破裂)限值之后进行非计划检查。

在20世纪80年代早期，美国核电厂蒸汽发生器传热管检查取样选择方法见表8-2。

表8-2　美国蒸汽发生器传热管检查要求

<table>
<tr><th rowspan="2">取样数量</th><th colspan="2">第一次检查</th><th colspan="2">第二次检查</th><th colspan="2">第三次检查</th></tr>
<tr><th>结果</th><th>要求采取的行动</th><th>结果</th><th>要求采取的行动</th><th>结果</th><th>要求采取的行动</th></tr>
<tr><td rowspan="9">每一蒸汽发生器最少S根传热管</td><td>C-1</td><td>无</td><td>缺省项</td><td>缺省项</td><td>缺省项</td><td>缺省项</td></tr>
<tr><td rowspan="5">C-2</td><td rowspan="5">将有缺陷的管子进行堵管或者衬管处理，并对该蒸汽发生器增加2S根传热管检查数量</td><td>C-1</td><td>无</td><td>缺省项</td><td>缺省项</td></tr>
<tr><td rowspan="3">C-2</td><td rowspan="3">对有缺陷的管子进行堵管或者衬管并对该蒸汽发生器额外检查4S根管子</td><td>C-1</td><td>无</td></tr>
<tr><td>C-2</td><td>对缺陷的管子堵管或者衬管</td></tr>
<tr><td>C-3</td><td>针对第一次样本的C-3结果执行行动</td></tr>
<tr><td>C-3</td><td></td><td>缺省项</td><td>缺省项</td></tr>
<tr><td rowspan="3">C-3</td><td rowspan="3">对该蒸汽发生器所有传热管进行检查，对缺陷的管子堵管或者衬管，并对其他每个蒸汽发生器的2S根管子检查</td><td>所有其他蒸汽发生器检查结果为C-1</td><td>无</td><td>缺省项</td><td>缺省项</td></tr>
<tr><td>一些蒸汽发生器检查结果为C-2，但没有其他蒸汽发生器为C-3</td><td>针对第一次样本的C-2结果执行行动</td><td>缺省项</td><td>缺省项</td></tr>
<tr><td>其他的蒸汽发生器检查为C-3</td><td>检查所有蒸汽发生器的全部管子，对有缺陷的管子进行堵管或衬管</td><td>缺省项</td><td>缺省项</td></tr>
</table>

注：$S=3N/n\%$。其中，N为一个机组内蒸汽发生器的数量；n为被检查的蒸汽发生器数量。

每次在役检查中传热管包括每个机组的所有蒸汽发生器至少3%的传热管，受检的传热管是随机选择的，以下除外：

(1) 在对同类型水化学运行经验的核电厂的关键区域来检查，在这些关键区域选择至少50%的受检传热管。

(2) 传热管检查首先要选择以下区域的管子：之前在役检查发现超过壁厚20%的缺陷；在有明显潜在问题区域的传热管；严重降质的传热管周围。每个样本检查的结果归类在以下三种类别之中(见表 8-3)。

表 8-3 样本检查结果归类

类别	检查结果
C-1	不到 5%的被检查管子中有降质的,以及被检查的管子中没有发现任何缺陷
C-2	一个或多个传热管有缺陷,但不超过被检查传热管总数的 1%,或者 5%~10%的被检查传热管有降质
C-3	所有被检查传热管中超过 10%降质或超过 1%的被检查传热管存有缺陷

降质的传热管是指缺陷迹象超过或等于 20%的正常管壁厚度,但降质厚度小于有缺陷的传热管,包括最后一次检查后显示超过 10%额外管壁厚度渗透缺陷的传热管。有缺陷的传热管一般是指缺陷迹象显示超过或等于堵管或维修限值的管子。

在表 8-1 中确定的最先要进行抽样检查的,要求对每个传热管进行全面的端到端的检验。之后要抽样进行局部检查的传热管包括:

(1) 从之前发现过缺陷的传热管与管板的那些区域抽取样本;

(2) 检查那些之前发现缺陷的传热管的部分。

执行在役检查的间隔应距离前次检查不少于 12 个月,不超过 24 个公历月。如果两次连续检查,不包括役前检查,所有检查结果为 C-1 类或如果两次连续检查证明之前观察到的降质没有重复并且没有新的降质发生,检查间隔可以延长至最大 40 个月。如果在役检查结果符合表 8-1 中的 40 个月且归于 C-3,检查频率应延长至每 20 个月一次。另外,在符合以下情况时能够开展非计划在役检查:一回路到二回路传热管泄漏(不包括传热管与管板间焊缝的泄漏)超过技术规范限值;发生地震超过运行基准地震;丧失冷却剂事故要求专设安全设施动作;主蒸汽管道或给水管线破裂。

在拥有 4 台蒸汽发生器(西屋公司设计 4 环路反应堆)的机组第一次停运期间对两个蒸汽发生器进行检查,然后在第二次和之后的停运期间对一台蒸汽发生器进行检查,如果出现表 8-2 中的降质则要求额外的检查。西屋公司设计的 2 环路和 3 环路反应堆和燃烧工程公司设计的反应堆在第一次和之后的停运期间仅需要对一台蒸汽发生器进行检查,除非出现表 8-2 中要求的额外检查。

如果对于在传热管支撑板上 ODSCC 采用在役导则,反应堆技术规范会要求进行更多的综合检查,包括对所有管子支撑板交叉处的检查、Bobbin 探头检查、对所有冷管交叉处延至有 ODSCC 的最低冷管支撑板检查、20%的传热管全长度检查。另外,所有 Bobbin 探头显示超过 1.0 V(19 mm 直径的传热管)或 2.0 V(22 mm 直径的传热管)要求进行 RPC 探头检查。传热管与支撑板间要求用 RPC 检查,但会有以下情况:① 来自铜沉积物的干扰信号;② 信号削弱超过 5 V;③ 大的混合残差。

8.1.2 捷克传热管检查要求

捷克监管机构要求在运行前进行基准检查,然后每 4 年对每个蒸汽发生器至少 10%的传热管进行全长度检查(每 4 年对每个 VVER-440 机组的 6 个蒸汽发生器中的每一个进行检查)。然而,目前的实践是检查来自热集流管一侧的所有传热管和来自冷集流管一侧的 50%的传热管。

8.1.3　法国传热管检查要求

法国监管当局要求在运行前进行基准检查，每两年至少一次周期检查以及每10年综合检查(大概100%的全长度的传热管)。EDF导则针对敏感的600合金传热管蒸汽发生器，要求在每次停堆时对热端滚轧过渡区和在役U型管第一排进行100%检查，以及在每个其他停运时对热管支撑板和泥渣堆积区每个其他耗蚀的管子100%检查，在下个停运期间后续检查。滚轧过渡区域和小半径U型管检查必须采用RPC涡流设备。传热管支撑板和泥渣堆积区的检查采用Bobbin探头涡流设备。

8.1.4　德国传热管检查要求

德国关于蒸汽发生器传热管检查的范围和频率在KTA 3201.4中表述。每个蒸汽发生器的10%传热管必须每4年彻底检查，每两年一半的蒸汽发生器必须进行检查。然而，实际检查更为频繁，许多西门子的蒸汽发生器在超过寿期的每个运行循环内都进行了检查。

8.1.5　日本传热管检查要求

日本要求在蒸汽发生器没有泄漏和传热管降质情况下每隔一年对30%的传热管进行检查。如果检查出任何一回路向二回路冷却剂系统泄漏或任何传热管缺陷，每年对100%传热管进行检查。每次检查前，蒸汽发生器传热管经受最大达13.8 MPa(2 000 psi)的不同压力测试来打开紧闭的裂纹，使其更容易检测。在管板区域上方使用Bobbin探头。在大多数蒸汽发生器的热管管板区域采用8×1涡流探头来探测环缝焊接的降质。在反应堆的管板区域采用RPC涡流设备来探测腐蚀。

8.1.6　俄罗斯传热管检查要求

俄罗斯当发现一回路冷却剂向二回路冷却剂系统泄漏时开展蒸汽发生器传热管检查。所有传热管采用“目视观察和hydro-luminescent”的办法进行检查。许多俄罗斯核电厂引进了涡流检查，幅值大于2.0 V，对涡流检查目前暂无法规要求。一回路向二回路泄漏速率采用^{24}Na装置来检测。

8.1.7　斯洛文尼亚传热管检查要求

最初，斯洛文尼亚是执行US NRC RG1.83中概述的取样程序。然而，两个蒸汽发生器的实例引发了更为广泛的检查。目前的实践是所有传热管采用Bobbin探头探查的方法进行全长度检查。另外，在所有1和2排的弯段和热管过渡区域采用多频RPC探头进行检查。在传热管支撑板上的Bobbin探头显示同样采用多频RPC探头来再检查。预热器部分(冷管)的膨胀管同样采用RPC探头进行检查。每次换料停运期间进行一次综合检查。所有衬管和衬管周围传热管区域同样在每次换料停运期间进行检查。并且，采用超声波基本检查确认衬管到传热管间焊缝的质量。随后的检查采用I线圈和plus-point涡流探头。

8.1.8　西班牙传热管检查要求

西班牙对所有采用敏感材料的蒸汽发生器需在每次换料停运期间进行检查。采用

Bobbin 探头涡流装置对 100%的传热管进行全长度的检查。所有传热管管板区域和所有 Bobbin 探头检测到的显示同样采用 RPC 涡流探头来进行检查。对采用极不敏感材料的蒸汽发生器很少进行检查。比如:一个核电厂的西屋 F 型蒸汽发生器仅有 20%的热处理 600 合金传热管采用 Bobbin 探头在每个停运期间进行全长度检查,增加一个随机样本采用 RPC 涡流探头(F 型具有不锈钢四叶片型支撑板)进行检查。在另一个采用 800 M 合金传热管的核电厂,每次停运期间对 9%的传热管进行全长度检查。

8.1.9 瑞典传热管检查要求

在瑞典,每年对 15%～17%的所有传热管的随机样本采用 Bobbin 探头涡电流装置进行全长度检查。另外,对特定的区域(滚轧过渡区,传热管支撑板)的 20%～100%传热管进行一个扩展的检查。扩展的检查包括 100%的热管支撑板区域。瑞典监管机构必须见证检查。

8.1.10 瑞士传热管检查要求

瑞士核电厂(NOK)计划对他们采用 690TT 合金传热管(不易受降质影响)的蒸汽发生器在运行一年后进行一个 100%的检查,然后每三年对所有传热管的 5.5%随机取样必须进行检查。除了每三年一次全面检查,所有采用 600 合金的较旧的蒸汽发生器的传热管在热管段一侧,从 U 型管区域到冷段上的第六个支撑板每次停运都进行检查。这些检查采用多频 Bobbin 探头涡流,用 RPC 探头对第 1、2 排的 U 型管以及管板中的缺陷迹象(包括环形过渡区域)进行检查。瑞士监管机构必须见证检查。

8.1.11 EPRI 传热管检查建议

当 EPRI 为在环形过渡区域的缺陷使用选择性的在役导则时,EPRI 建议在每个计划停堆检查期间对所有在役热段管胀接区域进行一个 RPC 涡流检查。当 EPRI 为在传热管支撑板区域的缺陷使用选择性的在役导则时,EPRI 建议在每个停运期间对所有有缺陷迹象的传热管与支撑板交叉处进行 Bobbin 探头检查。为识别缺陷,建议对采用 Bobbin 探头电压低于传热管维修限值的传热管取样,用 RPC 补充检查。

需注意的是 US NRC 在对环形过渡区域的缺陷不接受 EPRI 的在役导则,因此,美国核电厂技术规范内一般不包括 EPRI 的关于缺陷类型和位置的传热管检查建议。US NRC 接受在传热管支撑板(见 8.3.2 节)上的 ODSCC 的一定选择性的在役导则,但要求比 EPRI 的建议更广泛的检查,如 8.1.1 节讨论。

8.1.12 中国传热管检查要求

根据中华人民共和国核行业标准 EJ/T 884—94 的要求,核电厂在运行前要进行基准检查,所有蒸汽发生器的全部传热管皆须经过涡流检查或其他检查方法的补充检查,以确定管子的基本状况,作为以后在役检查结果的比较依据。因此,役前检查所用的方法、技术和设备必须与在役检查时相同。对于运行核电厂,当二回路水化学处理有重大变更时(例如,磷酸盐处理改变为全挥发性处理),在恢复功率运行前也进行基准检查。

对核电厂进行第一次在役检查时,应检查每台蒸汽发生器,受检管子数为每台管子总数的 3%，如果蒸汽发生器按同样方式运行，以后的在役检查可按计划轮流在一台蒸汽发生器进行，受检管子数为所有蒸汽发生器管子总数的 3%。在某些情况下，一台或者多台蒸汽发生器的运行条件比其他蒸汽发生器运行条件更为恶劣，则应检查运行条件最恶劣的蒸汽发生器。

受检管子按随机取样，但必须包括：

(1) 已知管壁减薄超过管子名义厚度的 20%的所有管子；

(2) 经验表明易于发生降质区域的管子；

(3) 如果有同类型核电厂的运行资料，则在这类核电厂蒸汽发生器管子发生破裂的区域中，至少选取 50%的受检管子数。

管子因缺陷引起的泄漏超过极限泄漏率时，在泄漏附近区域的受检管子数为每台蒸汽发生器管子总数的 3%。

对于以下情况应进行追加检查：

(1) 任何一次检查过程中，如果蒸汽发生器内受检的 3%取样管中有 10%以上出现深度大于名义厚度 20%的欠缺管子，就必须检查 3%的管子，这些管子应该从曾探测出有欠缺管子的区域中取样。此外要对其余蒸汽发生器中 3%的管子进行类似的追加检查。

(2) 如(1)所述的另外检查标明任何一台蒸汽发生器被检的管子中 10%以上出现深度大于名义壁厚 20%欠缺管子，则应对所有蒸汽发生器再追加检查 3%的管子。

(3) 如(2)所述的再检查标明任何一台蒸汽发生器被检的管子中有 10%以上出现深度大于名义壁厚 20%的欠缺管子，则应对结果进行审查。

在役检查在换料停堆或核电厂维修停堆时进行。第一次在役检查应在 6 个有效满功率月之后，并应该在 24 个月之前进行。第二次在役检查在第一次在役检查后的 1～2 年内可以在同一批管子上或其他管子上进行。第三次和以后在役检查均在前一次检查后 3～4 年内以类似方式进行。发生下列事故后，均应进行计划外检查：

(1) 蒸汽发生器一次侧向二次侧的泄漏率超过极限泄漏率；

(2) 发生大于设计基准地震的地震；

(3) 伴随有启动专设安全设施的一回路失水事故；

(4) 有一条主蒸汽管道或给水管道破裂。

8.2 传热管维修准则

必须维修或拆除过分损坏的蒸汽发生器传热管以防止：

(1) 一个或多个传热管破裂；

(2) 一回路向二回路严重泄漏。

然而，一直以来存在的问题是降质机理以及降质的传热管是否仍可满足使用要求。许多最早期出版的美国联邦法规中的准则以及 ASME 压力容器和锅炉的准则，会在 8.2.1 节中讨论。ASME 规范说明了对于 U 型蒸汽发生器，容许外直径缺陷小于传热管壁的 40%。该类型的准则最初应用于大多数拥有 PWR 或 CANDU 堆的国家。然而，其他准则若被监管机构允许则可被 ASME 规范认可，US RG1.121 提供了有关如何开发其他可替换的准则的导则。基本上，有四项必须处理：

(1) 可确保损害传热管稳定性(分析和试验验证)的最大(临界)缺陷尺寸;

(2) 直到下次检查缺陷的扩展速度;

(3) 探测临界尺寸缺陷的检测方法的能力;

(4) 临界尺寸缺陷的检测方法的准确性。

在最近几年,一些国家发现最初的 ASME 规范过度保守且不可变通,因此已发展了在役准则或进行了修订。尽管大多数国家采用的在役准则是依照 RG1.121 中的通用导则,但在实施上有大量不同。目前已实施的维修准则可分为两类:通用准则以及缺陷类型和位置相关的具体准则。两种类型的在役准则在下面都会简要介绍,在 8.3 节中会更详细地进行讨论。

8.2.1 通用的在役准则

(1) 无裂缝

最简单、最直接和最保守的通用方法是确定一个最小的探测阈值,定期检查所有传热管,维修所有超过噪声级显示的传热管,以确定此处没有泄漏(有任何泄漏,反应堆应停堆并进行传热管检查)。然而,这个方法不能帮助改进检查和泄漏探测方法。

(2) 壁厚

最广泛应用的在役准则是最小管壁厚度准则(ASME 中规定的数值或其他值)。确定最小管壁厚度值时,假设绕传热管周长方向厚度一致,计算管壁厚度时,假设负载具有适当的裕度。一般来说,完成一个塑性载荷极限分析采用传热管的裕度在正常工况下安全系数为 3,事故工况下该系数为 1.43。因为不期望发生贯穿性缺陷,所以不要求计算泄漏率。最小管壁厚度准则对一些降质机理比较适用,比如松散部件磨损、耗蚀等。然而,最小管壁厚度准则对于小的缺陷比如点状腐蚀、传热管支撑板轴向 ODSCC 等过分保守。

8.2.2 缺陷类型和位置相关的具体准则

一些国家出现了管板内的 PWSCC、支撑板内的轴向 ODSCC 传热管降质,这使他们开始发展与缺陷类型和位置相关的具体准则。这些准则是为了降低蒸汽发生器维修的范围,或通过减少通用准则不必要的保守性在不牺牲反应堆安全前提下进行堵管。至今,有四组缺陷具体维修准则在应用。

(1) P^* 和 F^* 准则

在管板膨胀区的传热管裂缝可能不会爆裂,可能也不会泄漏,此准则只适用于部分和全部管板深度膨胀的传热管,对管板区域有裂缝的传热管不论缺陷尺寸如何,都不需维修,仍可使用。但裂缝必须低于管板顶部或距环形过渡区的底部有一定距离。全长度滚轧蒸汽发生器的典型的 F^* 距离是 38~51 mm(准确的 F^* 距离是考虑需要抵消传热管拔出力的膨胀的长度来确定的)。典型的 P^* 距离是 32~38 mm,它是考虑其他传热管阻止传热管拔出的能力来确定的(传热管管板厚度一般在 525~610 mm 之间)。

(2) 在残余应力主导的胀接过渡区域的轴向 PWSCC 裂缝长度准则

这种类型的维修限值已进行开发,已在许多欧洲国家如法国、比利时、西班牙、瑞典、斯洛文尼亚得到应用。轴向裂纹位于靠近管板顶部但尺寸较短,大概 10 mm(3/4 传热管)或 13 mm(7/8 传热管),即使贯通仍可以保持使用。该准则的应用要求能够检测和量出轴向裂纹长度的特殊检查技术。

主要的基本假设是 600 合金是非常有韧性的。因此，相当短的贯穿轴向裂缝慢慢地扩展(典型的为每年 1 mm)并不会趋于导致灾难性的传热管失效。简单的分析模型(举例来说，Erdogan 1976，应用见 Flesch 和 Cochet 1990)与试验结果十分匹配，能够获得临界裂缝长度的可靠性预测。裂缝增长预测建立在保守检查结果的统计分析基础上。用拔出传热管的金相检查结果来确定检查方法的准确性。

在实验室对不同尺寸裂缝的传热管的泄漏进行了测量。结果大概为临界长度的单一的贯穿裂缝的泄漏率不超过 70 L/h(0.3 加仑/min)。因此，要选择更小的运行泄漏率限值(低于每个蒸汽发生器 70 L/h)和在线泄漏率检测(例如氮-16)来确保安全运行。

瑞典对这个准则的应用有一个非常有趣的特点。基于概率风险评价分析选择维修限值的最终值。根据可接受的低的堆芯融化概率，将一个蒸汽管线破裂可能性设置为 1%。

(3) 轴向 PWSCC 的破前漏的风险准则

这种方法起源于法国，与裂缝长度准则相似。在早期应用阶段，泄漏检测被认为与传热管检查一样可靠。仅对传热管取样进行检查，而没被检查的可通过氮-16 在线泄漏检测器进行可靠的检测。然而，一些长裂缝紧密的缝隙，可造成泄漏率预测的不可靠。因此目前的趋势是增加检查，将泄漏检测作为一个额外附加的安全设备。

(4) 传热管支撑板上 ODSCC 的电压准则

ODSCC 非常复杂的形态迫使行业采取一个统计学方法。Bobbin 探头信号幅值的检查方法已经用来检验缺陷严重性。基于拉出的降质传热管和实验室的取样，两项统计为：① Bobbin探头信号振幅与传热管的破裂压力的关系；② Bobbin 探头信号与泄漏率(一个传热管中的单独缺陷)的关系。第一步是确定破裂压力与缺陷的发展和检查不确定性的关系式来确定结构维修限值。泄漏率与蒸汽发生器之中的缺陷相关，为缺陷发展的修正值和检查不确定性提供了一个在假设事故工况下(例如：蒸汽管线破裂)的总的泄漏率的估计。如果总的泄漏率超过预先确定的允许值，核电厂操纵员有以下选择：

1) 维修或退役(堵管)额外的传热管；

2) 降低反应堆冷却剂系统活化限值；

3) 减小检查间隔。

结果，维修限值取决于蒸汽发生器的工况、缺陷的增长速率、冷却剂活化水平和其他因素，在每次检查和维修中会更新矫正。

需注意的是电压准则区别于其他准则的地方不是基于机械描述或缺陷模型。相对简单相关的从检查中得到的一个选定的参数，可推出试验结果(破裂压力和泄漏率测量值)。

表 8-4 中给出每组维修准则的重要参数之间的比较。

表 8-4　当前适用的维修准则

	通用准则		缺陷具体准则			
参数	无缺陷、无裂纹	壁厚	P^* 和 F^*(全长度、轧制管)	裂纹长度(轴向 PWSCC)	破前漏(轴向 PWSCC)	电压准则(传热管支撑板的 ODSCC)

续表

	通用准则		缺陷具体准则			
维修限值（测量缺陷的严重程度）	缺省值	剩余壁厚 40%～50%	到 TS 顶部的距离 > 38 ～76 mm	裂纹长度 <10 mm（3/4 英寸管）<13 mm（7/8 英寸管）	裂纹长度和泄漏率 <13 mm（7/8 英寸管）	信号振幅 1～15 V
检查						
方法	充分检查降质机理	Bobbin	Bobbin	RPC，UT	RPC	Bobbin，RPC 验证
范围（最小）	100%	3%	100%（TS）	100%（TS 顶部）	12%（TS 顶部）	100%Bobbin
周期（最大）	1 年	3 年	1 年	1～2 年	1 年	1 年
通过缺陷的泄露						
监测要求	采样，在线	采样	采样	在线	在线	在线
对维修限值的影响	无	无	无	无	无	有
每台 SG 的典型运行限值（技术规范）	0	3.8 L/min（1 加仑/min）	3.8 L/min（1 加仑/min）	<1.9 L/min（0.5 加仑/min）	<0.4 L/min（0.1 加仑/min）	<1.9 L/min（0.5 加仑/min）
破裂						
结构模型	与设计相同	与设计相同	通过 TS 加固	塑性极限负荷破裂前泄露	塑性极限负荷	无结构模型
正常运行时的裕度	设计值	>3	有裕度避免传热管抽出	>3	>3	3，95%置信度
假想事故下的裕度	设计值	>1.4	避免传热管抽出	>1.4	>1.4	1.4，95%置信度
SLB 条件下	设计值	设计值	抽出	破裂，泄露	破裂，泄露	破裂，泄露

8.3 不同国家传热管在役导则

本节的目的是回顾和讨论不同国家的蒸汽发生器在役要求，概括地描述他们的应用情况，这些国家包括比利时、加拿大、法国、德国、日本、俄罗斯、斯洛文尼亚、西班牙、瑞典、瑞士和美国。首先讨论了美国在役导则，因为其他国家参考美国导则并修改各自在役导则。其他国家的基准和改进方法总结于表 8-5。

表 8-5　各国在役导则

基　　准	应　　用	国家
1. 无缺陷裂纹或泄漏	• 管壁减薄不超过 20%,缺陷不超过噪声级	日本
2. 计算获得的限定尺寸的裂纹在正常运行和事故工况下不会发生	• 正常运行时安全系数采用 3,事故工况下采用 1.4,保守采用 1.5 • 管壁减薄 40%	美国 加拿大
3. 计算获得的限定尺寸的裂纹在正常运行和事故工况下不会发生	• 正常运行时安全系数采用 2.7,事故工况下采用 1.43 • 壁厚减薄 50%	德国
4. 限定尺寸的裂纹在正常运行和事故工况下预计不会发生	• 正常运行时安全系数采用 3,事故工况下最佳估算值为 1.4～1.5;或保守计算下无安全系数;采用最保守结果	比利时 斯洛文尼亚
5. 限定尺寸的裂纹在事故工况下发生传热管破裂的概率很低	• 保守分析降质机理(降质管理)——无确定的安全系数,进行检查 • 依赖氮-16 泄漏检测系统	法国
6. 限定尺寸的裂纹在正常运行和事故工况下应该不会发生	• 采用保守分析方法,100%检查受影响区域和严格的泄漏率限值	西班牙
7. 基于允许蒸汽管线破裂期间传热管存在破裂风险设置缺陷尺寸	• 对每个缺陷评估破裂的可能性,要求所有缺陷的总和低于允许值(约 1%)	瑞典
8. 无泄漏,可探测到的裂纹	• 对任何可探测到的缺陷进行堵管	俄罗斯
9. 保证全部缺陷总的泄漏量满足剂量限值(正常运行和事故工况)	• 评估全部出现在间隔端部的缺陷的泄漏量,确保总的泄漏量明显低于核电厂剂量限值	加拿大 美国 比利时 斯洛文尼亚 瑞典

8.3.1　美国监管实践和在役导则

美国联邦法规 10 CFR 50 附录 A 要求① 美国核电厂业主保证他们的反应堆冷却剂压力边界不正常泄漏、严重蔓延的失效和明显的破裂只有极低概率;② 反应堆冷却剂系统和关联的辅助、控制和保护系统设计有足够裕量来保证在正常运行,包括预期运行瞬态期间不超过反应堆冷却剂压力边界的设计条件。10 CFR 50 也引用 ASME 规范,包括对蒸汽发生器传热管有具体检查要求的第十四节和适用于蒸汽发生器传热管爆裂或破裂的分析的通用设计导则的第三章。对蒸汽发生器传热管的检查在每个核电厂技术规范中有详细的要求,是申请反应堆执照的一部分,常常写入 USNRC 标准技术规范。

ASME 准则第十一卷的 IWB-3521.1 声明,U 型管蒸汽发生器的传热管内可容许的外直径裂缝应不超过传热管管壁厚度的 40%。一些美国核电厂在他们的技术规范内有此准则。然而,如果得到 NRC 的批准并且一些美国核电厂在他们的技术规范中采用更高值,那么第四节的 IWB-3630 允许采用可替代的准则。比如，在 1、2 号机组，除了一般的管壁变薄，大多数缺陷采用了 50％壁厚标准；在 San Onofre 2、3 号机组(南加利福尼亚州爱迪生公司 1982)的所有缺陷采用 44％壁厚标准。

ASME 第三卷的附录 F 的 F-1341.4，限制外加负载到塑性不稳定负载的 0.7 倍，塑性不稳定负载是由弹塑性分析或测试决定的。塑性不稳定负载在第三卷 NB-3213.26 中定义为在没有增加负载情况下发生不受限制的塑性变形的负载值。这与设计基准事故负载(例如一个主蒸汽管线破裂时施加的负载)的安全系数 1.0/0.7＝1.43 相符合。如果假设蒸汽发生器传热管特性像奥氏体不锈钢管，这是合理的近似，ASME 第十一卷的 IWB-3642 可用来确定安全系数。正常负载安全系数为 3，事故负载为 1.5。

在 RG1.121(NRC 1976)中向美国核电厂业主提供了详细的在役导则。然而，需注意的是 NRC 监管导则不具有强制性，适用于核电厂的法律要求在他们的技术规范中，技术规范是由 NRC 审查和批准的。RG1.121 建议制订在役限值需考虑三个方面：第一，保证在正常运行工况和假设事故工况下有缺陷的传热管能够维持施加负载的最小传热管壁厚度；第二，检查之间的降质运行裕量；第三，满足执照者技术规范(NRC 1976)许可的每个蒸汽发生器泄漏限值的裂缝尺寸。

最小可接受的壁厚定义如下：

(1) 正常运行期间部分贯穿降质的传热管没有承受超过弹性范围的压力；

(2) 正常运行期间安全裕度至少为 3，以应对传热管破裂或爆裂；

(3) 设计基准事故(ASME，第三卷，NB-3225 和 F-1341.4)期间至少有 1.43 的安全裕度应对传热管破裂或爆裂；

(4) 任何一回路向二回路泄漏率的增加必须足够平缓以能够在传热管破裂前采取纠正的措施。

评估运行裕量(补偿下次运行周期内降质的总壁厚的份额)采用的方法应基于持续降质速率的评估和测量误差的考虑。“剩余传热管壁厚减小到小于最小可接受的传热管管壁厚度加运行降质裕量定为不可接受的缺陷”，有这样的不可接受缺陷的传热管“应堵管”(NRC 1976)。RG1.121 也建议采用保守分析模型建立最小可接受的传热管管壁厚度。管壁厚度必须满足上面讨论的 ASME 的设计限值，有缺陷的传热管的压力计算在设计基准事故期间必须考虑所有压力和变形。在采用可替代的在役导则时，必须向 NRC 提供所完成的分析汇总。

RG1.121 也建议修正技术规范中一回路向二回路泄漏速率，在正常运行期间可接受的泄漏率不超过“从最大单一允许长度的裂缝理论和试验得出确定的泄漏率”，如果裂缝突然蔓延可采取补救措施。泄漏率应小于基于机组边界辐射剂量对应的可接受泄漏率。尽管 RG1.121 中未包括，但在美国的实践确保所有一回路泄漏的总和将不超过设计基准事故期间 10CFR100 设置的机组剂量限值，特别是对于主蒸汽管线破裂事故。

8.3.2　美国传热管支撑板上外径 IGSCC/IGA 的在役导则

俄勒冈州波特兰附近的 Trojan 核电厂的蒸汽发生器传热管位于传热管支撑板的位置发生严重的外径 IGSCC/IGA(晶间应力腐蚀/晶间腐蚀)损坏。由于大量传热管存在可疑的显示，Trojan 核电厂工作人员最终决定使用基于 Bobbin 探头涡流电压的补充在役导则，限制要求修复或堵管(西屋 1991)的传热管数量。这涉及 Bobbin 探头涡流电压和破裂电压的关联关系。西屋公司开展试验工作,对压水堆中取样的传热管和模型锅炉中的传热管在室温没有支撑板加固的情况下测试,结果建立采用合金 600 的蒸汽发生器运行温度。建立了一个 95%以下的曲线,压力相当于① 正常运行时管壁厚度方向压差的 3 倍;② 主蒸汽管线破裂时压降的 1.43 倍。在下个运行循环期间电压的预期增长率的计算是根据经验,从破裂相关结果中减去,保留测量不确定性(分析、探头耗蚀、校准用标准)的裕量。由于增长率的不确定性和该种类型导则的有限经验,Bobbin 探头涡流电压选择 1.0 V。

Trojan 核电厂补充在役导则要求了大量的检查项目。在下个停运期间采用 Bobbin 探头涡流电压检查所有的传热管。所有缺陷显示和直到第五块支撑板的交接区,将采用 RPC 设备对传热管支撑板进行检查。当 Bobbin 探头涡流电压信号为"可能显示",RPC 信号有时不同于本底噪声,要谨慎做出决定。为了能够确保检测出 Trojan 核电厂外径 IGSCC/IGA 缺陷,一次侧向二次侧冷却剂系统泄漏减少至每蒸汽发生器每天 492 L,所有 4 台蒸汽发生器每天 1 514 L,氮-16 监测器安装在主蒸汽管线上。EPRI 委任美国一个委员会和蒸汽发生器传热管降质方面的专家建议针对外径 IGSCC/IGA 缺陷采用补充在役导则。他们的方法与 NRC RG1.121 和 ASME 第三卷相一致,但基于实验方法决定的电压限值,如下:

$$V = V_{SL} - V_{NDE} - V_{CG}$$

式中:V——需要维修的电压限值;

V_{SL}——管子破裂时 Bobbin 探头涡流测得的电压;

V_{NDE}——测量误差;

V_{CG}——下次循环内预期裂纹扩展而产生的电压增长值。

V_{NDE}和 V_{SL} 来自于 EPRI 数据库,V_{CG} 基于 EPRI 的反应堆具体数据或恒定值。所有 Bobbin 探头涡流电压大于计算限值的缺陷都要维修。

为了确定破裂压力对 Bobbin 探头涡流电压关联式,EPRI 处理了反应堆中取样的传热管和直径为 3/4 英寸和 7/8 英寸的模型锅炉传热管的结果。破裂测试是在室温下进行,并且没有传热管支撑板。没有用传热管支撑板进行加固是因为方格形和四叶片式传热管支撑没有能够对整个周围覆盖,在主蒸汽管线破裂事故期间传热管支撑板可能移动,从而露出裂缝。然后,测定了在预期间隔 95%以下相吻合的曲线,并使用已确定的与温度有关的机械性能下限,把这个曲线调整到 344 ℃(650 ℉)。测定了 Bobbin 探头电压的下限值(3 倍的正常运行压差或 1.43 倍的主蒸汽管道破裂压差)。发现了这个值对于 3/4 英寸管子是 4.0 V,对于 7/8 英寸管子是 4.5 V。

为了计算下个运行循环期间预期电压增长,评估 6 个核电厂的连续运行循环中的数据。计算了每座核电厂每种缺陷电压增长百分率和核电厂平均值,然后计算了大于所有核电厂平均值的平均增长率,这个值为 35%/有效满功率年。

确定了探头磨损与分析实验结果有关的测量不确定性。根据四孔标定标准经多次扫描得出,探头磨损在 0~0.5 mm 之间。标定标准按 ASME 规范第Ⅴ卷附录Ⅱ860.22 进行,确定标定标准偏差为 7%。对于一座核电厂管子支撑板区二次侧 IGSCC/IGA 的最大 592 个缺陷经 6 次分析评价,电压读数的标准偏差为 10.3%。然后对测量误差 20.5%计算了复合均方根误差。

使用上述 EPRI 值和 1.3-EFPY 的预期循环周期,修订的电压限值对 3/4 英寸管子是

2.4 V，对 7/8 英寸管子是 2.7 V。采用这些限值应要求 100%用 Bobbin 探头进行涡流检查，并对二次侧 IGSCC/IGA 缺陷管用 RPC 探头作补充涡流检查。

为了使用 EPRI 的电压准则，对设计基准事故时一次侧向二次侧的泄漏率必须做出估计。因而，EPRI 使泄漏率和泄漏概率与 Bobbin 探头的电压建立联系，这个电压值是通过抽取管子和模拟管子在估算主蒸汽管道破裂时压差 16.1 和 18.3 MPa 条件下做试验而得到的(不是所有管子都在这两种压差下试验，而是使用分析方法)。对于裂纹增长率和测量不确定性，使用最好的吻合曲线和标准偏差，蒙特卡罗(Monte-Carlo)分析可以计算下一个运行循环结束时的事故泄漏率(对于一定大小裂纹的泄漏率是由泄漏概率乘以泄漏率)。95/95 概率/可信度水平上限值的总和作为保守的上限泄漏概率，并与现场的限值进行比较。

同样，为了使破裂概率减到最小，EPRI 导则建议蒸汽发生器泄漏率从 1 893 L/d 减少到 568 L/d。

核管会对一些电力公司希望执行 EPRI 有关支撑板处 ODSCC 的补充在役导则提供了指导。虽然核管会批准了上述导则，但仍对关键参数进行了改进，并作了较多保守的限制。仅适用于西屋公司设计的 3/4 英寸和 7/8 英寸 600 合金的管子和钻孔型支撑板的蒸汽发生器，并限于支撑板处的轴向 ODSCC。

核管会的修理电压限值是：

(1) 22 mm(7/8 in)直径管子使用 Bobbin 探头，缺陷指示小于 2.0 V 可以保持在役。

(2) 19 mm(3/4 in)直径管子使用 Bobbin 探头，缺陷指示小于 1.0 V 可以保持在役。

(3) Bobbin 探头缺陷指示大于上述电压值，但小于用 EPRI 方法计算的电压上限，并随后用 RPC 探头检查没有确认这个缺陷指示，也可保持在役。

(4) 具有其他缺陷指示的管子必须进行修理(上限值以上，或上下限值之间并由 RPC 探头检查确认)。

按照 EPRI 在役导则确定修理电压上限，是通过对一组室温破裂电压用 Bobbin 探头得出的电压数据。首先确定 95%的预期下限，然后把这个下限换算以估计管材在 343 ℃(650 ℉)时的 95/95%允许下限。对主蒸汽管道破裂设计基准事故计算的压差的 1.4 倍为破裂压力，然后确定破裂时电压 V_{SL}。再对这个电压进行换算，计算下一个运行周期缺陷增长的电压增长值和测量误差。缺陷增长的电压增长值应根据核电厂在最近一次或二次运行周期检查或每个有效满功率年的 30%时的电压增长值。测量误差应考虑探头磨损和数据分析中的可变性，应该是 95%的累积概率值(约 20%)。

必须通过下列方法计算主蒸汽管道破裂事故期间的总泄漏：

(1) 确定 Bobbin 探头电压的频率分布；

(2) 根据预期的裂纹增长和估计的测量误差确定运行周期末的电压分布；

(3) 使用 Bobbin 探头电压指示的泄漏率的概率。

当然，总泄漏率必须在许可证允许范围内。运行开始的 Bobbin 探头电压频率分布必须根据 1/POD 因子按比例增加，以便计算未探测到的裂纹。这里的 POD 是 ODSCC 缺陷的探测概率，并假定为 0.6。然后用 Monte-Carlo 技术，根据上述的预期裂纹增长值和测量误差来预计从运行开始到结束的电压分布。一旦确定了预计的运行结束时的电压，泄漏就可以通过电压分布来计算，这是由① 经验的泄漏概率作为电压值的函数；② 经验的泄漏率作为电压值的函数。这些经验模式应根据 22 mm 或 19 mm 管子的实验数据进行开发。

执行以电压为基础的修理导则必须包括强化检查。Bobbin 探头涡流检查应包括所有热侧支撑板交接区和所有一直到最下面具有 ODSCC 缺陷的冷侧支撑板交接区。另外，20%管子应以 Bobbin 探头进行全长度检查。对所有 Bobbin 探头缺陷信号在 22 mm 直径管子超过 2.0 V，19 mm 直径管子超过 1.0 V 时应采用 RPC 探头进行检查。另外，在所有交接区具有：① 铜沉积的干扰信号；② 大于 5V 的凹坑信号；③ 大的混合型残余信号，均应用 RPC 探头进行检查。在这些交接区的检查中发现任何缺陷信号，对这些管子都应修理或堵管。Bobbin 探头应按电压基准方法所使用的标准进行标定，探头的磨损应进行控制，数据分析工作应同测量误差使用的方法相一致。

执行以电压为基础的修理导则也必须包括对管子的取管和试验方案。在首次执行时必须从每座核电厂蒸汽发生器中取出或堵管 2 根(至少有 4 处交接区)。以后在每次停堆时取出 1 根管子(至少有 2 处交接区)，管子应经历 34 个日历月的有效满功率运行，或是 3 次换料大修。取下的管子模拟在主蒸汽管道破裂情况下的泄漏和破裂试验。这些管子的交接区也必须进行破坏性试验以确认其降质是否是轴向 ODSCC 引起的。

执行以电压为基础的修理导则也必须包括降低泄漏限值到每天 568L(150 加仑)和合适的泄漏监督。有泄漏的传热管必须进行修理和堵管。

8.3.3 EPRI 建议的美国胀接过渡区内 PWSCC 的在役导则

一次侧应力腐蚀(PWSCC)已经在世界范围内压水堆蒸汽发生器全深度或部分深度胀接的胀接过渡区里发现。首批补充在役导则之一就是正在美国一些核电厂使用的 F^* 准则。F^* 准则适用于具有部分或全管板深度刚性胀接管子的蒸汽发生器。它允许在离胀接过渡区底部或管板顶部有一段距离的缺陷，不论其大小，都可以保持在役。F^* 准则的距离是考虑阻止传热管被拔出所需滚胀长度而确定的，一般在 38～50 mm。换句话说，F^* 准则已经用于蒸汽发生器传热管断裂或破裂可能性很低的区域，因为这种缺陷紧密地包围在管板内部。EPRI 委托美国和外国专家委员会，在蒸汽发生器维修项目中对具有 PWSCC 管子开发了 F^* 准则的在役导则。保持在役的最大允许轴向裂纹方程式表示如下：

$$A = a + a_{TS} - a_{CG} - a_{NDE}$$

式中：A——允许的裂纹长度；

a——从一个破裂相应关系中引出的裂纹长度；

a_{TS}——管板的修正；

a_{CG}——在下一个运行周期裂纹增长的允许值；

a_{NDE}——测量不确定因子。

为了开发破裂的相应关系(a 与破裂压力)，EPRI 收集了 BELGATOM 公司、法马通公司、法国电力公司、西屋公司和英国 CEGB 公司对 3/4 英寸和 7/8 英寸的管子所进行试验的结果。这些数据被规范化，并确定了边界方程，然后调整到蒸汽发生器的运行温度。

管板修正因子由 BELGATOM 开发，对于 3/4 英寸管子 a_{TS}值如下所示：

$0 < a < 4.5$ mm	$a_{TS} = 4.5$ mm
$4.5 < a < 18$ mm	$a_{TS} = 6.0 - a/3$ mm
18 mm $< a$	$a_{TS} = 0$

如果在胀接过渡区轴向裂纹相对较短，a_{TS}反映了管板的加强作用。

a_{CG}被确定为0.76 mm/EFPY，这是来自道益尔2号机组运行初期具有3～11 mm的裂纹长度数据(进口温度为330 ℃)。然而，还是建议使用特定核电厂的数据。a_{NDE}的确定，EPRI收集了真实裂纹长度与RPC探头测量的裂纹长度的比较结果，这些测量是由法国、比利时、瑞典、西班牙和美国等国所进行的。201个测量数据提供了下列关系：a_{NDE}估计为1.73 mm。

对于正常运行时的压降安全因子为3，设计基准事故时的压降安全因子为1.43，计算得到7/8 in管子临界裂纹长度为10.7 mm，要求对所有热侧胀管区的管子100%用RPC探头进行检查，并要求计算一次侧向二次侧的泄漏率。

为了使破裂概率减到最小，EPRI建议在正常运行期间把泄漏率定为每台蒸汽发生器568 L/d。美国核管会没有批准EPRI建议的胀接过渡区PWSCC的补充在役导则。

8.3.4 美国其他在役导则

在1981年印第安角3号机组由于大量的哈得逊河水进入二回路系统引起了严重的点蚀，于1981—1985年印第安角3号机组制订了另一个在役导则。在不同时间使用不同的传热管减薄极限：65%、50%、55%和63%。这些限值是根据对取管做破裂试验和下一个运行周期裂纹的增长值和测量误差等各种估算而得出的。在1985年印第安角机组返回到ASME的40%基准，对具有超过40%壁厚的缺陷的传热管要进行修理或堵管。

在1991年北安娜核电厂1号机组3台蒸汽发生器的传热管外表面出现了严重的周向IGSCC/IGA。这些缺陷位于管板胀接区和热侧管子支撑板的上面和下面。所有具有显著缺陷迹象的传热管都进行了堵管。然而，由于应力腐蚀破损程度迅速增长，电力公司决定在运行10个月的运行周期中间停机大修。为了证明正常18个日历月的燃料循环是合理的，电力公司抽取传热管做破裂试验，并重新评价以前NDE的数据，以便开发一个保守的裂纹增长关系(1991年50%的缺陷迹象在1989年就已检测出)。另外，进行了分析和试验，确定了在缺陷位置的疲劳是否是导致管子破裂的原因。尽管做了这些努力，电力公司还是决定在运行周期中间进行检查。电力公司断定检查结果显示出上次运行周期结束开发的模型过高估计了管板膨胀区缺陷的数量和大小，而对接近支撑板缺陷的数量和大小又估计不足。安娜1号机组在运行周期中间和随后的检查安排如下：100%全长度的Bobbin探头涡流检查，热侧管子100%用8×1探头检查；对接近管板顶部区100%用RPC探头进行检查；对使用Bobbin探头和8×1探头进行检查的所有缺陷迹象，都要以RPC探头作跟踪检查。

8.3.5 中国管理实践和在役导则

中国核安全管理当局要求所有缺陷管和超过堵管极限的管子都应进行堵管或衬管修理。堵管依据是通过分析和试验来确定传热管的不允许的降质和最小允许壁厚[11]。

对于降质的管子，堵管准则由营运单位制订，采用分析和试验来确定允许的最大降质值。此最大降质值所对应的管子破裂或压溃的载荷值，应与核设备设计规范所规定的安全系数一致。

最小允许壁厚应通过多种分析来确定管子结构完整性的设计准则，使得在正常运行工况下具有足够的安全系数，并能承担在假想事故工况下引起的压力和热载荷。假想事故工况包括极限安全地震动(SSE)伴随一回路失水事故、或伴随蒸汽管道破裂事故、或伴随给水管道破裂事故。

管子剩余的壁厚大于最小允许壁厚的降质管允许继续在役,但此处所规定的最小允许壁厚应包括在下次在役检查前管子预期可能继续降质所必需的裕量。根据对管子的计算、分析和运行历史来确定的最小允许壁厚,成为堵管准则的依据。为确定最小允许壁厚,营运单位应编制一份文件,以便为保证管子在假想事故工况下保持管子结构完整性提供依据,通过分析应满足以下要求:

(1) 带有非穿透裂纹的管子,在正常运行工况下所受应力不应超过管子材料的屈服极限;

(2) 无论在正常壁厚的管子上或因耗蚀而管壁减薄的区域里,若具有不超过极限泄漏率的穿透裂纹,在假想事故工况下这些裂纹不应扩展和导致管子破裂;

(3) 降质后的管子的任何部位,在正常运行工况下防止管子破裂的安全系数应不小于3;

(4) 一次侧向二次侧的泄漏率的增加应是渐缓的,以便有时间能采取纠正措施;

(5) 在假想事故工况下,防止管子破裂的安全系数应与核设备设计规范所规定的应力极限安全系数相一致。

在追加检查中,测得管壁缺陷深度大于20%名义厚度的管子数低于全部被检管子数的10%,而且超过堵管极限的管子不多于3根时,则在采取必要的补救措施后,核电厂可继续运行;如果测得管壁缺陷深度大于20%名义厚度的管子数超过全部被检管子数的10%,或超过堵管极限的管子数多于3根时,应立即按规定报告主管部门,以决定和审批拟采用的补救措施。可能要求追加取样管数和增加检查频度。

下面给出我国运行核电厂的传热管堵管准则。

大亚湾基地核电厂蒸汽发生器传热管的堵管准则为:

(1) 探头无法通过的传热管;

(2) 从管板二次侧到传热管胀管根部的距离大于10 mm;

(3) 材质损失超过40%壁厚的传热管;

(4) 泥渣腐蚀等于或大于40%壁厚的传热管;

(5) 胀管顶部或弯管处出现周向裂纹(不计深度);

(6) 胀管顶部出现的轴向裂纹,裂纹起始于管板上表面以下,单个裂纹长度等于或大于13 mm(不计深度);

(7) 胀管部位如存在由于异常磁信号影响而不能解释的信号,应进行预防性堵管。

秦山核电厂运行机组参考的是ASME规范,蒸汽发生器传热管堵管准则在ASME中没有具体规定。在役检查大纲规定。传热管使用轴向涡流探头(Bobbin探头)检查,并经核实后,若发现下列特征缺陷显示(或信号)必须堵管:

(1) 壁厚损失等于或大于40%;

(2) 壁厚损失小于40%,但两次检验结果比较证实扩展逗率较大,预计下次检验时壁厚损失将超过40%;

(3) 所有周向缺陷显示(不论量值大小和缺陷显示所在位置);

(4) 检验时涡流探头不能通过。

秦山第二核电厂在役检查大纲规定的堵管准则为：

(1) 大纲中定的40%也是参考 ASME 制定的。

(2) 下列情形是不允许的：

1) 探头无法通过传热管；

2) 从管板二次侧到传热管胀管根部的距离大于 10 mm(如 11 mm)；

3) 材料耗蚀造成的壁厚减薄超过 40%；

4) 扎制式压力变化导致的管子直径变化超过 250 μm；

5) 与临近传热管在弯管段靠近；

6) 支撑板处有材料耗蚀。

秦山第三核电厂蒸汽发生器传热管堵管准则为：

(1) 壁厚损失等于或大于 40%；

(2) 壁厚损失小于 40%，但连续两次检查结果比较，扩展速率较大，预计到下次检查前的壁厚损失超过 40%；

(3) 周向缺陷显示，不论其量值大小和缺陷显示所在的位置；

(4) 第 1～2 排 U 型弯头区，除磨损以外的任何大小的缺陷显示；

(5) 存在涡流探头不可达区域的传热管；

(6) 受到外来异物损伤并且无法保证其完整性的传热管。

田湾核电厂蒸汽发生器传热管堵管准则为：

(1) 对 1 号机组，裂纹深度达壁厚 30%时，即涡流检测示值达 0.55 V，进行堵管；对于 2 号机组，裂纹深度达壁厚 60%时，进行堵管；此外，周向裂纹一经发现，立即堵管。

(2) 由于卧式蒸汽发生器结构不同于 M310 立式蒸汽发生器，不存在立式蒸汽发生器内部管板，没有传热管第 1、2 排等需特殊注意的位置，对于 VVER 蒸汽发生器内部各个位置堵管准则是一致的。对于不同降质机理的堵管准则也是一致的。

8.3.6 比利时管理实践和在役准则

比利时在役准则的出发点是 8.3.1 节所讨论的美国的最初要求。并且，比利时认为在 ASME 第六节的关于壁厚 40%的限值对于某些部位和某些类型的缺陷来说太保守了。出于这些原因，比利时修订了他们对于蒸汽发生器传热管的在役要求，并定义了要达到的目标，指定核电厂的操作人员有责任来实现这些目标。修订的技术规格包括：

(1) 声明检查的目标：① 确定传热管是否发生降质并确定其涉及的模式；② 估算缺陷发展的速率并与现有的堵管/维修准则相比较；③ 确定需要堵管/维修的传热管。

(2) 确定检查程序的内容，必须包括：① 明确检查的技术方法和程序；② 要检查的传热管和区域；③ 应用于各种降质类型的堵管/维修准则。

(3) 给出通用的要求：① 要求选择的检查方法可以可靠地探测到所关心的缺陷；② 确定检查的最小样本尺寸，并要求样本尺寸在必要的情况下可以扩展并接受额外的检查来达到目标。

基于修订的检查要求，堵管/维修准则(例如，特定缺陷的在役准则)已经由核电厂操作人员开发出来，目标是：① 在留有充分安全裕量情况下，在正常和假想事故条件下确保传热管结构的完整性；② 在事件中的场外剂量的限值下限制总的一回路向二回路泄漏量。比利时在美国 NRC 管理导则 RG1.121 和 ASME 规范要求上附加了安全系数。

递交安全监管当局的在役准则得到批准，核电厂在每次检查后都再次评价以考虑最近的降质增长速率以及检查技术的精度和验收准则的改变（比如额外增加的试验数据）。

比利时的在役准则都是针对特定的缺陷和特定的位置。比如，有一种在役准则就是针对传热管板全深度滚轧的滚轧过渡段处的轴向 PWSCC。另一些是针对传热管支撑板交叉处轴向 IGA/IGSCC，针对传热管板顶部滚轧过渡段环形 ODSCC。两种通常类型的在役准则是基于统计学的。准则通常应用在以下情况：当缺陷的形状尺寸可以通过使用可行的非破坏性检查方法得到；缺陷的尺寸可以与传热管爆裂安全系数相关。在这些情况下，测量得到的尺寸和可接受的缺陷尺寸相比较，包括尺寸误差裕量和到下次检查时的增长，以及必要的安全因子。当通过非破坏性的检查技术不能获得准确的缺陷尺寸时，使用统计学的在役准则。这种情况下，要开发一种关于非破坏性测量参数（例如扁平线圈电压幅值）和那些来自退役传热管获得的传热管上的缺陷增加之间统计学的关系式。

一回路向二回路的泄漏可以基于以下一些计算得到：考虑测量得到的缺陷尺寸或者运营间隔开始时的非破坏性检查参数，可能的缺陷尺寸或者运营间隔结束时的非破坏性检查参数，以及基于在役期间取出的传热管的试验而获得的可能的泄漏行为。

8.3.7　加拿大在役准则

加拿大的蒸发器传热管管理要求在 CAN/CA N285.4 的 14 款，“核电厂组件的定期检查”中有声明（加拿大标准协会 1994）。通常，仅允许在未曾维修的传热管上出现的裂纹，在下次检查之前预计壁面耗蚀不会超过名义壁厚 40%。然而，最新版本的标准提出，如果能执行一套令人满意的在役评估的话，允许超过基本的 40%准则。下面讨论的在役方法是基于在安大略电力公司针对 Bruce-A2 和 Bruce-B 机组上的最近试验。

蒸汽发生器的降质机理已被证实，理解和受控，在役评估需要验证伴随着蒸汽发生器持续运行增加的风险。以下为在役准则：

（1）证明蒸汽发生器传热管破裂频率还未改变，因此确保事件频率。

（2a）证明，对于所有可能引发传热管失效的设计基准事件，都有介于间接的传热管泄漏引起的预估剂量和适用剂量之间的裕量。

（2b）证明事故后的运行情况是易于控制的，并且程序足以应对全部的可能后果。

基于对设计基准事件[准则(2)]响应的经验，来确定受影响的 CANDU 核电厂中的传热管降质允许的程度。准则(1)已经证明了在 CANDU 堆所经历过的降质机理，但是这可能还是不足以应对将来所有可能的受影响传热管降质机理。

CANDU 核电厂通常可以监测蒸汽发生器泄漏，检查方法可以检查到低于 10^{-3} kg/s 的泄漏。核电厂操作程序要求当泄漏率超过 15 kg/h 时要停堆。然而，泄漏率与降质之间的关系式通常很复杂，因为泄漏率还基于其他变量，例如外加负载、缺陷外形、残渣等等。泄漏监测是一种有效的预警，但是这不能排除大的缺陷或者传热管破裂的存在，需要其他的方法例如在役检查等来补充。

通常在役准则评估方法由下面几步组成：

（1）降质机理和根本原因的确定

评估程序的第一步是确定降质机理和故障根本原因（不止一种降质机理会影响到传热

管的降质)。根据问题的分布程度来确定两种可能的行动路径。如果已知的受影响传热管总量很小,即降质不是普遍问题,那么受影响的传热管将停止使用或者允许裂纹不超过40%堵管准则的传热管继续在役。也可以采取行动来避免发生问题的原因。例如,如果降质是由于碎屑导致的,那么把它从蒸汽发生器中移除即可。如果发现蒸汽发生器中大量传热管降质,即降质是普遍的,那么继续进行在役评估。

(2) 在正常运行情况下的传热管失效

对于正常运行条件,必须确定特殊的降质机理;描述传热管缺陷特征以及材料特性、负荷以及在此类负荷下的传热管行为;并且确定降质机理的失效模式和泄漏率。这一步的信息源于非破坏性的和破坏性的(拔出管)检查以及对传热管特有的缺陷进行的试验。这些信息要求证明降质导致的传热管失效将发生在稳定的控制模式下。这样可对正常运行条件下传热管破裂可能性的增加进行估计,并对基本停堆泄漏率作出适当估计。如果可以证明传热管破裂的最大可能性没有改变,那么准则(1)是适用的。这一准则必须满足在役准则才能继续。

(3) 传热管失效作为设计基准事件的后果

为了估计与某一事件导致相关的传热管降质而引起的总泄漏率,需要判断下面的问题:

1) 传热管可能会怎样失效?

2) 在运行循环结束时即下一次检查之前,会有多少根传热管处于失效的风险中?

3) 可以采取什么补救措施来纠正或缓解失效,这些措施会在安全评估上造成怎样的影响?

(4) 确定传热管失效模式

必须确定特殊的失效机理;描述传热管裂纹的特征和材料特性、负荷以及此负荷下的行为;确定降质传热管的失效模式和导致的泄漏率。这需要确定降质的程度,即在特定事件中不能保证压力边界的完整性(如传热管有泄漏的风险)。这可称为特定事故降质阈值(ASDTV)。为了确定 ASDTV,要考虑事件特定的负荷。这些负荷可以通过每个设计基准事件并包括适当的安全因子所进行的热工水力分析获得。ASDTV 通过适当的结构试验获得的裂纹模型来分析计算。

(5) 确定运行循环结束前处于失效风险的传热管数量

为了预测运行循环结束前会有多少根传热管可能失效,传热管将来的状态必须通过现在的状态、降质的改变速率以及在下次检查前的运行持续时间来确定。在役检查结果和概率模型提供了一个对传热管将来情况的估计。在 Bruce-A2 号机组的例子中,ODSCC 是特别难以检查的,需要开发新的涡流检查探针方法,名为 Cecco-3。这种敏感的探针是整个评估过程的关键因素。任何补救措施对当前情况和改变速率的影响也要包括在评估之内。

在在役评估时,最大的允许裂纹尺寸(MTFS)也要计算(基于缺陷传热管的韧性断裂),并且在考虑检查间隔、预计的增长速率和检查不确定度的情况下,确定堵管准则。确定 MTFS 考虑的负载是 ASME 在役等级 A、B、C 和 D 四级的边界负载条件。这项评估后,通过考虑传热管和计算阈值 ASDTV 的未来情况来预测在寿期末处于泄漏风险中的传热管的数量。

(6) 补救措施

为了确定合适的补救措施,使其可以纠正或预防,必须彻底了解降质机理、根本原因和贡献因子。在安全评估中必须考虑所有补救措施的影响。

（7）总的估算泄漏量

总的估算泄漏量是由估算运行循环末期的处于风险中的传热管的全部数量和每根传热管估算泄漏量决定的。如果可以证明对于所有的设计基准事件，由传热管泄漏引起的后果剂量和可接受剂量限值之间有适当的裕量，并且所有事件后果都可接受，则准则（2）适用。

（8）在役评估

如果满足准则（1）和准则（2），则蒸汽发生器被判定为适宜继续在役。如果无准证明满足准则，那么必须实施另外的手段来纠正现状（新的堵管限制，内部的修正，清扫等等）或者缩短运行期并且/或者降功率。评估要再次重复。

8.3.8 捷克管理实践和在役准则

达到或超过 80% 壁厚的缺陷蒸汽发生器传热管需要堵管。这个值是由制造商（Vitkovice）建议的，当时没有被捷克监管机构通过。泄漏限值是由捷克监管方在 1993 年制订并通过的。

8.3.9 法国管理实践和在役准则

由 EDF 和法国监管当局 ASN（原机构为 DSIN）提出的方法，来防止传热管在正常、非正常或者事故条件下发生破裂或爆裂。这种方法基于积极的检查和针对缺陷类型和特殊位置的在役准则。为了找到蒸汽发生器滚轧过渡段的 PWSCC，要在每次停堆期间使用 RPC 设备来对每根传热管热段滚轧过渡区进行检查。为了找到在所有传热管的小曲率 U 型弯曲段和 U 型弯曲段处的 PWSCC，在每次停堆期间使用柔软的 RPC 对第一排依然在役并且取第二排传热管的样本来进行检查（易受影响的蒸汽发生器）。为了找到传热管支撑板，传热管支撑板热段的外径 IGSCC/IGA，要在停堆期间使用 Bobbin 探头来检查。随后还要在下次停堆期间对受影响的传热管进一步检查。另外，要在每次停堆期间使用 Bobbin 探头对沉积物处传热管热管段全部进行检查。检查技术的精度要通过比较对拔出传热管的破坏性检查结果来评估。

对于 EDF 的蒸汽发生器，通过使用手册和氮-16 监视，可以测量一回路向二回路泄漏率，在此方面他们富有经验。当氮-16 监视器探测到超过 70 L/h 的泄漏时核电厂必须立即停堆。手动泄漏率测量需要停堆的有：

（1）滚轧过渡区对 PWSCC 不敏感的蒸汽发生器：3 L/h；

（2）滚轧过渡区对 PWSCC 敏感的蒸汽发生器：5 L/h，增加速率为 1 L/h 或者不同蒸汽发生器之间相差 3 L/h。

这个数据很重要，因为法国对一些缺陷使用检查破裂前泄漏的方法，该方法是基于“证明传热管在大多数极限运行条件下的风险必然高于正常运行情况下允许的泄漏率，检查使得关闭核蒸汽供应系统可作为一种预防性措施”。因此，法国使用成熟的泄漏率模型来预测各种缺陷下的一回路向二回路冷却剂泄漏率的期望。

法国所用的有关缺陷类型和所处位置的在役准则总结如下：

（1）滚轧过渡区的轴向 PWSCC

轴向缺陷长度限值是基于主蒸汽管道破裂情况下对缺陷增长速率和传热管爆裂的分

析，这是基于最高负荷的设计基准事件。临界缺陷长度和爆裂压力之间的关系式是从实验中得到的。分析使用了这些关系式以及传热管直径的最大值和壁厚的最小值，不利的力学特性，温度和压力上限，下次运行周期前缺陷增长的保守余量，以及 NDE 误差余量。没有使用安全因子。在开发这些关系式时，法国人断定那些一端在传热管与传热管板接触处的缺陷仅可以在一个方向上以一种不稳定的方式传播。在 900 MW 核电厂中最大的允许自由缺陷长度为 13 mm。一个 13 mm 的临时准则也适用于 1 300 MW 核电厂。在完成某些概率风险研究或将确定一条限定堵管准则。

(2) 环形的 PWSCC

有环形 PWSCC 的传热管必须要堵管，因为① 破裂接近的风险之前的检查泄漏方法不适用，因为泄漏通常在传热管接近破裂风险前不会发生穿透壁面的缺陷(即缺陷倾向于先围着传热管发展)；② RPC 涡流检查只能检查到 50%的壁厚。换言之，法国人相信在最初检查到的环形 PWSCC 和极端事故条件下的可能的破裂之间没有多少裕量。

(3) 内排 U 型管弯曲段的 PWSCC

所有传热管中通过 Bobbin 探头和柔软的 RPC 涡流设备所检查出的迹象必须要堵管。这是因为几乎不可能拔出传热管将实际的缺陷长度和 NDE 结果相比较来开发关系式，并证明破裂风险前的泄漏。对那些对 PWSCC 敏感的 U 型段传热管进行预防性堵管已经在法国的几个核电厂实施以改进核电厂的可用性。

(4) 传热管支撑板处外径的 IGSCC/IGA

维修或堵管准则是 Bobbin 探头电压为 2 V，这与美国的 17 V 相似。这个相当大的限值(与典型的美国 1～2 V 的维修准则相比较)因为假设各种设计基准事件下这些区域的传热管可以由传热管支撑版支持。17 V 的值显然是从 Bobbin 探头电压和支撑板上呈现的传热管破裂长度之间的关系式获得的，再加上测量误差的允许。一些蒸汽发生器上更高的传热管支撑板应用一个更保险的值(1 V)。

(5) 泥渣聚集区外径处 IGSCC/IGA

没有轴向缺陷的电压为 500 mV，10 mm 或者更大的轴向缺陷为 200 mV(由 RPC 检查得到)，或者从 Bobbin 探头和 RPC 探头得到的 ODSCC 迹象，这些都是泥渣聚集区的 IGSCC/IGA 维修或堵管限值。

(6) 其他迹象

除了上面所讨论的迹象之外，还包括异物引起的磨损、抗振条等等，另外，自由段缺陷要使用 ASME40%壁厚准则来判断。

8.3.10 德国监管实践和在役准则

德国的传热管维修和堵管准则是为了防止在正常运行期间或设计基准事故时发生传热管破裂，对每个有缺陷的传热管都将进行评估。然而，当传热管壁厚降质达 50%或以上时，将导致需要进行堵管处理，这些值是根据爆破试验结果获得的。

(1) 涡流检验的测量不确定性为±50%，超声波检验的测量不确定性为±5%；

(2) 正常运行期间防止传热管破裂的安全因子为 2.7，在设计基准事故载荷下防止传热管破裂的安全因子为 1.43；

(3) 正常运行允许的裂纹增长或在下一个运行周期内增加的耗蚀大约为传热管壁厚的

3%(蒸汽发生器传热管中的水含有硫酸盐化学物质)。

8.3.11　日本监管实践和在役准则

日本外务省国际贸易和产业厅发布了在役准则指南,并指出"有缺陷的传热管不允许使用"。"缺陷"是指任何迹象(裂缝,凹陷或变薄的壁厚)大于传热管正常壁厚的20%。很明显一回路的冷却剂向二回路泄漏是不允许的,当核电厂发现传热管有泄漏应该立即停堆,对泄漏进行检查。使用涡流探伤对传热管进行检查,如发现壁厚减薄率小于20%,并且涡流信号与上一次检查时没有变化,那么这种情况下降质是可以接受的。

8.3.12　俄罗斯监管实践和在役准则

俄罗斯发布的在役准则指南是指蒸汽发生器传热管没有泄漏,如发现传热管有贯穿式的裂纹导致了一回路冷却剂向二回路泄漏,需要对这些有泄漏的传热管进行堵管处理.其余发现的缺陷是可以忽略的。在VVER蒸汽发生器的传热管是没有衬管处理措施的。

此外,其他使用VVER机组的国家的传热管堵管准则为:

乌克兰VVER-1000和VVER-440机组目前没有统一的堵管标准,各蒸汽发生器的堵管准则不同,均在60%~85%之间。

保加利亚VVER-1000和VVER-440机组在1990—1991年之间是对裂纹深度超过壁厚40%的传热管进行堵管,1996年后通过研究,对裂纹深度超过壁厚50%的传热管堵管。现行的标准是对裂纹深度超过壁厚60%的传热管进行堵管,部分机组将采用70%。

8.3.13　斯洛文尼亚监管实践和在役准则

斯洛文尼亚发布的在役准则指南是基于针对传热管壁厚减薄40%需要进行维修的准则。位于克尔什科的核电厂,推断出传热管壁厚减薄率达到45%,然而这一方法被认为过于保守,这导致实施了降质指南。传热管的缺陷和位置的确定主要靠大面积的检查(见第8.1.7节)和在线泄漏率监测(氮-16),允许的泄漏率为40 L/h。

(1) 在滚轧过渡区轴向应力腐蚀开裂。P^*和裂纹长度维修准则当前仍然在执行。P^*准则允许任何缺陷位于管板顶部以下38~76 mm的地方和在管板内部出现任何轴向缺陷。裂纹长度维修准则实际是基于比利时推行的方法之上,对泥渣聚集区的PWSCC和ODSCC长度小于6 mm的轴向裂纹,允许传热管胀接过渡区存在轴向裂纹。另外的一个附加限制条件是当传热管的裂纹长度大于7 mm并位于管板之上,假如违反了45%准则,该传热管则需要进行维修处理。

(2) 在滚轧过渡区环向应力腐蚀开裂。任何传热管如有这类缺陷将需要进行维修或者堵管处理。

(3) U型区内部发生的PWSCC。任何传热管如有这类缺陷将需要进行维修或者堵管处理。

(4) 传热管支撑板处发生的ODSCC。目前,EPRI有基于压力方法论形成的一种保守的方法应用于检验传热管支撑板的ODSCC。起初,100%的传热管都是使用Bobbin探头来进行检查的,所有Bobbin探头的现实值电压比多频RPC探头探测的显示值要高于1 V以及深度超过壁厚45%。传热管的缺陷经多频RPC探头检查确认,然后再进行维修。概率分析法确认了在蒸汽管线破裂情况下传热管的爆管和泄漏超过要求，该法已经在执行用于发现传热管支撑板处发生的 ODSCC。

(5) 进行衬管处理的传热管。所有进行衬管处理的传热管和衬管在换料停堆期间需要进行检查，传热管壁厚减薄 45%的准则适用于传热管和有载荷部分的衬管。在实际操作中，当用 I-Coil 和 Plus-Point 涡流探头进行检测时，传热管的厚度如无读数，所有的传热管将需要进行维修。

(6) 其他。传热管的缺陷超过了传热管正常壁厚的 45%则需要进行维修。

8.3.14 西班牙监管实践和在役准则

西班牙曾发起一个关于蒸汽发生器降质管理的研究项目。参加的机构包括设备供应商、泰纳通检测机构和研究机构(Ciemat)。西班牙的在役准则的根本目标和法国的准则是一样的，那就是确保关键裂纹长度在事故工况情况下不会超过在正常运行工况下的裂纹长度，以至于在设计基准事故情况下传热管破裂是不会发生的。关于对在役准则指南的缺陷类型和位置在下面讨论。

在滚轧过渡区轴向 PWSCC。使用了两个指南，一个是 P^* 准则，当传热管有 PWSCC，并显示该传热管发生 PWSCC 处是在顶部管板之下，并且在垂直方向如果被没有缺陷的传热管约束，该带有缺陷的传热管是允许继续运行的。另一个指南是基于法国的破裂之前的泄漏风险方法，该方法假设在正常运行的时候关于泄漏率的精确测量，将能探测到传热管的裂纹在达到关键长度之前就能测到裂纹长度的生长。一回路向二回路的泄漏率就与裂纹的大小相关。当然，在使用该指南时，需要使用西班牙的数据进行修正。最长可允许继续运行的裂纹长度是 8 mm，该数据基于关键裂纹长度是 13 mm(当传热管轧制不是标准件时，这时长度是 12.6 mm)减去每个燃料循环裂纹增长长度是 4 mm，以及测量的不确定性是 1 mm。当传热管的裂纹长度大于或等于 8 mm(当传热管轧制不是标准件时，这时长度是 7.6 mm)则需要进行维修和堵管处理。允许轴向裂纹的传热管数量是小于等于 20 根，在管板之上的传热管有轴向 PWSCC 长度大于 18 mm 或缺陷的深度大于管壁厚的 40%则需要进行维修和堵管处理。

在滚轧过渡区环向 PWSCC。在滚轧过渡区传热管有环向的 PWSCC 或超过 P^* 限值则需要进行维修或堵管处理。根据 P^* 准则，假如有环向 PWSCC 的传热管位于管板顶部之下大于等于 38 mm，并且在垂直方向被没有缺陷的传热管约束，该带有缺陷的传热管是允许继续运行的。

传热管支撑板外部的 IGSCC/IGA。西班牙业主建议的在役准则针对这类缺陷是正常的壁厚的 78%，但西班牙监管机构没有批准这个准则，西班牙针对设备缺陷考虑用上面已经谈到的 EPRI 的 Bobbin 探头电压准则。

其他情况。针对抗振条和传热管接触处的侵蚀损坏的堵管准则是壁厚的 55%。针对传热管材料为 800 合金或热处理的 600 合金，正常运行时一回路向二回路的最大泄漏率为 72 L/h。

8.3.15 瑞典监管实践和在役准则

瑞典的在役准则指南来源于美国的标准，除了传热管的缺陷大于 50%正常壁厚时需要维修或者堵管处理，还有 ASME 的要求缺陷大于 40%壁厚需要进行处理。针对管板区域的 PWSCC 和支撑板外面的 IGSCC/IGA，缺陷类型和位置也经过了改进。瑞典批准了关于判断管板区域轴向 PWSCC 的方式的概率或风险。目标是蒸汽发生器传热管在主蒸汽管线破裂时传热管破裂的概率小于 1%，所有裂纹传热管总数与该裂纹下传热管爆破概率的乘积小于 0.01，方程形式为：

$$\sum \mu_x P_x < 0.01$$

式中：μ_x——裂纹长度为 x 的传热管的个数；

P_x——裂纹长度为 x 的传热管破裂的概率。

传热管的破裂概率包括，在下一个燃料循环中预期的裂纹增长和测量误差等因素。例如，裂纹长度为 12.4 mm 的传热管，通过计算得出爆破的概率为 1%；裂纹长度为 9 mm 的传热管，通过计算得出爆破的概率为 0.34%；裂纹长度为 6 mm 的传热管，通过计算得出爆破的概率为 0.000 1%。上面计算过程只考虑了裂纹的长度。

8.3.16　瑞士监管实践和在役准则

瑞士公共事业公司（NOK）的维修标准是所有管板内有明确迹象的传热管，不考虑它们的深度，都要进行衬管处理；所有管板外有迹象的传热管，如果厚度大于壁厚的 50%，则将会进行堵管处理。

参考文献

[1] Failures S G T. NUREG/CR-6365[R]. INEL-95/0383. April 1996. Prepared for Safety Programs Division. US Nuclear Regulatory Commission. Washington, DC 20555-0001. NRC Job Code.

[2] ASME 1992, 1992 ASME Boiler and Pressure Vessel Code, Section II,III and XI[S].

[3] RCC-M(2000 edition + 2002 add), Design and Construction Rules for Mechanical Components of PWR Nuclear Islands[S].

[4] Fuller E. Steam generator integrity assessment guidelines revision 2[J]. Non-Proprietary Version1012987, Final Report. EPRI Technical Report TR-1012987, 2006.

[5] Regulator Guide 1.121, Bases for Plugging Degraded PWR Steam Generator Tubes [S], August 1996, U.S. Nuclear Regulatory Commission

[6] Regulator Guide 1.83, Inservice Inspection of Pressurized Water Steam Generator Tubes[S], November 2009, U.S. Nuclear Regulatory Commission

[7] Maitri Banerjee. Steam Generator Action Plan [EB/OL]. http://www.nrc.gov/reading-rm/doc-collections/, 2001-12-3

[8] 甘建衡．改进型蒸汽发生器的研究[J]. 核科学与工程，1995，15(3)：193-198.

[9] 台湾核能研究所．核能三厂蒸汽发生器管束功能完整性精进,2004.

[10] EJ/T 884-1994. 压水堆蒸汽发生器传热管在役检查的要求 [S].

[11] EJ/T 885-1994. 压水堆蒸汽发生器传热管堵管的原则 [S].

[12] 丁训慎．法国、日本和比利时立式蒸汽发生器传热管在役检查技术[J]. 国外核动力，2005，26(2)：59-64.

[13] 章成光．各国核电厂蒸汽发生器管子检查要求以及管子修理准则[J]. 国外核动力，1997，18(6)：22-31.

[14] 陈凡，丁训慎．蒸汽发生器传热管缺陷的涡流和超声检测[J]. 国外核动力，2006，27(3)：27-33.

[15] 丁训慎．蒸汽发生器在役检查技术的研究[J]. 核科学与工程，1998，18(1)：34-41.

[16] 俞尔俊,李吉根．核电厂核安全[M].北京:原子能出版社,2010.

[17] 郑福裕，邵向业,丁云峰．核电厂运行概论[M]. 北京:原子能出版社,2010.

[18] 丁训慎，章成光．核电站蒸汽发生器传热管在役检查的进展[J]. 核电工程与技术，2001，14(4)：31-36.

[19] 丁训慎．蒸汽发生器传热管的降质及对其完整性的评估[J]. 核安全，2009，2：10.

[20] 丁训慎．核电厂蒸汽发生器传热管与管堵头的一次侧应力腐蚀及其防护[J]. 核安全，2008 (2)：30-34.

[21] 丁训慎．核电站蒸汽发生器传热管的点腐蚀及其防护[J]. 腐蚀与防护，2007，28(7)：364-366.

[22] 丁训慎，章成光．压水堆蒸汽发生器传热管完整性要求[J]. 核标准计量与质量，2001，3：003.

[23] Dow B L，Benson J. Keeping watch on steam generators[J]. Nuclear Engineering International，2001，46(561)：22-3.

[24] Trunov N B. Assessment of SG Tubing Integrity. Gidropress presentation on 1st CRP meeting，Vienna，7-10 May (2001).

[25] Bakirov M B. Offers on evolution of the research program of SG HET specimens with real operational defects (2001).

[26] Stanic D，Nadinic B. Evaluation of WWER Steam Generator Tube Integrity by Application of FEM and FM principles. Report for year 2003 IAEA Research Contract No. 11590/R0/Regular Budget Fund (2003).

[27] Lee D H，Lee J Y. Evaluating foreign object damage in steam generator tubes[J]. NUCLEAR ENGINEERING INTERNATIONAL，2002，47(570)：32-35.

[28] 孙宝芝，韩文静，鲍杰，等．基于漂移流理论的蒸汽发生器动态特性[J]. 化工学报，2013，64(1)：46-52.

[29] 程仲贺，王佐森，鲍兴华．690 合金传热管胀管区质量检测[J]. 压力容器，2013，29(11)：65-68.

[30] 熊茹．镍基焊接合金在压水堆一回路水中的应力腐蚀开裂[J]. 国外核动力，2011(4)：58-72.

[31] 杨英豪，彭常宏，张佳佳．管壁减薄对严重事故工况下传热管断裂的影响及缓解措施的有效性[J]. 核动力工程，2012 (S1)：107-110.

[32] 王天华，沈时芳．换热器传热管微振磨损的实验研究[J]. 核动力工程，1990，11(4)：50-55.

[33] 刘一舟，严智，叶琛，等．蒸汽发生器检测技术的发展[J]. 压力容器，2010 (7)：31-36.

[34] 李思源，唐毅，聂勇，等．蒸发器传热管堵管判据的研究[J]. 压力容器，2008，25(2)：13-17.

[35] 闫国华，未永飞，冯利法，等．蒸汽发生器堵头设计与堵管研究[J]. 压力容器，2011，28(2)：1-4.

[36] 李吉根，俞尔俊，戴传曾．秦山核电厂 SGTR 事故及其处置研究[J]. 核科学与工程，2004 (3)：193-199.

[37] 侯素霞，赵福宇，罗积军，等．蒸汽发生器传热管腐蚀监测技术研究[J]. 原子能科学技术，2009，43(4)：334-338.

[38] 李金桂，吴再思．防腐蚀表面工程技术[M]. 北京：化学工业出版社工业装备与信息工程出版中心，2003.

缩 略 语

NRC	U. S. Nuclear Regulatory Commission	美国核管会
IN	Information Notice	信息通告
ISI	Inservice Inspection	在役检查
PWR	Pressurized Water Reactor	压水堆
SER	Safety Evaluation Report	安全评价报告
SG	Steam Generator	蒸汽发生器
TS	Technical Specifications	技术规格书
SGTR	Steam Generator Tube Rupture	蒸汽发生器传热管破裂
PWSCC	Primary Water Stress Corrosion Cracking	一回路应力腐蚀开裂
IGA	Intergranular Attack	晶间腐蚀
IGSCC	Intergranular Stress Corrosion Cracking	晶间应力腐蚀开裂
ODSCC	Outside Diameter Stress Corrosion Cracking	二回路应力腐蚀开裂
AVB	Antivibration Bar	抗振条
SCC	Stress Corrosion Cracking	应力腐蚀裂纹
AVT	All Volatile Treatment	全挥发处理
Bobbin		轴向式线圈
MFEC/MPEC	Multi-Frequency Eddy Current/ Multi-Parameters Eddy Current	多频/多参数涡流法
RPC	Rotated Pancake Coil	旋转扁平探头
PORV	Power Operated Relief Valve	动力操作的减压阀
	Pressurizer Relief Valve	稳压器卸压阀
IP2	Indian Point Unit 2 Power Plant	印第安角 2 号机组
ANL	Argonne National Laboratory	阿拉贡国家实验室
CCDP	Conditional Core Damage Probability	条件堆芯损毁概率
CDF	Core Damage Frequency	堆芯损毁频率
CFR	Code of Federal Regulations	美国联邦法规
EC	Eddy Current	涡流
ECT	Eddy Current Testing	涡流检测
EFPM	Effective Full Power Months	有效满功率月
EFPY	Effective Full Power Years	有效满功率年
EOC	End of Cycle	寿期末
EPRI	Electric Power Research Institute	电力研究所
FSAR	Final Safety Analysis Report	最终安全分析报告
gpd	Gallons Per Day	加仑/天

gpm	Gallons Per Minute	加仑/分钟
ID	Inside Diameter	内径
IN	Information Notice	信息通告
IP	Inspection Procedure	检查程序
MSIV	Main Steam Isolation Valve	主蒸汽管道隔离阀
NDE	Non-Destructive Examination	无损检测
NEI	Nuclear Energy Institute	核能研究所
OD	Outside Diameter	外径
RCS	Reactor Coolant System	反应堆冷却剂系统
RFO	Refueling Outage	换料停堆
RG	Regulatory Guide	管理导则
RY	Reactor Year	堆年
SCC	Stress Corrosion Cracking	应力腐蚀开裂
SDP	Significance Determination Process	重要度判断程序
SRP	Standard Review Plan	标准审查大纲
TSP	Tube Support Plate	传热管支撑板
UT	Ultrasonic Testing	超声检测